Filosofia da Natureza
e Filosofia do Mundo

OBRAS PUBLICADAS

- *Contemplação e dialética nos diálogos platônicos*
- *A formação do pensamento de Hegel*
- *Introdução ao pensamento de Hegel –*
  Tomo I: A *Fenomenologia do espírito* e seus antecedentes
- *Ciência da Lógica, O Ser*
- *Filosofia da Natureza e Filosofia do Mundo*

OBRA FILOSÓFICA INÉDITA DE
HENRIQUE CLÁUDIO DE LIMA VAZ

Filosofia da Natureza e Filosofia do Mundo

Edição de
Gabriel Almeida Assumpção

Coordenação de
João Augusto Anchieta Amazonas Mac Dowell

Dados Internacionais de Catalogação na Publicação (CIP)
(Câmara Brasileira do Livro, SP, Brasil)

Vaz, Henrique Cláudio de Lima, 1921-2002
  Filosofia da natureza e filosofia do mundo / Henrique Cláudio de Lima Vaz ; edição de Gabriel Almeida Assumpção ; coordenação de João Augusto Anchieta Amazonas Mac Dowell. -- São Paulo : Edições Loyola, 2022. -- (Obra filosófica inédita de Henrique C. de Lima Vaz ; 1)

  ISBN 978-65-5504-161-3

  1. Filosofia da ciência 2. Filosofia da natureza 3. Literatura filosófica 4. Teoria do conhecimento I. Assumpção, Gabriel Almeida. II. Dowell, João Augusto Anchieta Amazonas Mac. III. Título IV. Série.

22-105779   CDD-121

Índices para catálogo sistemático:
1. Teoria do conhecimento : Filosofia   121

Maria Alice Ferreira - Bibliotecária - CRB-8/7964

Comissão Patrocinadora da Edição da Obra Filosófica Inédita de Henrique Cláudio de Lima Vaz
Prof. Dr. João Augusto Anchieta Amazonas Mac Dowell (Coord.)
Prof. Dr. Franklin Leopoldo e Silva (USP)
Prof. Dr. Joaquim Carlos Salgado (UFMG)
Prof. Dr. José Henrique Santos (UFMG)
Prof. Dr. Marcelo Fernandes de Aquino (UNISINOS)
Prof. Dr. Marcelo Perine (PUC-SP)
Prof. Dr. Paulo Gaspar de Meneses † (UNICAP)

Capa: Walter Nabas
Diagramação: Sowai Tam

A revisão do texto desta obra é de
total responsabilidade de seu autor.

Edições Loyola Jesuítas
Rua 1822 nº 341 – Ipiranga
04216-000 São Paulo, SP
T 55 11 3385 8500/8501, 2063 4275
editorial@loyola.com.br
vendas@loyola.com.br
www.loyola.com.br

Todos os direitos reservados. Nenhuma parte desta obra pode ser reproduzida ou transmitida por qualquer forma e/ou quaisquer meios (eletrônico ou mecânico, incluindo fotocópia e gravação) ou arquivada em qualquer sistema ou banco de dados sem permissão escrita da Editora.

ISBN 978-65-5504-161-3

© EDIÇÕES LOYOLA, São Paulo, Brasil, 2022

102631

Sumário

Introdução
Da Filosofia do Mundo à categoria antropológica de objetividade ... 11
1. A filosofia da natureza em depoimento de Lima Vaz ... 12
2. Artigo de Lima Vaz sobre filosofia da natureza ... 14
3. Filosofia da natureza em livros de Lima Vaz ... 17
4. Textos inéditos de Henrique Cláudio de Lima Vaz, SJ, sobre filosofia da natureza e filosofia do mundo ... 21
   4.1. Apostilas de cursos de filosofia da natureza ... 23
   4.2. Os planos de curso: apêndices ... 30
   4.3. Outros materiais inéditos de Filosofia da Natureza, ainda não editados ... 31
5. Referências ... 33
   5.1. Referências primárias ... 33
   5.2. Referências secundárias ... 34

CURSOS

CURSO 1 – Filosofia da Natureza – Curso de 1968 ... 39
   Introdução ... 39
   Bibliografia ... 39
   1. Aproximação fenomenológica do Mundo ... 39
      1.1. O ser-no-mundo como estrutura fundamental: Mundo circundante e Mundo distante ... 40
      1.2. O mundo como dado imediato e o mundo como mediação ... 41
      1.3. Presença natural do homem no mundo ... 42

1.4. O regime da consciência empírica: ponto de partida 43
2. O discurso humano sobre o Mundo 46
   2.1. Esquemas cronomorfos e espaçomorfos 46
   2.2. Como apareceu esta atitude racional? 49
   2.3. Visão sinótica da Filosofia Grega 50
      a) Linha Empirista 50
      b) Linha Hipotético-Dedutiva 51
      c) Linha Idealista 51
3. Três momentos fundamentais da evolução da equação: LÓGOS-PHYSIS 52
   3.1. Natureza e vir-a-ser: o problema pré-socrático 52
   3.2. O dualismo. Ideia-natureza. A natureza como "imitação". Platão 52
   3.3. A ideia na natureza. A natureza como "princípio". Aristóteles 53
   3.4. Natureza e Criação. A visão cristã. Santo Tomás de Aquino 56
4. O Mundo como Natureza 59
   4.1. A natureza matematizada. Galileu 59
   4.2. Crise na visão astronômica do universo 60
   4.3. Revolução cartesiana na Filosofia (Significado do "Cogito, ergo sum") 63
   4.4. Newton 63
   4.5. A Natureza sob a legislação da razão. Kant e o idealismo 65
5. Possibilidade atual de um discurso sobre a natureza 67
   5.1. Como se apresenta a natureza? Como um quadro? Um espelho? Um movimento? 67
   5.2. Mundo e Natureza ou o englobante e o objeto 68
   5.3. A objetivação sensorial 68
   5.4. A objetivação racional 69
   5.5. A objetivação técnica 70
   5.6. A natureza científico-técnica como natureza "humanizada" 72

CURSO 2 – Filosofia do Mundo Físico – Ficha 283 (entre 1966-1968) 73
Primeira Parte: Epistemologia – Visão humana do mundo 73

Capítulo 1: A experiência fundamental do ser-no-mundo 73
I.1.1. O meu ser-no-mundo 73
I.1.2. Os outros "eus" do meu mundo 75
I.1.3. A experiência do nascimento e da morte. (Contingência do "eu" no mundo) 77
I.1.4. Transcendência vertical do homem sobre o mundo 78

Capítulo 2: Evolução histórica da visão do mundo 81
I.2.1. Visão animística antropomórfica do mundo (fantasia) 81
I.2.2. Visão natural racional do mundo. Progressiva desantropomorfização da visão do mundo 83
I.2.3. Visão mecanicista positiva do mundo 86
I.2.4. Retorno a uma visão mais humana da ciência e do mundo 91

Segunda Parte: Quantidade e Movimento 97
II.1. A quantidade como propriedade fundamental de nosso mundo 97
II.2. A importância da questão 99
Que é quantidade? 99
II.3. As várias espécies do ente quanto 101
II.4. O problema filosófico do ente quanto 102
II.5. Antinomias do contínuo 103
II.6. Solução do problema pela doutrina do ato e potência 105
II.7. O movimento 106
II.7.1. A realidade do movimento 106
II.7.2. As várias espécies de movimento 108
II.7.3. A definição aristotélica do movimento 110

Terceira Parte: Espaço e tempo 111
III.1. O espaço 112
III.2. O tempo 114
III.3. Espaço e tempo absolutos (Newton) 116
III.4. A subjetivação do espaço e do tempo (Kant) 118
III.5. Espaço e tempo como formas abstratas da experiência 122
III.6. A relatividade do espaço e do tempo (Einstein) 123
III.6.1. A relatividade galileana 123
III.6.2. Os fenômenos eletromagnéticos e o campo eletromagnético de Maxwell 124
III.6.3. O experimento de Michelson e o seu êxito negativo 125

III.6.4. Os postulados fundamentais da relatividade especial
de Einstein 126
III.6.5. Consequências da relatividade especial. Relatividade
do tempo 127
III.6.6. A relatividade geral de Einstein (1916) 129
III.6.7. Alcance filosófico da teoria da relatividade 129

Quarta Parte: Qualidade e Atividade 132
IV.1. As qualidades no mundo da nossa experiência 132
IV.2. A negação das qualidades: o mecanicismo 136
IV.3. Realidade das qualidades sensíveis 138
IV.4. As qualidades na ciência física 139
IV.5. A atividade e causalidade dos corpos 141
IV.6. As leis físicas 145
    a) A noção de leis físicas 145
    b) Negação do valor ontológico das leis físicas 146
    c) Valor ontológico das leis físicas 148
IV.7. O indeterminismo físico 150
    IV.7.1. Do determinismo absoluto ao indeterminismo 150
    IV.7.2. O princípio de indeterminação de Heisenberg 152

Quinta Parte: A substância no mundo físico 155
V.1. A substância na física hodierna 155
    a) As negações da existência da substância 155
    b) As negações da cognoscibilidade da substância 156
    c) A distinção de acidentes 157
V.2. A multiplicidade substancial do mundo 159
    a) O problema conforme os dados da física atual 159
    b) As diversas interpretações da mecânica quântica 161
V.3. O dado fundamental da nossa experiência 163
V.4. Ulteriores determinações da unidade e
multiplicidade substancial 165
    a) Multiplicidade dos elementos últimos da matéria 165
    b) Mutabilidade das partículas elementares 168
    c) Os compostos substanciais 169

Sexta Parte: O hilemorfismo (esquema) 171
VI.1. O problema da essência metafísica dos corpos 171

VI.2. A demonstração fundamental do hilemorfismo pelas
       transformações substanciais 172
VI.3. As outras demonstrações do hilemorfismo 172
VI.4. A natureza da matéria prima 174
VI.5. A natureza da forma substancial 174
VI.6. A virtualidade da forma substancial e da matéria prima 176

Sétima Parte: O mundo universo (esquema) 177
  VII.1. A unidade e a ordem do mundo 177
  VII.2. A finalidade no mundo físico 177
      VII.2.1. A evolução natural do universo 178
  VII.3. O valor do mundo físico 178
      VII.3.1. O valor da ciência 179
      VII.3.2. O valor da técnica 180

CURSO 3 – Curso de Filosofia da Natureza de 1965 181
(Anotações de Armando Lopes de Oliveira)
Agradecimento 182
  I. Introdução Geral 182
      I.1. Situação Epistemológica da Filosofia da Natureza 182
          I.1.1. O nome 182
          I.1.2. O objeto 182
          I.1.3. O sujeito 183
  II. Unidade primeira: Extraposição do mundo 185
      1. Perspectiva Histórica 186
          Na Antiguidade grega 186
          Na Idade Média 186
          Na Idade Moderna 186
      2. Redução Crítica 187
          a) O Problema do Contínuo 188
          b) A numerabilidade da extensão 196
  III. Unidade segunda: A dimensionalidade do Mundo Extenso 200
      1. Perspectiva Histórica 200
          a) Filosofia Antiga 201
          b) Filosofia e ciência modernas 204
          c) Evolução da noção de espaço a partir do
             século XIX: a teoria da relatividade de Einstein 211

2. Redução Crítica 218
   III.1. Dimensionalidade Topológica do Mundo
       Externo 221
   III.2. Dimensionalidade métrica do mundo externo 227
   III.3. Relatividade cinemática da dimensionalidade
       do mundo 230

APÊNDICES

APÊNDICE 1 – Filosofia da natureza PUC-Minas:
Plano de estudos para o ano de 1965 237

APÊNDICE 2 – Cosmologia. Programa de curso para 1969 243

Índice Onomástico 247

INTRODUÇÃO
Da Filosofia do Mundo à categoria antropológica de objetividade

Gabriel Almeida Assumpção[1]

A obra filosófica de Henrique Cláudio de Lima Vaz, SJ (1921-2002), foi importante no desenvolvimento da filosofia brasileira, destacando-se a *Antropologia filosófica e a Introdução à ética filosófica*. Regressando da Europa com o título de doutor em filosofia pela Pontifícia Universidade Gregoriana de Roma, Lima Vaz iniciou o seu magistério em 1955 na Faculdade (Eclesiástica) de Filosofia da Companhia de Jesus no Colégio Anchieta de Nova Friburgo, RJ, criada em 1941 por decreto da Sagrada Congregação para a Educação Católica, órgão da Santa Sé (Estado do Vaticano), capaz (ao contrário dos meros seminários) de conceder graus de bacharel e licenciado (equivalente ao mestrado) em filosofia em nome da Santa Sé. A Faculdade era destinada à formação filosófica apenas de estudantes jesuítas. Em 1958, o curso de filosofia obteve o reconhecimento civil como Faculdade de Filosofia Nossa Senhora Medianeira, que nos anos seguintes abriu, também, cursos de Letras, Pedagogia e Ciências Sociais. Nos cerca de dez anos em que atuou na Faculdade em Nova Friburgo, as principais disciplinas que lecionou foram Cosmologia (Filosofia da Natureza), Psicologia Racional (Antropologia Filosófica), juntamente com Seminários de textos de filósofos gregos e medievais. Ao lado de um acompanhamento sistemático da bibliografia filosófica, especialmente nos

---

[1] Doutor em Filosofia (UFMG). Bolsista de Pós-doutorado Júnior do CNPq — Processo 162879/2020-2. Instituição de execução: UFOP.

campos de seu interesse e especialização, ele dedicou-se neste tempo a um estudo aprofundado da matemática e da física contemporâneas.

Está em andamento o projeto de *Obras filosóficas inéditas* do Padre Vaz, já tendo sido publicados, por Edições Loyola, os volumes (1) *Contemplação e dialética nos diálogos platônicos* (2012) e (2) *A formação do pensamento de Hegel* (2014) e (3) *Introdução ao pensamento de Hegel. Tomo I: A Fenomenologia do espírito e seus antecedentes* (2020). O primeiro trabalho foi traduzido do Latim por Juvenal Savian Filho. Os outros dois trabalhos foram editados por Arnaldo Fortes Drummond. Também haverá os textos (4) HEGEL, G. W. F. *A Ciência da Lógica*. Trad. Parcial de Henrique C. de Lima Vaz. Editado por Manuel Moreira da Silva; (5) LIMA VAZ, Henrique C., *Moralidade e felicidade. Comentário de Henrique Vaz ao capítulo O espírito certo de si mesmo. A moralidade da* Fenomenologia do Espírito *(1807) de Hegel*. Editado por Leonardo Alves Vieira. Com a organização e edição de cursos sobre filosofia da natureza e filosofia do mundo, será possível conhecer outros aspectos do pensamento vaziano, pouco trabalhados na literatura filosófica sobre o pensador em questão. Os cursos digitados e editados neste volume abordam questões de filosofia da natureza, cosmologia, ontologia, teoria do conhecimento, filosofia da técnica, filosofia da ciência, história da filosofia e história das ciências, podendo interessar a vários leitores diferentes.

1. A filosofia da natureza em depoimento de Lima Vaz

Em um depoimento, Lima Vaz afirma ter estudado questões filosóficas provenientes da ciência moderna em seus cursos de filosofia da natureza, tendo fugido um pouco da rigidez escolástica dessas aulas e introduzido temas de filosofia e história da ciência. O pensador afirma que, nesse contexto, a noção de "imagem científica do mundo" adquiriu importância crescente em sua trajetória. Menciona nomes de historiadores e filósofos da ciência, como Léon Brunschvicg, G. Bachelard, A. Koyré e R. Lenoble, reconhecendo o valor da biblioteca de filosofia da ciência organizada pelo Pe. Francisco Xavier Roser[2], SJ (1904-1967), que havia sido seu professor

---

[2] LIMA VAZ, H. C. de, Meu depoimento, pp. 304-305.

de Matemática, Física e Questões Científicas ligadas à Filosofia. Nas palavras de Lima Vaz,

> O Pe. Roser deu-me a ler o livro de PHILIP FRANK, *Entre as ciências físicas e a filosofia*; foi o primeiro texto neopositivista que me foi dado conhecer. A partir de então o problema da ciência moderna, na sua significação filosófica, passou a ser uma referência constante dos meus estudos e das minhas reflexões[3].

A importância de Roser é notável, também, pelo fato de que o último livro publicado em vida por Lima Vaz foi dedicado a ele. Lima Vaz nos informa:

> Natural de Linz (Áustria), Pe. Roser era doutor em física pela Universidade de Viena, discípulo e colaborador do Prêmio Nobel da Física, Viktor Hess, nas primeiras investigações sobre os raios cósmicos; trabalhou com Enrico Fermi e o grupo da Universidade de Chicago, e foi fundador do Instituto de Física da PUC-RJ. Cientista e humanista, deixou-nos entrever o fascinante mundo da matemática moderna e abriu-nos, generosamente, os vastos horizontes da física do século XX. Introduziu-nos no problema das relações entre filosofia e ciência e chamou nossa atenção para os desafios então levantados pela lógica e pela epistemologia do Círculo de Viena (depois, de Chicago). Nos longínquos idos de 1940, falou-nos de um certo Pierre Teilhard de Chardin, então retido na China ocupada pelos japoneses[4].

Como Lima Vaz relata, ele buscou integrar elementos da tradição escolástica com história e ciência moderna, e outra referência fundamental nesse processo foi Joseph Maréchal, SJ (1878-1944), jesuíta belga que tentou integrar o pensamento escolástico com Kant e Fichte, e essa influência é notada nas discussões sobre a relação entre eu e mundo, no início do curso "Filosofia do mundo físico"[5].

---

[3] LIMA VAZ, H. C. de, Meu depoimento, p. 300.
[4] LIMA VAZ, H. C. de, *Escritos de filosofia VII: Raízes da Modernidade*, p. 8.
[5] Cf. MARÉCHAL, J., *Le point de départ de la Métaphysique: leçons sur le développement historique et théorique du problème de la connaissance. Cahier V: Le Thomisme devant la Philosophie critique*. Paris: Libraire FÉLIX ALCAN, 1926.

2. Artigo de Lima Vaz sobre filosofia da natureza

LIMA VAZ, H. C. de. "Análise categorial e síntese dialética em filosofia da natureza". *Verbum*, v. 17, n. 1 (1960), 19-31.

No seu único artigo publicado sobre filosofia da natureza, Vaz reflete não só sobre esse campo de investigação, mas também acerca da filosofia da ciência e antropologia filosófica, reconhecendo que a filosofia das ciências não é mera reflexão sobre o sujeito da ciência e o fazer científico, mas aponta para uma relação entre "eu" e "mundo", impondo o desenvolvimento de uma filosofia da natureza. A consciência humana é intencional, é consciência *de algo*, toda filosofia envolvendo uma "ontologia do mundo", seja segundo o *lógos* contemplativo do realismo, seja segundo o *lógos* criador do idealismo[6].

O positivismo lógico, ao ir além da reflexão sobre ciência, ao negar uma ontologia, uma filosofia da natureza ou do mundo, na verdade traz implicitamente uma opção ontológica: conceber o mundo como objeto da ciência, promovendo uma identidade entre o mundo e as formas de sua expressão lógico-científica[7].

A dimensão cosmológica é uma constante do pensamento ocidental. Para os gregos, por exemplo, o mundo é *cosmos*, ordenamento de formas ao passo que, para a consciência moderna, o mundo é estofo originário gerido pelo espírito construtor. Mesmo sob formas diversas, o ideal filosófico do Ocidente é voltado para a interpretação do mundo como polo de referência que possibilita a própria interpretação do espírito, ainda que a literatura filosófica do século XX apresente generalizada desconfiança em relação à viabilidade da filosofia da natureza e às ambições dos grandes sistemas

---

Disponível em: <https://archive.org/details/lepointdedpart00mar>. Acesso em: 15 Dez. 2020 (tradução em espanhol: MARÉCHAL, J., *El punto de partida de la metafísica V: el tomismo ante la filosofía crítica*. Trad. F. Fonte e S. Heredia. Madrid: Gredos, 1959); SOUZA, L. C. S. de, "A metafísica enquanto teoria transcendental absoluta em Joseph Maréchal e Vittorio Hösle". *Síntese — Revista de Filosofia*, v. 33, n. 107 (2006), 393-412. Disponível em: <http://www.faje.edu.br/periodicos/index.php/Sintese/article/view/167/432>. Acesso em: 15 Dez. 2020.

[6] LIMA VAZ, H. C. de, "Análise categorial e síntese dialética em filosofia da natureza". *Verbum*, v. 17, n. 1 (1960) 19.

[7] LIMA VAZ, H. C. de, "Análise categorial e síntese dialética em filosofia da natureza". *Verbum*, v. 17, n. 1 (1960) 20.

clássicos ou da filosofia da natureza do idealismo alemão. Em parte, isso se deve à imagem de mundo das ciências em rápido desenvolvimento, imagem complexa e em rápida evolução, o que levanta o problema de como interpretar o ser do mundo, quando o conhecimento do mesmo é sempre marcado por novos fenômenos e pela edificação de novas teorias. Entretanto, tentar renunciar a uma "ontologia do mundo" já envolve uma postura ontológica diante do mundo[8].

Filosofia e ciência não se excluem, sendo filosofia a ciência em segunda potência, uma pura *episteme*, que busca a "significação da significação", dirigindo-se para o inteligível puro, o *noetón*, elevando-se para o que é logicamente primeiro: o *eidos* platônico; o *kathólou* aristotélico, a extensão cartesiana, a substância espinosana. A ciência tem seu fundamento na inteligibilidade do ser, e só a filosofia nos fornece tal inteligibilidade[9].

A ontologia antiga (especialmente Platão e Aristóteles) se eleva sobre a percepção sensível natural e retorna, mediante formulação categorial, para o "mundo" dos objetos, assumindo em seus juízos essa elevação ao inteligível puro e a articulação causal necessária. O mundo moderno, por sua vez, não tem como foco um mundo contemplado, mas um mundo construído, de unificação de leis, e não mais da constatação de essências. A história do pensamento científico moderno da mecânica newtoniana à teoria da relatividade e aos *quanta* é caracterizada pela progressiva eliminação dos absolutos: éter eletromagnético; modelos mecânicos; determinação causal[10] (VAZ, 1960, p. 27).

A tarefa primeira de uma filosofia da natureza é a construção crítica da estrutura categorial do mundo desdobrada a partir da experiência, diversificada pela criação da ciência físico-matemática, e pela tentativa de neutralidade do sujeito. As características ontológicas só são originais se em relação intrínseca com a experiência, sendo que a análise categorial hoje deve visar a "esquemas" fundamentais da experiência científica, como espaço-tempo, campo, singularidade e interação. A articulação sistemática

---

[8] LIMA VAZ, H. C. de, "Análise categorial e síntese dialética em filosofia da natureza". *Verbum*, v. 17, n. 1 (1960) 21 s.
[9] LIMA VAZ, H. C. de, "Análise categorial e síntese dialética em filosofia da natureza". *Verbum*, v. 17, n. 1 (1960) 23.
[10] LIMA VAZ, H. C. de, "Análise categorial e síntese dialética em filosofia da natureza". *Verbum*, v. 17, n. 1 (1960) 26-27.

das categorias será constituinte em ato da ontologia da natureza, como faz Nicolai Hartmann em sua *Filosofia da Natureza*[11]. Essa estrutura categorial não possuirá mais o caráter axiomático ou hipotético-dedutivo, mas categórico-implicativo e dialético. Em um esquema desse tipo, a posição de cada categoria se faz na oposição às outras, dentro dos esquemas fundamentais da experiência. O ciclo encerra na categoria de todo, como sistema fechado sendo a oposição final também a primeira: eu e mundo. Tal oposição só pode ser reduzida pela posição de um transcendente ao eu e ao mundo empírico: Deus, partindo-se da ontologia do mundo à ontologia do espírito e daí ao absoluto originário, Deus[12].

Há ainda um vínculo com a questão antropológica, e que será aprofundado conceitualmente para um grande público apenas cerca de trinta anos depois, com a categoria de objetividade da antropologia filosófica: "O sujeito da ciência é *uno*, o homem mesmo. O homem indivíduo e o homem histórico, a humanidade como sujeito cultural coletivo"[13]. No final do artigo, Lima Vaz defende a — e torce pela — capacidade do ser humano de recriar o mundo pela técnica nas dimensões de uma natureza humanizada.

---

[11] LIMA VAZ, H. C. de, "Análise categorial e síntese dialética em filosofia da natureza". *Verbum*, v. 17, n. 1 (1960) 29 ss. Cf. HARTMANN, N., *Philosophie der Natur*. Berlin: Walter de Gruyter, 1950. Essa obra se encontra disponível na Biblioteca Padre Vaz, no *campus* da FAJE. Uma diferença central entre Hartmann e Lima Vaz é que Hartmann recusa a transcendência, pensando a realidade com quatro estratos (aos quais outros podem ser adicionados, à medida que as ciências e a filosofia avançarem): inorgânico, orgânico, psíquico (ou anímico) e espiritual. Note-se que Hartmann pensa o espiritual no sentido de "espírito objetivo" de Hegel (cultura, sociedade, economia), recusando noções como Absoluto, mente divina, etc. Outra diferença é a recusa de uma ordem finalística do mundo, sendo lícito afirmar que Nicolai Hartmann certamente acusaria Lima Vaz de "teleologismo", ou seja, da necessidade de uma ordem de sentido e finalidade do mundo, muitas vezes mais como um pressuposto que como algo efetivamente demonstrado. Cf. HARTMANN, N., *Teleologisches Denken*. Berlin: Walter de Gruyter & Co., 1951. Comparar com LIMA VAZ, H. C. de, *Escritos de filosofia VII: Raízes da modernidade*, pp. 203-219, onde há uma das defesas mais explícita da teleologia em sua obra.

[12] LIMA VAZ, H. C. de, "Análise categorial e síntese dialética em filosofia da natureza". *Verbum*, v. 17, n. 1 (1960) 30.

[13] LIMA VAZ, H. C. de, "Análise categorial e síntese dialética em filosofia da natureza". *Verbum*, v. 17, n. 1 (1960) 31.

3. Filosofia da natureza em livros de Lima Vaz

Não havia, até a edição do presente material, um livro específico de Lima Vaz sobre a filosofia da natureza ou filosofia do mundo, mas o artigo da *Verbum* supracitado é reimpresso como um capítulo de *Ontologia e história*, e os temas de natureza e mundo surgem em uma seção da *Antropologia filosófica II*, sendo brevemente mencionados também na *Antropologia filosófica I* e em *Raízes da Modernidade*.

LIMA VAZ, H. C. de. *Escritos de filosofia VI: Ontologia e história*. 2ª ed. São Paulo: Loyola, 2012a (Col. Filosofia).

O artigo "Ciência e ontologia da natureza" (pp. 107-120), presente nessa obra, é uma versão praticamente idêntica ao artigo da *Verbum* sobre síntese dialética em filosofia da natureza. Consta em observação de *Ontologia e história*[14] que o texto está também nos *Anais do III Congresso Brasileiro de Filosofia* (São Paulo, 1959, II, pp. 283-293). No capítulo "Cristianismo e consciência histórica I" (pp. 165-188), há uma citação sobre o rumo das ciências naturais e sobre como elas mudam o paradigma kantiano, ancorado em Newton e Euclides. É uma das raras passagens em que Lima Vaz menciona as ciências biológicas:

> Se Kant ainda podia julgar a mecânica newtoniana um quadro *a priori* de fenômenos, a descoberta do eletromagnetismo e os inícios da teoria atômica impelem já o pensamento científico do incipiente século XIX pelo caminho que vai conduzir à relatividade, aos *quanta*, à física nuclear, às mais prodigiosas transformações da imagem física do mundo. Contemporaneamente, a fulgurante ascensão das ciências da vida modificava profundamente a carta das constelações no céu do saber científico, traçada até então segundo o modelo exclusivo das regularidades mecânicas[15].

LIMA VAZ, H. C. de. *Antropologia filosófica* II. 6ª ed. São Paulo: Loyola, 2013.

O problema do mundo como problema filosófico reaparece na obra de Lima Vaz, enfatizando o caráter antropológico já existente nos cursos de

---

[14] LIMA VAZ, H. C. de, *Escritos de filosofia VI: Ontologia e história*, p. 10.
[15] LIMA VAZ, H. C. de, *Escritos de filosofia VI: Ontologia e história*, pp. 178-179.

filosofia da natureza, sobretudo o curso de filosofia do mundo físico. A antropologia filosófica vaziana opera com uma elaboração categorial acerca do ser humano — não se tratando de categorias inertes, mas de uma elaboração dialética e dinâmica —, e a categoria que diz respeito à relação entre ser humano e mundo físico consiste na categoria de objetividade.

A experiência do ser humano como sujeito não se refere a uma subjetividade abstrata, mas a um sujeito situado. A experiência de situação leva o ser humano a se interrogar sobre si mesmo, a se fazer objeto da pergunta sobre si próprio[16]. A noção antropológica de mundo estava "como um implícito não pensado", só tendo sido tema filosófico explícito a partir de Kant: o mundo como ideia reguladora, como totalidade, ou ainda, um conceito formal de mundo[17]. A natureza é o âmbito dos fenômenos, enquanto mundo é lugar das antinomias da razão, do âmbito da coisa em si[18]. Com o idealismo alemão, o mundo foi considerado sob aspectos éticos, religiosos, estéticos e históricos. A fenomenologia, com E. Husserl, M. Heidegger e M. Scheler, aprofunda o conceito de mundo.

O mundo como horizonte é o espaço intencional com limites ao movimento. Segundo os polos epistemológicos fundamentais da antropologia filosófica (natureza, sujeito e formas simbólicas)[19], o mundo é captado intencionalmente como mundo dos objetos (natureza), mundo da representação e dos desejos (sujeito), e mundo das significações e fins (formas simbólicas)[20]. O caráter histórico-cultural do mundo já nos indica o horizonte como atravessado pela intersubjetividade, não consistindo em mera objetividade. O mundo aponta, também, para a transcendência, ao nos remeter ao englobante e ao aberto. A organização da linguagem comum sobre o mundo segue certos esquemas fundamentais, o topomorfo, por exemplo, que corresponde à "coisa", na linguagem comum. A ideia do mundo como paisagem é a abertura primeira do sujeito ao mundo real[21].

Uma característica fundamental do mundo, no plano da pré-compreensão, é a metáfora do horizonte, de uma linha que atravessa o interior

---

16 LIMA VAZ, H. C. de, *Antropologia filosófica* II, p. 9.
17 LIMA VAZ, H. C. de, *Antropologia filosófica* II, p. 16.
18 LIMA VAZ, H. C. de, *Antropologia filosófica* II, pp. 16 s.
19 LIMA VAZ, H. C. de, *Antropologia filosófica* I, p. 7.
20 LIMA VAZ, H. C. de, *Antropologia filosófica* II, p. 21.
21 LIMA VAZ, H. C. de, *Antropologia filosófica* II, p. 22.

do homem²². O ser humano se eleva sobre o esquema topomorfo e o mundo se constrói como habitação, lugar de presença e permanência do ser humano: o próximo é associado com o que se conhece, o distante é pensado como o desconhecido²³. A discussão sobre coisas-utensílio, ao alcance da mão e sem segredo, e das coisas enigma, aquelas que causam espanto e admiração, aparece no curso de 1968 sobre filosofia do mundo físico²⁴. A categoria de objetividade não é no sentido epistemológico, e nem de objetividade fenomenal, mas no sentido antropológico, a relação segundo a qual o ser humano se comporta diante do mundo, usando a ciência para explicá-lo e a técnica para transformá-lo²⁵.

LIMA VAZ, H. C. de. *Antropologia filosófica I*. 7ª ed. São Paulo: Loyola, 2004.

Nota-se, na *Antropologia filosófica I*, pessimismo em relação à possibilidade de uma filosofia da natureza, hoje. Diante da ciência moderna de Galileu, a filosofia da natureza precisou delimitar com rigor seu estatuto epistemológico diante dos novos saberes científicos, o que conduziu a uma crise²⁶. Essa visão pessimista é compartilhada por Mutschler, que vê como solução o deslocamento para a filosofia da técnica²⁷, algo que encontra paralelo no próprio pensamento de Lima Vaz, especialmente no final do curso de Filosofia da natureza de 1968 e na seção final do curso de Filosofia do mundo físico (Ficha 283).

Parte da filosofia da natureza se limitou a uma filosofia da ciência, outra parte teve um retorno vigoroso na filosofia da natureza do idealismo alemão (especialmente Schelling e Hegel) e dos românticos (destacando-se Friedrich Schelling, Friedrich Schlegel e Friedrich von Hardenberg — vulgo Novalis), tendo depois caído em descrédito pelo predomínio da mentalidade positivista, exceto no âmbito neoescolástico, cuja proposta Padre Vaz tentava renovar nos cursos que analisamos. Entretanto, tendências

---

22 LIMA VAZ, H. C. de, *Antropologia filosófica* II, p. 20.
23 LIMA VAZ, H. C. de, *Antropologia filosófica* II, p. 22.
24 LIMA VAZ, H. C. de, *Antropologia filosófica* II, p. 23.
25 LIMA VAZ, H. C. de, *Antropologia filosófica* II, p. 25.
26 LIMA VAZ, H. C. de, *Antropologia filosófica* I, p. 25.
27 MUTSCHLER, H.-D., *Naturphilosophie. Grundkurs Philosophie 12*, pp. 7-10; 116-130.

atuais na filosofia mostram a importância de uma reabilitação da filosofia da natureza, tendo em mente a crise ecológica e diversos problemas éticos e políticos a ela relacionados, como enfatizam Hösle e Van der Val[28]. Esse direcionamento ético para a natureza nos parece compatível com o pensamento vaziano, pois esse confere grande importância à ética filosófica.

Percebe-se, na *Antropologia filosófica I*, um dado curioso que é reafirmado pelos cursos de filosofia da natureza e filosofia do mundo de Lima Vaz: suas preferências teóricas residiam na física e na matemática, não tendo ele conferido tanto peso à química e à biologia em seus cursos. Isso se reflete na *Antropologia filosófica I*, obra em que a categoria de espírito ocupa mais de setenta páginas, quando se considera o capítulo "a vida segundo o espírito". No caso das categorias de corpo próprio e psiquismo — categorias mais ligadas à biologia e à psicologia, há onze e doze páginas, respectivamente. Também é digno de nota que a consideração da experiência cotidiana e dos resultados da ciência, seguida de uma abordagem crítico-filosófica, antecipa o método aporético-crítico que Lima Vaz desenvolve em seus tratados de antropologia e de ética.

LIMA VAZ, H. C. de. *Escritos de filosofia VII: Raízes da Modernidade*. 2ª ed. São Paulo: Loyola, 2012b.

Nessa obra, Lima Vaz articula criação e o problema da origem do *cosmos*, levando em consideração os modelos estoico, platônico e neoplatônico, pensando no reflexo dessas escolas antigas no cristianismo. Também há menção sobre a eternidade do mundo em Aristóteles, e sua importância para a teologia cristã, como rico campo de discussão[29].

Algo presente nessa obra que já constava nos cursos de filosofia da natureza é a questão dos diversos conceitos de natureza ao longo da história. Do século VI a.C. até o século XVI, d.C., por exemplo, a natureza era

---

[28] Ver VAN DER WAL, K., *Die Wirklichkeit aus neuer Sicht. Für eine andere Naturphilosophie*. Wiesbaden, Springer VS, 2017, e HÖSLE, V., *Philosophie der ökologischen Krise. Moskauer Vorträge*. München: Verlag C. H. Beck, 1991. Trad. bras.: *Filosofia da crise ecológica. Conferências moscovitas*. Trad. G. Assumpção. São Paulo: LiberArs, 2019. A dimensão ecológica da estética é abordada, a partir da valorização do belo natural, em: SEEL, M., *Eine Ästhetik der Natur*. Frankfurt: Suhrkamp, 1996.

[29] LIMA VAZ, H. C. de, *Escritos de filosofia VII: Raízes da Modernidade*, pp. 130 ss.

concebida como princípio de movimento e de transformação inerente aos seres individuais. No renascimento, há a publicação da obra de Copérnico (1543) e o panteísmo de Giordano Bruno. No século XVII, temos Descartes, Leibniz e Spinoza, cada um à sua maneira pensando a relação entre Deus e natureza como natureza originante (*natura naturans*) e natureza originada (*natura naturata*). Em Kant, há uma separação entre natureza e liberdade, e a limitação da teleologia ao âmbito da necessidade subjetiva, ou juízo reflexivo teleológico. Algo novo em relação aos cursos é a menção mais detalhada às filosofias da natureza do idealismo alemão, especialmente as de Schelling e Hegel[30].

Ainda nessa obra, há uma consideração sobre a integração da natureza na lógica da racionalidade tecnocientífica, perdendo-se a contemplação da natureza em favor da instrumentalização.

Segundo consta no Memorial Padre Vaz, Lima Vaz também fala sobre a natureza em seus textos sobre Teilhard de Chardin, portanto, em contexto mais teológico que propriamente filosófico. Afirma-se, também que, "Justamente porque Lima Vaz não possui textos dedicados exclusivamente ao tratamento do tema estes manuscritos e a apostila de seu curso constituem-se como documentos valiosos e inéditos para a consideração de sua obra"[31], o que mostra a importância desse material.

4. Textos inéditos de Henrique Cláudio de Lima Vaz, SJ, sobre filosofia da natureza e filosofia do mundo

Escolhemos três cursos de Lima Vaz sobre filosofia da natureza e filosofia do mundo, investigando todo o material disponível no Memorial Padre Vaz. O primeiro critério de escolha dos cursos a ser publicados foi o

---

[30] LIMA VAZ, H. C. de, *Escritos de filosofia VII: Raízes da Modernidade*, pp. 140-142. Comparar com os cinco conceitos de natureza apresentados por Hösle em HÖSLE, V., *Philosophie der ökologischen Krise: Moskauer Vorträge*, pp. 49-51. Sobre a filosofia da natureza de Schelling e a relação entre ser humano, criação e natureza, cf. ASSUMPÇÃO, G.; VELIQ, F., "A relação entre ser humano e natureza a partir de Schelling e Moltmann". *Princípios: revista de filosofia*, v. 26, n. 50 (2019), 81-97.

[31] MEMORIAL PADRE VAZ. *Ficha 37 — Filosofia da natureza*, p. 1. Disponível em: <http://www.padrevaz.com.br/index.php/manuscritos/filosofia-da-natureza/336-ficha-37-filosofia-da-natureza>. Acesso em: 05 Mar. 2021.

idioma do texto. Há textos em latim que não foram digitados, pois o editor não domina o idioma. Outro critério foi evitar os manuscritos, pois a pesquisa com manuscritos era atividade de bolsistas, e a edição e pesquisa com os cursos de Lima Vaz sobre filosofia da natureza foi realizada em caráter voluntário. Finalmente, buscou-se evitar cursos com conteúdo repetido, priorizando sempre o curso com mais conteúdo, no caso de semelhanças muito grandes.

Os três cursos digitados e editados foram os seguintes:

LIMA VAZ, H. C. de. *Filosofia da natureza*. Curso de 1968. Belo Horizonte, 1968.

_____. *Filosofia do mundo físico*. Ficha 283. Belo Horizonte, entre 1966-1968.

_____. *Curso de filosofia da natureza*, anotações de Armando Lopes de Oliveira. Belo Horizonte, 1965.

Os planos de curso digitados como apêndices foram os seguintes:

LIMA VAZ, H. C. de. Filosofia da natureza PUC-Minas: Plano de estudos para o ano de 1965. Belo Horizonte, 1965.

_____. Cosmologia. Programa de curso para 1969. Belo Horizonte, 1969.

A investigação no Memorial Padre Vaz se deu em quatro etapas. (1) a leitura e escolha do material digitalizado a reproduzir, evitando apostilas de cursos muito semelhantes entre si; (2) digitação do material digitalizado, adequando-o ao novo acordo ortográfico da língua portuguesa e corrigindo eventuais lapsos de escrita nas apostilas; (3) a escrita do comentário introdutório e (4) edição de notas. Na terceira e quarta etapa, foram cotejados os materiais digitados com as fontes mencionadas por Lima Vaz. Os cursos foram organizados em ordem de dificuldade, do mais fácil e geral ao mais difícil e técnico, de modo a incentivar o leitor a confrontar níveis cada vez mais complexos de investigação da filosofia da natureza. Buscamos preservar o aspecto de oralidade das apostilas, mantendo fidelidade ao espírito de sala de aula.

4.1. Apostilas de cursos de filosofia da natureza

1) LIMA VAZ, H. C. de. Filosofia da natureza. Ficha 094Fil.Nat.-1. Curso de 1968. Belo Horizonte, 1968.

O texto corresponde à Ficha 094Fil.Nat.-1 do Memorial Padre Vaz, conservado na Biblioteca da Faculdade Jesuíta de Filosofia e Teologia (FAJE), Belo Horizonte. Consta de vinte páginas datilografadas e numeradas da apostila de um curso intitulado "Filosofia da Natureza" e mais uma página solta no final, com um programa de Filosofia do Mundo, sem conexão com a apostila datilografada. Pertence ao espólio de Lima Vaz e contém na primeira página a sua assinatura. Além desses indícios a sua autoria é demonstrada pelo conteúdo e estilo do escrito.

O texto contém a matéria a ser explanada em sala de aula. Não se trata de simples esquemas, nem de uma redação por extenso do pensamento do autor. É uma exposição bem articulada, em frases construídas regularmente, mas relativamente sintética, a ser completada oralmente. O estilo é claro e preciso, mas simples, comportando por exemplo, a repetição de termos na mesma frase e expressões da linguagem falada. São notas pessoais, sem qualquer pretensão literária, não escritas para publicação, que, no entanto, foram postas à disposição dos alunos, transformando-se em apostila.

Na última página, encontra-se a seguinte indicação: "jmgs/ano/phv/ bh,set/68", revelando que o texto datilografado é cópia, certamente, de um manuscrito autógrafo de Lima Vaz, feita em Belo Horizonte, provavelmente por um aluno, em setembro de 1968.

A cópia contém expressões claramente inconcebíveis na pena do autor, resultantes seja da omissão de palavras, seja de lapsos na leitura ou transcrição do manuscrito. Estas ocorrências são indicadas por notas do editor no texto publicado, sempre que não se trate de erros gramaticais ou de digitação absolutamente óbvios, que são sem mais emendados. O mesmo ocorre quanto à atualização ortográfica e à pontuação, de acordo com o Acordo Ortográfico da Língua Portuguesa de 1990, o qual entrou em vigor definitivo e obrigatório em 1 de janeiro de 2016. Algumas omissões de termos do original, ainda que notadas, não puderam ser corrigidas. São indicados também em nota alguns pequenos acréscimos de palavras feitos pelo editor para esclarecimento de passagens mais concisas. As considerações metodológicas apontadas neste parágrafo se aplicam aos dois cursos seguintes.

Também se aplicam, aos três cursos presentes nesse volume, as seguintes abreviaturas em notas de rodapé: "N. do E." para "Nota do Editor" e "TD" para "Texto Digitalizado", referindo-se às apostilas de cursos de filosofia da natureza e filosofia do Mundo.

O curso parte da apreensão fenomenológica do mundo, notando que, para o ser humano, há abertura a algo maior que o mundo imediato e circundante, o mundo distante, plano inacessível a outros animais. Apenas o ser humano concebe o mundo como totalidade, e essa visão é necessária para dar significado ao mundo. Para não se confundir com a totalidade das coisas, há uma mediação entre ser humano e mundo: o mundo é mediatizado, e o ser humano consegue abstrair do mundo, destacar-se dele, ao interagir com ele, de modo a não se confundir com a totalidade.

Tal mediação é obra da inteligência humana, e também de sua liberdade, vontade e paixões. Para Lima Vaz, esse é o ponto de partida de toda filosofia da natureza, a mediação do mundo pelo ser humano, o abarcamento intencional do mundo. O ser humano desenvolve várias tentativas discursivas de englobar o todo e de dominar o espaço e o tempo, o que Lima Vaz chama "transposições". Há a transposição imaginativa — da fábula e do mito, idealizando o tempo ou o lugar; a transposição operativa, presente na magia e no rito, marcada pela ação humana, e gestos iguais, retratando o domínio do tempo. Temos também a transposição estética, consistindo na recriação do espaço para o ser humano, com novas coisas no espaço. O ser humano recria o mundo e a si mesmo através das obras de arte[32]. A transposição racional, por sua vez, é a da ciência e a da filosofia, possuindo caráter tardio, explicando a forma de penetrar no mundo pelo ser humano. Nela, o ser humano interpreta, recria e transforma o mundo, surgindo benefícios, mas também problemas oriundos do uso da técnica para instrumentalização do próprio mundo. O esforço para entender o mundo é, também, o esforço de compreender a si mesmo no mundo, e a

---

[32] Cf. Assumpção, G. A., "A pintura abstrata e Schelling: atravessar a 'pele da natureza'". *Princípios: Revista de Filosofia* (UFRN), v. 24, n. 45 (2017), 59-79. Disponível em: <https://periodicos.ufrn.br/principios/article/view/11877>. Acesso em: 29 Jan. 2020.

dificuldade de se elaborar uma filosofia da natureza no mundo técnico é notada, de maneira perspicaz, por Lima Vaz no final desse curso.

A apresentação da história da filosofia da natureza antiga e moderna aparece nos três cursos, sendo menções recorrentes os pré-socráticos, Platão, Aristóteles. No caso do pensamento medieval, há raras menções, geralmente a Tomás de Aquino. Já na filosofia moderna, aparecem sempre Newton, Galileu, Leibniz e Kant. Lima Vaz, nessas discussões, já mostrava conhecimento amplo da história da filosofia, da física e conhecimento razoável da matemática — exibindo, inclusive, seu posicionamento crítico em relação aos compêndios.

2) ____. Filosofia do mundo físico. Ficha 283. Belo Horizonte, (Entre 1966-1968). 57 p.

Texto datilografado de 57 páginas numeradas, registrado como ficha 283 no Memorial Padre Vaz da Biblioteca da Faculdade Jesuíta de Filosofia e Teologia. Não pertencia ao espólio de Lima Vaz. Consta que foi doação de NNNN. Na última página encontram-se os dizeres: Publicações universitárias L. Franca. Via Anhanguera Km 26, S. Paulo, Caixa Postal 11.587, denotando que se trata de um escrito multiplicado mimeograficamente, como de costume na época. O endereço corresponde ao *"campus"* para onde se transferira, em 1966 de Nova Friburgo, RJ, a Faculdade (Eclesiástica) de Filosofia da Companhia de Jesus, oficializada civilmente como Faculdade de Filosofia Nossa Senhora Medianeira, com cursos de Letras, Pedagogia e Ciências Sociais, além do curso de Filosofia.

Na primeira página, embaixo do título do curso: J.-M. Aubert, *Philosophie de la Nature, e o código na biblioteca: 141 AUB PHI. Essa obra se encontra disponível na Biblioteca Padre Vaz e foi indicada por Vaz no curso de Filosofia da Natureza de 1968 (p. 1 da ficha 094 Natur_1_Apostila)*[33] e também no curso ao qual essa ficha se refere.

Lima Vaz, que havia lecionado de 1955 a 1965 nessa Faculdade em Nova Friburgo, residindo desde então em Belo Horizonte, ministrou na nova sede da Faculdade cursos semestrais uma ou duas vezes, entre 1966 e 1968, primeiro semestre. Embora sua autoria não conste no documento,

---

[33] Ver também *Apêndice 1*.

ela é assegurada não só por este fato, como por seu conteúdo e estilo, comparado com outras produções na mesma área, certamente de autoria dele (p. ex. o curso manuscrito de 1968).

Trata-se de cópia, feita, ao que tudo indica por alunos, de originais do autor, provavelmente manuscritos, exceto a primeira parte, por razões dadas mais abaixo. De fato, embora a transcrição no conjunto seja confiável, alguns mal-entendidos ou omissões, indicados em nota nesta edição, dificilmente se compaginam com a reprodução de um texto já datilografado pelo autor.

O texto está dividido em sete partes, mas, na verdade, aborda a realidade do mundo sob dois aspectos básicos: epistemológico (correspondente à primeira parte, pp. 1-11), ontológico (correspondente às outras seis partes, pp. 12-57). O primeiro aspecto, nomeado expressamente como "Epistemologia" e "Visão humana do mundo", serve de introdução à análise ontológica. Num primeiro capítulo, o autor, através de uma reflexão fenomenológica, determina o caráter objetivo e supra-empírico do conhecimento intelectual do mundo, enquanto abstrativo, justificando o seu realismo e sua afirmação da transcendência do espírito humano. A seguir ele traça a evolução histórica das concepções do mundo desde a visão animista e antropomórfica primitiva até a maneira como ele é encarado atualmente pela ciência e será abordado na sua Filosofia da Natureza, articulada em seis unidades, conforme mencionado. Esta exposição corresponde a uma atualização do curso que ele vinha ministrando em Nova Friburgo aos estudantes de Filosofia, sobretudo jesuítas, agora transferidos para São Paulo. A parte introdutória consiste numa versão mais aprofundada da temática do homem como ser-no-mundo desenvolvida em Belo Horizonte nesses anos, em cursos da FAFICH/UFMG e/ou do Instituto Central de Filosofia e Teologia (IFT), da Universidade Católica de Minas Gerais.

Esta dupla origem do documento reflete-se claramente no seu texto. A primeira parte está escrita em linguagem acadêmica, sob a forma de artigo, pronto praticamente para publicação. As seis outras partes consistem em notas pessoais do autor, com a apresentação relativamente sintética e esquemática da matéria a ser exposta em aula, ainda que em frases completas e períodos às vezes longos e complexamente articulados. Quando exigidas pelo próprio texto, são feitas pequenas intervenções sob forma de acréscimo ou de emenda, segundo a mente presumida do autor, sempre indicadas, a não ser em caso de erros evidentes.

Ao contrário dos outros materiais consultados de filosofia da natureza, não há nenhuma data nesse texto. Todavia, na última página do material, o endereço já citado nos auxiliou: "Publicações Universitárias L. Franca. Via Anhanguera, km 26. S. Paulo. Caixa postal 11.587", referência à Faculdade Jesuíta de Filosofia que funcionou aí entre 1996 e 1974. Essa informação nos ajuda a estipular que o curso foi ministrado entre 1966-1968, provavelmente 1967, pois Lima Vaz certamente não lecionou na Faculdade em São Paulo após 1968[34].

Uma hipótese interessante desenvolvida no curso é que a progressiva eliminação do humano pela ciência moderna é a negação das qualidades sensíveis na realidade objetiva, reduzindo-se o mundo material a pura quantidade, matéria e movimento, ao passo que as qualidades são tidas como subjetivas e, portanto, algo a ser progressivamente eliminado da ciência. Isso é associado a um rígido determinismo causal na modernidade, bem como a uma concepção antifinalista que, por sua vez, incide na concepção de ser humano, conduzindo tanto ao reducionismo do ser humano como mero objeto; quanto a um dualismo entre matéria e espírito[35], sendo a matéria o único aspecto apreensível pela ciência natural.

Esse aspecto se mostra particularmente nocivo por rejeitar a originalidade e irredutibilidade do ser humano, bem como sua liberdade e consciência moral. Isso não significa que a ciência não seja importante e não

---

[34] "Ainda sob a direção dos jesuítas, a Faculdade transfere-se para São Paulo no ano de 1966, indo abrigar-se, inicialmente, no Campus da Via Anhanguera, Km 26. É por volta de 1969 que a Medianeira passa a ter um duplo local de funcionamento. No Km 26 eram ministrados o curso regular de Filosofia, os cursos de Ciências Sociais, Letras e Pedagogia em regime intensivo, e algumas disciplinas destes mesmos cursos regulares ou extensivos". MAIA, P. A., As peripécias de uma faculdade de filosofia (1941-1991), *Síntese Nova Fase*, v. 18, n. 54 (1991) 413.

[35] A reflexão sobre o complexo vínculo entre ciência e subjetividade moderna é um tema importante na obra de Lima Vaz, como em "O problema da criação". In: LIMA VAZ, H. C. de, *Raízes da modernidade: escritos de filosofia VII*. 2ª. Ed. São Paulo: Loyola, 2012, 140-141; e também em LIMA VAZ, H. C. de, Ética e Razão Moderna, *Síntese Nova Fase*, v. 22, n. 68 (1995) 66 ss. O problema do dualismo aludido por Lima Vaz no curso em questão encontra ressonâncias em pensadores como Friedrich W. J. Schelling, Hans Jonas e Vittorio Hösle (este último admirado por Lima Vaz como platonista e erudito em Hegel). Cf. JONAS, H., *Macht oder Ohnmacht der Subjektivität?*, Frankfurt, Insel, 1981; HÖSLE, V., o. c., 56 ss.

tenha tido imenso mérito no conhecimento do mundo natural, mas que a postura reducionista e determinista foi um efeito colateral da forma como ela foi praticada na modernidade, e deve ser repensada dentro da própria ciência. E de fato, foi cogitada de outra forma, no caso de ciências em que o observador, o sujeito, é também objeto (psicologia), ou nos casos em que o sujeito, só de estar presente, interfere drasticamente no objeto — física atômica e biologia.

É digna de nota a discussão, fortemente ancorada em Filippo Selvaggi[36], sobre como a teoria da relatividade não pressupõe e nem justifica doutrinas filosóficas do relativismo, do subjetivismo e do positivismo. Na verdade, a teoria da relatividade confirma e supõe o valor objetivo e absoluto do conhecimento, bem como a possibilidade de se superar, por meios dedutivos lógico-matemáticos, a intuição sensível e dados imediatos da experiência. A objetividade da relatividade geral se expressa (a) na constância da velocidade da luz no vácuo e (b) na coincidência entre massa inercial e massa gravitacional. Além disso, (c) a teoria precisou ser verificada experimentalmente, e (d) consequências precisaram ser deduzidas de seus princípios. A insuperabilidade da velocidade da luz, segundo Lima Vaz, possui sentido ontológico: aplica-se um princípio metafísico platônico-aristotélico bem importante para Santo Tomás, segundo o qual, onde há o mais e o menos, deve haver um máximo do mesmo gênero; nos gêneros que não podem possuir valor infinito, como a velocidade do movimento local, o máximo deve ser finito, porém não superado. Isso é exatamente o que se verifica para a velocidade da luz, segundo as fórmulas da relatividade.

É notável, especialmente nesse curso e no *Curso de filosofia da natureza* com as notas de Armando Lopes, a influência de Aristóteles e Tomás de Aquino, inclusive em questões de merologia (estudo da relação entre todo e partes), e uma parte final do curso tenta conciliar a física quântica com as doutrinas do ato e potência e do hilemorfismo, tal como repensadas por Tomás de Aquino.

---

36 SELVAGGI, F., *Cosmologia*, Roma: Apud Aedes Universitatis Gregorianae, 1959, 117-135. Como essa obra é em latim, indicaremos uma versão mais acessível: SELVAGGI, F., *Filosofia del mondo. Cosmologia filosofica*. Roma: Università Gregoriana Editrice, 1985, 340-356. Trad. bras.: *Filosofia do mundo físico: cosmologia filosófica*, trad. A. A. MacIntyre. São Paulo: Loyola, 1998.

3) _____. *Curso de filosofia da natureza*. **Ficha 094FilNatur_4.** Anotações de Armando Lopes de Oliveira. Belo Horizonte, 1965.

Texto datilografado de 52 páginas numeradas, registrado como ficha 094 **FilNatur_4** no Memorial Padre Vaz da Biblioteca da Faculdade Jesuíta de Filosofia e Teologia. Caderno de Armando Lopes de Oliveira[37], intitulado "Ciência e Filosofia". Curso ministrado na FAFICH, em 1965. Consta, na última página, que "O caderno foi impresso e composto na Seção de Mimeografia da Faculdade de Filosofia da U.F.M.G.", em abril de 1965, e que a capa foi "planejada e executada por equipe da Escola de Arquitetura". Essa bibliografia é utilizada como fonte primária do curso de Filosofia da Natureza ministrado em 1965 na PUC-Minas (*Apêndice 1*).

Esse curso é o mais técnico e difícil dos três, envolvendo grande destreza matemática. Chama atenção, nesse curso e nos dois anteriores, o vasto acesso de Lima Vaz a textos acadêmicos e científicos em língua estrangeira, o que era bem mais difícil nos anos 1960 do que atualmente, quando é mais fácil encontrar muitos clássicos que estão em domínio público gratuitamente, na *Internet*, e mesmo comprar obras clássicas e atuais se tornou tarefa bem mais fácil que há 60 anos.

Possivelmente pelo caráter mais técnico desse curso, é nele que o interesse de Lima Vaz pelas antinomias do contínuo de Zenão, bem como sua superação pela doutrina aristotélica de ato e potência, transparece com maior nitidez. Lima Vaz mostra leitura atenta do comentário de Henri Bergson à *Física* de Aristóteles. O debate de Leibniz e Clarke sobre o espaço absoluto é abordado com bastante detalhe nesse curso e, também, no anterior.

Em entrevista concedida por e-mail ao IHU *On-Line*, revista digital da Unisinos, publicada em 03 de julho de 2006, Armando Lopes de

---

[37] Armando Lopes de Oliveira foi aluno de Padre Vaz em Nova Friburgo (1958-1960), Deixando a Companhia de Jesus, cursou o mestrado em Física na UFMG sendo Professor Assistente do Departamento de Física desde 1962 e Professor Adjunto 1964-1996. Embora a estrutura do curso seja certamente de Padre Vaz, é possível que algumas partes estritamente científicas, tenham sido redigidas pelo Prof. Armando Lopes, que foi amigo e colaborador de Padre Vaz; cf. OLIVEIRA, A., Vaz e a Filosofia da Natureza. Entrevista concedida a IHU on-line. *IHU on-line*, São Leopoldo, 03/07/2006, n. 187, pp. 74-50. Disponível em: <http://www.ihuonline.unisinos.br/media/pdf/IHUOnlineEdicao187.pdf>. Acesso em: 31 Mai 2021.

Oliveira afirma, sobre seu professor: "Vaz, nos seus últimos anos de vida, perguntava-me com certa frequência se não seria ousadia sua tentar reescrever a Filosofia da Natureza e publicá-la sob a forma de livro. Procurei encorajá-lo... Infelizmente a morte o colheu de forma inesperada"[38]. Essa seleção de apostilas de filosofia de natureza, de certo modo, resgata um pouco dessa intenção de Lima Vaz e de seu aluno.

Pontos fortes, nos três cursos, são (a) abrangência das fontes e consistência da argumentação ao longo dos anos; (b) a sutil interpretação filosófica da teoria da relatividade; (c) as reflexões sobre as antinomias do contínuo e (d) as exposições sobre a polêmica Leibniz/Clarke acerca do espaço absoluto. Pontos fracos são (a) o pouco peso conferido à biologia e (b) a falta de um embate com Charles Darwin e a teoria da evolução, como contraponto à valorização da teleologia feita por Lima Vaz.

4.2. Os planos de curso: apêndices

APÊNDICE 1: Lima Vaz, H. C. de. Filosofia da natureza. PUC-Minas: Plano de estudos para o ano de 1965[39].

O programa de curso de 1965, dado na PUC-Minas, é baseado no *Curso de filosofia da natureza* ministrado por Lima Vaz e registrado com as anotações de Armando Lopes de Oliveira. A bibliografia complementar é vasta e aparece em todos os cursos digitados. Está assinado, no final: "Belo Horizonte, 19 de Fevereiro, 1965".

APÊNDICE 2: Lima Vaz, H. C. de. Cosmologia. programa de curso para 1969[40].

O programa de curso para 1969 não apresenta lugar específico. O conteúdo se parece bastante com o ministrado no curso de 1968 que se encontra no presente volume, e provavelmente é uma versão mais elaborada dele — nota-se, por exemplo, um tópico adicional nesse programa de

---

[38] Oliveira, A., Vaz e a Filosofia da Natureza. Entrevista concedida a IHU on-line. *IHU on-line*, São Leopoldo, 03/07/2006, n. 187, p. 50.
[39] Extraído da ficha 093 — EsquCursos.
[40] Extraído da ficha 094 FilNatur5 — Cosmo.

curso, sobre a filosofia da natureza de Nicolai Hartmann, cuja importância já era reconhecida no seu artigo de 1960 mencionado acima.

4.3. Outros materiais inéditos de Filosofia da Natureza, ainda não editados

1. Manuscrito sobre cosmologia de 1973

Manuscrito 037FilNatur, localizado na Ficha 37 do Memorial Padre Vaz, conservado na Biblioteca da Faculdade Jesuíta de Filosofia e Teologia (FAJE), Belo Horizonte, com o título "Filosofia da natureza", de 1973, referente a um curso de graduação, provavelmente na UFMG. Total de 57 páginas. Há folhas com um programa de curso de cosmologia, com data de 1971 e 1972, mas o esquema apresentado no programa não equivale ao conteúdo do caderno de Lima Vaz[41].

2. Manuscrito sobre cosmologia de 1980

Manuscrito 038 FilNatur, disponível na ficha 38 do Memorial Padre Vaz, conservado na Biblioteca da Faculdade Jesuíta de Filosofia e Teologia (FAJE), Belo Horizonte. Há indicação de se tratar de um curso de graduação ministrado em 1980, certamente na Faculdade Eclesiástica de Filosofia da Companhia de Jesus, da qual Lima Vaz era Reitor, que transferida para o Rio e Janeiro em 1975, deixou de ser reconhecida pelo Ministério até ser novamente autorizada em 1992 e reconhecida em 1996 já em Belo Horizonte. O texto é uma boa introdução ao problema da filosofia da natureza, assim como o curso de 1968. O texto aborda o problema sobre o mundo, diferentes discursos acerca do mundo, a relação entre mundo e natureza, entre ciência e filosofia da natureza. No final, discute ontologia da natureza (relação entre natureza e realidade) e faz uma ponte entre filosofia da natureza e antropologia filosófica[42]. É bem parecido, em sua estrutura, com o artigo supracitado da revista *Verbum*.

---

[41] MEMORIAL PADRE VAZ. *Ficha 37 — Filosofia da natureza*, p. 1. Disponível em: <http://www.padrevaz.com.br/index.php/manuscritos/filosofia-da-natureza/336-ficha-37-filosofia-da-natureza>. Acesso em: 05 Mar. 2021.

[42] MEMORIAL PADRE VAZ. *Ficha 38 — Filosofia da natureza*, p. 1. Disponível em: <http://www.padrevaz.com.br/index.php/manuscritos/filosofia-da-natureza/335-ficha-38-filosofia-da-natureza>. Acesso em: 05 Mar. 2021.

3. Apostila de [Introdução à] Filosofia da Natureza.

Manuscrito 082 FilNat_1, disponível na ficha 82 — [Introdução à] Filosofia da Natureza, com 243 folhas, do Memorial Padre Vaz, conservado na Biblioteca da Faculdade Jesuíta de Filosofia e Teologia (FAJE), Belo Horizonte. O mais antigo texto sobre filosofia da natureza disponível de Lima Vaz. Curso dado na Faculdade de Filosofia (N. Sra. Medianeira) parte em latim, parte em português. Esse curso segue um roteiro de 04 partes: (a) Quantidade; (b) Qualidade; (c) Movimento; (d) Essência do ente mundano.

É um texto grande, possivelmente utilizado em um curso de Filosofia da Natureza de 1958, na Faculdade Medianeira. Consta numeração manuscrita. A introdução ao curso é em português, de 21 páginas. Em seguida, há 127 páginas com texto em latim intercalados com textos em português. Há cinco partes do possível curso: externalidade, variabilidade, transitoriedade, individualidade e totalidade[43].

4. Manuscrito sobre física

Manuscrito 082 FilNat_2, disponível na ficha 82 — [Introdução à] Filosofia da Natureza do Memorial Padre Vaz, conservado na Biblioteca da Faculdade Jesuíta de Filosofia e Teologia (FAJE), Belo Horizonte. Encontram-se, no manuscrito, anotações sobre potencial elétrico, eletrostática, lei da termodinâmica e Maxwell[44].

5. Manuscrito sobre física do século XX

Manuscrito 082 FilNat_3, disponível na ficha 82 — [Introdução à] Filosofia da Natureza do Memorial Padre Vaz, conservado na Biblio-

---

[43] MEMORIAL PADRE VAZ. *Ficha 82 — Introdução à Filosofia da natureza*, p. 1. Disponível em: <http://www.padrevaz.com.br/index.php/manuscritos/filoso fia-da-natureza/334-ficha-82-introducao-a-filosofia-da-natureza>. Acesso em: 05 Mar. 2021.

[44] MEMORIAL PADRE VAZ. *Ficha 82 — Introdução à Filosofia da natureza*, p. 1. Disponível em: <http://www.padrevaz.com.br/index.php/manuscritos/filosofia-da-natureza/334-ficha-82-introducao-a-filosofia-da-natureza>. Acesso em: 05 Mar. 2021.

teca da Faculdade Jesuíta de Filosofia e Teologia (FAJE), Belo Horizonte. Contém anotações de Lima Vaz sobre distribuição de energia, teoria quântica da luz, a física de Einstein, o pensamento científico de Rutherford, Bohr, Heisenberg. Também há anotações sobre forças e reações nucleares, e teoria quântica da luz. Esses estudos muito provavelmente serviram ao curso de Filosofia do Mundo Físico dado entre 1966-1968 e presente neste volume[45].

6. Conceito de natureza na história — incompleto.

O texto corresponde ao documento 094FilNatur_3_Sinopse da Ficha 94 do Memorial Padre Vaz, conservado na Biblioteca da Faculdade Jesuíta de Filosofia e Teologia (FAJE), Belo Horizonte. do Memorial Padre Vaz, conservado na Biblioteca da Faculdade Jesuíta de Filosofia e Teologia (FAJE), Belo Horizonte. Problemas sobre natureza, ciência antiga e moderna. Possivelmente, anotações de alunos datilografadas e, posteriormente, entregues a Lima Vaz[46].

5. Referências

5.1. Referências primárias

LIMA VAZ, H. C. de. "Análise categorial e síntese dialética em filosofia da natureza". *Verbum*, v. 17, n. 1 (1960), 19-31.

_____. *Antropologia Filosófica I*. 7ª ed. São Paulo: Loyola, 2004.

_____. *Antropologia filosófica II*. 6ª ed. São Paulo: Loyola, 2013.

_____. *Escritos de filosofia VI: Ontologia e história*. 2ª ed. São Paulo: Loyola, 2012a.

_____. *Escritos de filosofia VII: Raízes da Modernidade*. 2ª ed. São Paulo: Loyola, 2012b.

---

[45] MEMORIAL PADRE VAZ. *Ficha 82 — Introdução à Filosofia da natureza*, p. 1. Disponível em: <http://www.padrevaz.com.br/index.php/manuscritos/filosofia-da-natureza/334-ficha-82-introducao-a-filosofia-da-natureza>. Acesso em: 05 Mar. 2021.

[46] MEMORIAL PADRE VAZ. *Ficha 94 — Filosofia da natureza*, p. 1. Disponível em: <http://www.padrevaz.com.br/index.php/manuscritos/filosofia-da-natureza/333-ficha-94-filosofia-da-natureza>. Acesso em: 05 Mar. 2021.

_____. Ética e Razão Moderna, *Síntese Nova Fase*, v. 22, n. 68 (1995) 53-85. Disponível em: <http://www.faje.edu.br/periodicos/index.php/Sintese/article/view/1132/1539>. Acesso em: 15 Dez. 2020.

_____. "Meu depoimento". In: LADUSÃNS, S. (org.), *Rumos da filosofia atual no Brasil em auto-retratos. Primeiro volume*. São Paulo: Loyola, 1976, pp. 298-311.

5.2. Referências secundárias

ASSUMPÇÃO, G. A. "A pintura abstrata e Schelling: atravessar a 'pele da natureza'". *Princípios: Revista de Filosofia* (UFRN), v. 24, n. 45 (2017), 59-79. Disponível em: <https://periodicos.ufrn.br/principios/article/view/11877>. Acesso em: 15 Dez. 2020.

ASSUMPÇÃO, G.; VELIQ, F. "A relação entre ser humano e natureza a partir de Schelling e Moltmann". *Princípios: revista de filosofia*, v. 26, n. 50 (2019), 81-97. Disponível em: <https://periodicos.ufrn.br/principios/article/view/14041/11640>. Acesso em: 11 Mar. 2021.

HÖSLE, V. *Philosophie der ökologischen Krise. Moskauer Vorträge*. München: Verlag C. H. Beck, 1991. Trad. bras.: *Filosofia da crise ecológica. Conferências moscovitas*. Trad. G. Assumpção. São Paulo: LiberArs, 2019.

HARTMANN, N. *Philosophie der Natur*. Berlin: Walter de Gruyter, 1950.

_____., *Teleologisches Denken*. Berlin: Walter de Gruyter & Co., 1951.

JONAS, H. *Macht oder Ohnmacht der Subjektivität?*, Frankfurt: Insel, 1981.

MAIA, P. A. As peripécias de uma faculdade de filosofia (1941-1991), *Síntese Nova Fase*, v. 18, n. 54 (1991) 401-416. Disponível em: <http://www.faje.edu.br/periodicos/index.php/Sintese/article/view/1584/1935>. Acesso em: 15 Dez. 2020.

MARÉCHAL, J. *El punto de partida de la metafísica V: el tomismo ante la filosofía crítica*. Trad. F. Fonte e S. Heredia. Madrid: Gredos, 1959.

MARÉCHAL, J. *Le point de départ de la Métaphysique: leçons sur le développement historique et théorique du problème de la connaissance. Cahier V: Le Thomisme devant la Philosophie critique*. Paris: Libraire FÉLIX ALCAN, 1926. Disponível em: <https://archive.org/details/lepointdedpart00mar>. Acesso em: 15 Dez. 2020.

MEMORIAL PADRE VAZ, *Ficha 37 — Filosofia da natureza*. Disponível em: <http://www.padrevaz.com.br/index.php/manuscritos/filosofia-da-natureza/336-ficha-37-filosofia-da-natureza>. Acesso em: 05 Mar. 2021.

_____., *Ficha 38 — Filosofia da natureza*, p. 1. Disponível em: <http://www.padrevaz.com.br/index.php/manuscritos/filosofia-da-natureza/335-ficha-38-filosofia-da-natureza>. Acesso em: 05 Mar. 2021.

_____, *Ficha 82 — Introdução à Filosofia da natureza*, p. 1. Disponível em: <http://www.padrevaz.com.br/index.php/manuscritos/filosofia-da-natureza/334-ficha-82-introducao-a-filosofia-da-natureza>. Acesso em: 05 Mar. 2021.

_____., *Ficha 94 — Filosofia da natureza*, p. 1. Disponível em: < http://www.padrevaz.com.br/index.php/manuscritos/filosofia-da-natureza/333-ficha-94-filosofia-da-natureza>. Acesso em: 05 Mar. 2021.

MUTSCHLER, H.-D. *Naturphilosophie. Grundkurs Philosophie 12.* Stuttgart: Verlag W. Kohlhammer, 2002.

OLIVEIRA, A. Vaz e a Filosofia da Natureza. Entrevista concedida a IHU on-line. *IHU on-line*, São Leopoldo, 03/07/2006, n. 187, pp. 74-50. Disponível em: <http://www.ihuonline.unisinos.br/media/pdf/IHUOnlineEdicao187.pdf>. Acesso em: 31 Mai 2021.

SEEL, M. *Eine Ästhetik der Natur*. Frankfurt: Suhrkamp, 1996.

SELVAGGI, F. *Cosmologia*, Roma: Apud Aedes Universitatis Gregorianae, 1959. Disponível em: <https://archive.org/details/COSMOLOGIA_201704>. Acesso em: 15 Dez. 2020.

_____., *Filosofia del mondo. Cosmologia filosofica*. Roma: Università Gregoriana Editrice, 1985. Trad. bras.: *Filosofia do mundo físico: cosmologia filosófica*, trad. A. A. MacIntyre. São Paulo: Loyola, 1998.

SOUZA, L. C. S. de. "A metafísica enquanto teoria transcendental absoluta em Joseph Maréchal e Vittorio Hösle". *Síntese — Revista de Filosofia*, v. 33, n. 107 (2006), 393-412. Disponível em: <http://www.faje.edu.br/periodicos/index.php/Sintese/article/view/167/432>. Acesso em: 15 Dez. 2020.

VAN DER WAL, K. *Die Wirklichkeit aus neuer Sicht. Für eine andere Naturphilosophie*. Wiesbaden: Springer VS, 2017.

CURSOS

CURSO 1
Filosofia da Natureza
Curso de 1968

Pe. Henrique Vaz, SJ

Introdução

O curso visa apresentar os problemas da Filosofia da Natureza e orientar para uma solução. É uma espécie de reflexão total sobre Filosofia em concomitância com a Metafísica, Epistemologia, e uma ponte para a Antropologia Filosófica.

Bibliografia

Além dos manuais comuns de Cosmologia, são recomendados, como livros base para o curso, os seguintes tratados:
— VAN MELSEN, A. G. *The Philosophy of Nature*. Duquesne Univ. Press, 1953.
— AUBERT, J.-M. *Philosophie de la Nature. Propédeutique à la vision chrétienne du monde*. Paris: Beauchesne et ses fils, 1965.

1. Aproximação fenomenológica do Mundo

A Filosofia da Natureza é uma reflexão filosófica sobre a realidade que circunda o homem, ou a natureza material. Para começarmos, faremos um tratamento fenomenológico, isto é, uma descrição dos aspectos essenciais dos objetos; como eles se apresentam a nós. Uma fenomenologia da ideia do Mundo.

Aproximação, porque a Fenomenologia não se pronuncia sobre o objeto. Descreve apenas o objeto.

Aproximação fenomenológica porque, pela Fenomenologia, descobrimos os dados essenciais do Mundo: espaço, tempo. Sem eles, o objeto da experiência perderia seu sentido. A fenomenologia é o passo preliminar de qualquer explicação filosófica da experiência.

1.1. O ser-no-mundo como estrutura fundamental: Mundo circundante e Mundo distante

É o ponto de partida: ver e constatar nossa inserção no mundo. Pela nossa tomada de consciência do mundo, vemos que somos "seres inseridos no mundo". Não nos podemos pensar sem o Mundo. É o contrário do idealismo absoluto de Berkeley: *"esse est percipi"*.

Esse ser-no-mundo apresenta certas características que distinguem a nossa experiência da dos animais. Nós organizamos os objetos que estão a nosso redor com uma visão de totalidade, ao passo que os animais estão identificados com os objetos que os cercam.

Nesta visão de totalidade, há dois planos:
— plano do Mundo circundante;
— plano do Mundo distante.

Para o animal, não existe o horizonte do mundo distante. Apenas o mundo circundante. O homem, pelo contrário, integra também o mundo distante, e o faz participante do seu circundante. Ele não se fecha no imediato. Daí a necessidade que o homem tem de interpretar o mundo, necessidade de dominar o mundo, Esta necessidade de interpretação provém, precisamente, do fato da integração pelo homem do mundo distante, porque, necessariamente, o mundo é uma totalidade para o homem.

Assim, quando o homem primitivo talhou a pedra e deu-lhe uma significação, já possuía uma visão de totalidade. Do contrário, não poderia talhar a pedra, dando-lhe significado, porque, para significar, é necessário visão de conjunto.

Donde uma primeira consequência de tipo filosófico: não temos intuições puras. Tudo o que conhecemos, o obtemos do mundo que nos rodeia.

1.2. O mundo como dado imediato e o mundo como mediação

Nós somos no mundo. No entanto, não estamos confundidos com o mundo. Como, pois, distinguir o Eu do mundo, se ele nos invade? Tantos objetos que entram em nós e são organizados por nós dentro de uma visão de unidade: como não há identificação com o mundo?

Para a solução do problema, há que introduzir o conceito de "mediação". A mediação pode ser conceitual, artística, técnica ou religiosa. O que aqui nos interessa é o conceito de "**mediato**" em oposição a "**imediato**". O que está identificado com algo, tem a este **imediatamente** presente. Nós, porém, na medida em que falamos e interpretamos o mundo, estabelecemos uma diferença entre o mundo e nós. Daí dizemos que o mundo não nos é imediato, mas mediatizado. A inserção do homem no mundo nunca é uma identificação, porque não tem dele conhecimento imediato, pois o mundo lhe é um dado mediato.

Se nós falamos do mundo, nós o significamos. Estabelecemos uma separação entre o Eu e o Mundo. Esta mediatização do mundo é feita por nossa inteligência, liberdade, vontade, paixões...

Esta mediação se manifesta, também, como **intencionalidade**, que é a propriedade do Eu de voltar-se sobre os objetos, e fazer com que os objetos apareçam para nós, sejam presentes a nós. Daí o **fenômeno** — o aparecer do mundo para nós.

Se não houvesse esta intencionalidade, seríamos animais, confundidos com o mundo, ou Deus, que tem conhecimento imanente, portanto totalmente identificado consigo mesmo. Este é o ponto de partida para toda Filosofia da Natureza: ser no mundo que é mediatizado pelo homem. Ele o abarca intencionalmente, donde o mundo se tornar fenômeno. Todos vivemos nisto (*"in actu exercito"*), nem todos, porém, refletem sobre isto (*"in actu signato"*).

O fato da mediação implica, ainda, uma multiplicidade funcional de Eus. Cada tipo de conhecimento corresponde a um tipo de referência ao mundo[1]. Nós nos desdobramos ante o mundo: o eu cotidiano, o eu das aulas e o eu das férias...

---

1 TD: ...referência do mundo. (N. do E.)

Assim, o problema da Filosofia da Natureza se torna um problema de correlação do mundo.

1.3. Presença natural do homem no mundo

O homem não está presente no mundo (Presença Natural) de modo definitivo. A presença natural é apenas um ponto de partida porque a presença própria do homem no mundo é a presença cultural. A própria criança já vai marcando sua presença cultural.

A própria presença natural que nos é dada já implica, por si, uma presença cultural, presença conquistada. É um progresso do simples vegetar para a mediação, a intencionalidade em que o mundo aparece como fenômeno.

— **Ubiquidade da presença humana no mundo**

É uma característica da presença cultural do homem no mundo. É um caminhar para a totalidade. É uma presença coextensiva à totalidade do tempo e do espaço. Interesso-me, por exemplo, pelo que acontece na Europa. De uma certa maneira, estou presente também lá — culturalmente, donde a presença natural é uma **presença ubiquista**. É esta presença cultural que justifica fazermos uma Filosofia da Natureza.

— **A noção de imagem de mundo (Weltbild)**

A ubiquidade da presença cultural se exprime também pelo conceito de imagem de mundo (*Weltbild*) — mundividência, visão de mundo, cosmovisão. Refere-se ao fato da tradução da presença por obras culturais. As obras são justamente o que traduz a visão do mundo. O simples trabalhador não faz Filosofia, mas tem sua visão do mundo. Mesmo o primitivo a possui. Se se limitasse apenas à presença natural, deixaria de ser Sujeito e se tornaria Objeto.

Por isso, a visão de mundo significa:
— o mundo é mediatizado pelo homem; o homem refere o mundo a si mesmo;
— a consciência é intencional;
— o mundo aparece como fenômeno.

1.4. O regime da consciência empírica: ponto de partida[2]

A cada eu que experimentamos diante das diversas situações, corresponde uma forma de consciência. O fundo de todas elas é o que chamamos "consciência empírica". É o ponto de partida para o conhecimento do mundo, da emergência sobre o mundo. Consciência tem, aqui, o sentido de reflexão. É própria do homem, é um "estar com o objeto"[3]. O mundo se apresenta como invadindo a consciência humana, apresentando-lhe seus mistérios, desafios, deficiências...

— Representações clássicas da consciência empírica

A primeira grande imagem do regime da consciência empírica na Antiguidade está maravilhosamente plasmada no "mito da caverna" de Platão. É uma análise da ascensão pela qual o Eu vai libertando-se de sua presença imediata no mundo. A alma encontra um critério definitivo para julgar um regime de sombras, de ilusões empíricas. A consciência empírica é a primeira experiência do homem com o mundo.

Também Hegel, no primeiro capítulo de seu livro *Fenomenologia do espírito*, faz como que uma tradução moderna do mito da caverna platônico — desde o *hic et nunc*, pelo procedimento dialético, até chegar à consciência absoluta. Eleva-se do regime da "opinião" ao do juízo verdadeiro.

A consciência empírica é o que está mais longe da verdade; o homem mergulhado nas coisas apenas consegue abstrair e julgar[4]. E, contudo, é base, ponto de partida para seguir por diversos caminhos, para se elevar e encontrar o significado do mundo. Este é o primeiro elevar-se do homem sobre sua atitude de presença natural, de confusão com as coisas. Nesse sentido, "presença natural" e consciência empírica se identificam.

---

[2] Cf. SELVAGGI, F., *Filosofia del mondo*, pp. 80-95. (N. do E.)
[3] TD: É própria do homem. "Empírico", "experimental", é um "estar com o objeto". — Os termos "Empírico", "experimental", foram eliminados, porque, embora próprios do contexto, não se integram na frase, indicando a provável omissão de algumas palavras. (N. do E.)
[4] TD: apenas quase consegue abstrair e julgar. (N. do E.)

— Características do regime da consciência empírica

a) a consciência empírica é dominada pelas ilusões da percepção sensível;
b) utilitarista e imediata;
c) subjetiva (não objetiva).

— Presença e "ausência" do homem no mundo

Este regime nos faz presentes no mundo. É a nossa qualidade de "seres no mundo". No momento em que perdêssemos o regime da consciência empírica, perderíamos o pé no mundo. Por ela, estamos enraizados no mundo, por essa presença natural. Não podemos nos libertar completamente desse regime. É chamado pelos marxistas "consciência do cotidiano". Quando o homem se abandona ao regime da consciência empírica, se "aliena", se "coisifica". A coisa é exterioridade total. Deus é interioridade total. O homem é interioridade e exterioridade. É como um termo entre Deus e as coisas. Esta consciência é já humana. Já existe reflexão, mas é a mais próxima ao regime animal. Entramos já no plano da presença cultural.

Os que afirmam que a consciência empírica é o único conhecimento humano são céticos ou empiristas. É como que um "coisificar-se". Assim, Protágoras tinha razão. Neste sentido, o homem pode ser a medida de tudo. Cada um é isolado. Não se pode discutir com o outro. A consciência empírica é heracliteia; só percebe o "fluxo contínuo das coisas". Para Plotino, este regime é "regime da consciência adormecida", uma consciência de sonho, na qual percebemos a inconsistência das coisas. Essa consciência[5] tem a ilusão de ser totalmente receptiva das coisas, sensação de receber tudo como é, como se realiza na experiência. Considera-se ingenuamente objetiva. Mas a consciência humana não é só receptiva, mas sobretudo construtiva, transpõe a significação das coisas. Se a consciência empírica fosse um espelho das coisas, poderíamos comunicar-nos sobre isto. Mas, nesse plano, é difícil a comunicação.

---

[5] Essa consciência = acréscimo ao TD. (N. do E.)

— O mundo da consciência empírica

Apresenta-se descritivamente a nós, como de quatro formas ou modos diferentes:

— **Paisagem**: é o que se descobre no primeiro abrir-se para o mundo. Diante da contemplação do mundo, se produz em nós uma surpresa. "A filosofia começa no admirar-se" (Platão). A paisagem do mundo recebe de nós como uma consistência.

— **Coisa**: Categoria típica desta consciência. Identificamos, nessa paisagem, os objetos que a constroem, aquilo que nos impressiona. Dizemos que o mundo está cheio de coisas. Estas coisas são tomadas, em primeiro lugar, em sentido indeterminado. Depois, procuramos distinguir as coisas entre si. A partir dessa categoria, surgirão os problemas fundamentais da Filosofia da Natureza.

A partir dessa categoria de coisa, começamos a investigar o mundo da consciência empírica[6]. A partir da coisa, o mundo adquire para nós uma utilidade, uma significação de alcance. Isto é são.

— **Coisas-utensílios**: o mundo servindo para nós (utilitarismo — de imediato). Aquelas coisas que não estão ao nosso alcance, que estão longe, são as

— **Coisas-enigmas**: O homem vai ver a maneira de enfrentar os enigmas e dominá-los vai ser o caminho da razão. Entendê-los, classificá-los, etc. Fazer a ciência. Depois, passa aos utensílios, aperfeiçoando-os a partir da ciência. Temos, assim, a **técnica**[7].

O homem passa a utilizar os enigmas depois de tê-los compreendido e penetrado pela ciência. Dentro do regime da consciência empírica, só precisa de um conhecimento utilitário, não científico. O agricultor primitivo, por exemplo, não estudou a resistência dos materiais. Só sabe que a enxada serve para capinar... "e ninguém a conhece melhor do que ele".

Os enigmas estão para além da utilização, do uso. Querendo também utilizar os enigmas, o homem primitivo inventa os mitos. Senão para

---

[6] TD: ...a investigar no mundo da consciência empírica. (N. do E.)
[7] Cf. o reaparecimento desse tema em LIMA VAZ, H. C. de, *Antropologia filosófica* II, p. 23. O contexto é o do desenvolvimento dialético da categoria de objetividade. (N. do E.)

utilizá-los, pelo menos para tê-los a seu favor[8]. Os enigmas fazem sair o homem fora de si mesmo, fora do regime da consciência empírica. Fazem-no emergir[9] para outras consciências. Numa origem fenomenológica, a consciência empírica faz o homem "ser no mundo", "estar aí".

2. O discurso humano sobre o Mundo

Este discurso humano serão as formas de **consciência crítica** sobre a consciência empírica. A consciência racional é uma espécie de consciência crítica; certamente a mais eficaz, a mais elevada, mas não a única.

2.1. Esquemas cronomorfos e espaçomorfos

A primeira defrontação com o mundo é como problema, como enigma. A primeira tentativa crítica é a de englobar tudo, articular os elementos do mundo de uma maneira coerente. O primeiro enigma do mundo tem duas dimensões ou aspectos: o espaçomórfico e o cronomórfico[10].

Quando o homem tenta passar além do regime da consciência empírica, confronta-se com dois esquemas que estão presentes em toda a representação que tem que fazer do mundo. Esquema do espaço e do tempo. É uma confrontação espaço-temporal.

— As "origens" e o "longínquo"

O homem nesse defrontar-se com o mundo, encontra dois enigmas: o enigma das "origens" e o enigma do "longínquo". É o homem que sai do "aqui" e do "agora" e não encontra fim para o espaço e para o tempo. O homem é como jogado em um vazio sem fim. O homem, saindo do regime da consciência empírica, tem medo desses enigmas. Por isso, quer fazer alguma coisa para dominar ambos: para dominar o tempo, cria os **mitos** e **magias**. Para fixar, para dominar o espaço e o tempo, cria a **arte**.

---

[8] TD: Senão para utilizá-los, sim pelo menos para tê-los ao seu favor.
[9] TD: Fá-lo emergir... (N. do E.)
[10] Ver a reaparição desse tema em LIMA VAZ, H. C. de, *Antropologia filosófica* II, p. 23. (N. do E.)

O que o homem tem como utensílios são como coisas roubadas ao tempo e ao espaço. Esse "aqui e agora" dos utensílios ligados à sua vida existencial dá-lhe uma segurança espaço-temporal. O homem, perante os enigmas, sente-se inseguro. Por isso, toda a luta do homem com o mundo está no domínio do espaço e do tempo, para fazê-los utensílios próprios. De algum modo, a história humana é uma luta para dominar o espaço e o tempo. O terror fundamental do homem primitivo é o terror do tempo: "Terror da História".

O mesmo conhecimento intelectual não se libera dos esquemas cronomorfos e espaçomorfos. Por exemplo: pensando na lógica, temporalmente, primeiro vêm as premissas, depois a conclusão. Pensando em Deus, o imaginamos além, de modo infinito. O primeiro obstáculo[11] que tem que vencer quem pretender superar o regime da consciência empírica, é dar solução aos enigmas do espaço e do tempo. Todo o "discurso humano" sobre o mundo vai ser um esforço para se libertar do "aqui e do agora". Com a visão da totalidade (*Weltbild*) que dá sua consciência, o homem lutará para conseguir isto. Todo discurso humano sobre o mundo vai ser um esforço de superação do espaço e do tempo. Essa é a luta inicial.

As diversas formas de discurso, chamamos transposições. Transposição não é nada mais do que uma tentativa de resolver os enigmas da consciência empírica, através de várias ciências. As diversas transposições empíricas são as seguintes:

Consciência empírica: Transposições: Imaginativa, Operativa, Estética, Racional.

a) **Transposição imaginativa**: a fábula e o mito. É a primeira forma de transposição da consciência empírica, que se exprime na fábula e no mito. Diga-se, de passagem, que são problemas muito estudados hoje em dia: a hermenêutica, a história das religiões, etc.

Livros: *O sagrado e o profano* — Eliade.
Mythe et Métaphysique — Gusdorf[12].

A **fábula** ocorre numa terra distante, situando-se numa terra ideal, narrando o tempo. O **mito** tem como fundamento um tempo ideal, que

---
[11] Obstáculo = acréscimo ao TD. (N. do E.)
[12] GUSDORF, G., *Mythe et métaphysique*. Introduction à la philosophie. Paris: Flammarion, 1953. (N. do E.)

está acima da transitoriedade do tempo atual. Na fábula e no mito, o homem está constando.

b) **Transposição Operativa**: a magia e o rito, a técnica primitiva = artesanal.

Verifica-se, sobretudo, através da magia e do rito. **A magia** tem uma finalidade prática. É uma tentativa do homem de participar daquilo que está fora de seu cotidiano e do comum. O rito, por sua vez, é a estilização do mito. Os gestos do rito são sempre iguais, para mostrar que o tempo está dominado.

Na transposição operativa, o homem não está só constando. Ele está, sobretudo, agindo.

Leitura: *"Le rite et l'homme"* — Cazeneuve[13].

c) **Transposição Estética**: a arte.

Nesta transposição, temos a iniciativa estética, onde se verifica uma criatividade muito maior. É a recriação de um espaço para o homem. Uma tentativa de recriar novas coisas no espaço.

d) **Transposição Racional**: ciência e filosofia (técnica moderna).

Esta interpretação do mundo através da ciência e da filosofia possui um caráter tardio, muito importante para explicar a forma evolutiva na penetração do mundo pelo homem. Para tanto, a transposição racional é uma atitude moderna do homem. Por muito tempo, o homem se ateve somente às transposições anteriores.

A transposição racional começa a incluir ciência e filosofia, ciência e técnica. Origina-se, com ela, a consciência científico-racional. Mas a ciência só inclui a técnica enquanto esta é racional. As formas de técnicas pré-helênicas nunca se elevaram a uma ciência verdadeira. Nunca se tentou justificá-las racionalmente. Situavam-se só no plano empírico.

O homem, no esforço da compreensão do mundo, inclui o esforço de compreensão de si mesmo no mundo, através destas diversas técnicas. O homem nunca adotou uma posição completamente exteriorizada

---

[13] BOUYER, L., *Le rite et l'homme*, Paris: Cerf, 1962; CAZENEUVE, J., *Les rites et la condition humaine*: d'après des documents ethnographiques. Paris: Presses universitaires de France, 1958 (citado no livro de Bouyer). (N. do E.)

do mundo, porque sempre há uma correspondência mútua entre homem-mundo[14].
Em cosmologia, vamos estudar somente o discurso racional sobre o mundo. Das outras três formas de discurso sobre o mundo, tratam outras matérias, como a antropologia. Essa transposição racional teve origem de modo explícito e consciente, na antiga Grécia, onde surgiu o conceito de *physis* (= natureza).

2.2. Como apareceu esta atitude racional?

Essa atitude surgiu da convergência de dois elementos fundamentais:
1. O mito grego (nos séculos VIII e VII a.C.).
2. As condições objetivas da cultura grega (civilização). Política, economia: *pólis*.

Estes dois elementos deram origem ao "*lógos*" (discurso racional).

O LÓGOS = tudo que o homem tenta falar sobre o mundo (no sentido amplo da palavra) = explicação do mundo com uma verificação que pertence ao próprio homem (mito ainda não exigia verificação).

A **verificação** consiste em (a) uma experiência metódica, sistemática; (b) concatenação racional das afirmações feitas sobre o mundo. Também consiste em *theoria*, atitude de quem tenta captar a totalidade de um espetáculo (= contemplar, *theorein*).

A **experiência metódica** (dimensão sensorial) se encontra muito nos filósofos jônicos. Trata-se de descobrir, na ordem dos fenômenos, alguns que expliquem os outros, o "*arché*".

A **ordem racional** é a ordem da articulação lógica. Por ex., "o úmido é aquilo que fica quando eliminamos todo o resto" — Tales. A lógica grega surgiu da discussão (*dialegein*).

Qual é, segundo os historiadores, a origem da ciência grega?
Karl Joel diz que a ciência é uma deterioração do mito. Começou a existir ciência quando o mito perdeu sua força persuasiva.

---

[14] Cf. LIMA VAZ, H. C. de, "Análise categorial e síntese dialética em filosofia da natureza", p. 31. (N. do E.)

John **Burnet** afirma que a ciência se opõe ao mito, é uma reação contra o mito, quando se começou a valorizar tudo o que é empírico, positivo. Cf. "L'Aurore de la Philosophie Grecque"[15].

Werner Jaeger, no seu livro "Teologia dos primeiros filósofos gregos", procura conciliar as duas opiniões[16].

Que é "Ciência"?

A ciência só é possível quando o ver, o observar e o experimentar podem ser traduzidos em termos racionais. É uma elevação do observável a um plano de generalização, ao universal. O universal é o objeto essencial da ciência grega. A nossa razão é, por essência, universal. Ao particular, ao sensível, pertence o "aqui e agora".

Nota: Todos os termos do conhecimento que os gregos usaram são metáforas.

Idein — ver, saber; *theorein* — contemplar, captar; *noein* — ver, ato mais alto da inteligência (*nous*); *legein* — falar, discussão da razão.

Bibliografia:

Russo, F. "Histoire de la Pensée Scientifique"[17].
Rey, A. "La Science dans L'Antiquité" — vol. IV[18].
Garcia Bacca, J. D. "Tipos Históricos del Filosofar Fisico"[19].

2.3. Visão sinótica da Filosofia Grega

a) Linha Empirista

O critério decisivo é a experiência. A razão se submete a ela. Ex.: Física jônica.

---

15 Burnet, J., *L'aurore de la philosophie grecque*. Paris: Payot, 1919. (N. do E.)
16 Jaeger, W., *Die Theologie der frühen griechischen Denker*. Stuttgart: Kohlhammer, 1953. (N. do E.)
17 Russo, F., *Histoire de la pensée scientifique*. Paris: La Colombe, 1951.
18 Rey, A., *La science dans l'Antiquité*, t. IV: *L'apogé de la science technique grecque. Les sciences de la nature et de l'homme. Les mathématiques d'Hyppocrate à Platon*. Paris: Albin Michel, 1946.
19 García Bacca, J. D., *Tipos históricos del filosofar físico desde Hesíodo hasta Kant*. Tucumán. Universidad Nacional de Tucumán, 1941.

Medicina grega: está provado que houve influência recíproca entre a filosofia e a medicina na Grécia (Hipócrates, Diógenes de Apolônia, Platão).

b) Linha Hipotético-Dedutiva

Teve sua origem na escola pitagórica. Suas criações mais originais são: Música, Astronomia, Geometria (ciência das figuras), Aritmética (ciência dos números).

Essa linha[20] colocava, no início, um axioma ou postulado e, depois, tentava provar tudo por meio de consequências racionais (*lógos*) até chegar a uma conclusão que não implicasse em contradição com o princípio. A forma mais acabada dessa linha são os *Elementos*, de Euclides. Até hoje, são aceitos na geometria elementar.

O acento se faz sobre o *lógos* e suas ciências — são de caráter mais racional que experimental. Por exemplo: na Astronomia, salvar os fenômenos. Por meio da razão, tentavam explicar os fenômenos, deixando de lado aqueles que escapavam a seu raciocínio: forma da Terra, movimento irregular e imperfeito dos planetas. O cálculo infinitesimal não entrou em suas perspectivas, pois os gregos fugiam à ideia do infinito.

O método hipotético-dedutivo se tornou o método científico por excelência. Ainda hoje, é usado na parte teórica das ciências (Física de Newton).

c) Linha Idealista

É uma tentativa de traduzir a *physis* por meio do *lógos*, integrando-os totalmente.

Caso típico é entre os Eleatas o de Parmênides. Afirmando que o ser e o pensar são a mesma coisa, e observando que o pensamento é uma unidade, deduziam que o uno é o único objeto imediato do pensamento. É um esforço para traduzir a *physis* em ideia, como objeto do *lógos*.

Platão: a linha idealista é a inspiração de todo o seu pensamento. A *physis* perde seu caráter de dado incontrovertido, diante da qual o *lógos* só

---

[20] Essa linha = acréscimo ao TD. (N. do E.)

podia segui-la fielmente. Ele[21] até mudou o conceito de *physis* em ideia, *arché*, *noetón*, palavras que possuem maior ligação ao objeto imediato do pensamento. A verdadeira *physis* não é o que a experiência oferece, mas o que a inteligência contempla e da qual ela mesmo partiu. **Aristóteles**: coroa de toda a ciência grega. Estas três linhas convergem nele. Física: linha empirista; Lógica: linha hipotético-dedutiva; Metafísica: linha idealista.

3. Três momentos fundamentais da evolução da equação: LÓGOS-PHYSIS

3.1. Natureza e vir-a-ser: o problema pré-socrático

A pergunta inicial foi: qual a razão pela qual as coisas nascem e desaparecem (*genesis*)? Como podemos encontrar um ponto de apoio (*arché*) para nossa razão na experiência que muda?

O *arché*, ou princípio-base, deveria ser algo que escapasse ao fluxo, ou estivesse presente em toda mudança, ou explicasse essa mudança. Foi este o ponto de partida da filosofia jônica, pitagórica e eleata.

3.2. O dualismo. Ideia-natureza. A natureza como "imitação". Platão

a) O dualismo: ideia-natureza em Platão

No *Fédon*, Platão faz uma autobiografia de Sócrates, na qual mostra o problema insolúvel do vir-a-ser, em que veio desembocar a filosofia pré-socrática.

Calcou, no *nous* de Anaxágoras, a sua própria teoria das Ideias. À pergunta: "como buscar, nas coisas, o *lógos*?", apresentou sua solução: os fenômenos são somente o que aparece daquilo que está por detrás deles. Algo que é invisível aos sentidos, mas visível à razão.

Platão transformou a equação *"lógos-physis"* em *"nous-noetón"*.

---

[21] Ele = acréscimo ao TD. (N. do E.)

b) A natureza como "imitação" em Platão

No *Timeu*, Platão apresenta sua filosofia da Natureza, introduzindo o elemento mediador: as ideias. As coisas sensíveis **não são**, mas **estão sendo**. Logo, seria impossível encontrar a explicação do mundo visível neste mesmo mundo.

Utilizando uma linguagem mítica ("analogia é o mais belo dos vínculos") apresenta a figura do Demiurgo, construindo racionalmente o mundo sensível. Para isto, o Demiurgo faz uma "imitação" ou *téchne* do mundo das ideias. As coisas sensíveis aparecem como uma projeção da Inteligência, como um "modelo" do que verdadeiramente é.

O Demiurgo, em última análise, é nossa inteligência que constrói tudo racionalmente. Nessa visão, a ciência só construiria um mundo marcado pela nossa racionalidade, anteriormente.

A realidade, que só pode ser resolvida em termos de razão, será realidade-imitação das ideias. O que não for inteligível, constituirá a "franja" ininteligível que atravessa todo o pensamento grego. Os dois elementos que representam tipicamente essa ininteligibilidade são o espaço (*chóra*) e o tempo.

3.3. A ideia na natureza. A natureza como "princípio". Aristóteles

Aristóteles, que representa o cume do pensamento grego, quando moço, era mais platônico que o próprio Platão. Depois, evoluiu profundamente, e se distanciou do pensamento de seu mestre.

Codificando e desenvolvendo a lógica e a teoria do conhecimento, separou-se da teoria da Imitação das Ideias. Enquanto a Platão interessava a gênese ontológica, partindo de uma crítica do conhecimento pré-socrático, a Aristóteles interessava a gênese epistemológica e psicológica. Assim, comprovou, no cap. XIX dos *Analíticos*, que o conhecimento científico procede assim:

1º) Sensação
2º) Memória (recapitulação e organização das sensações)
3º) Experiência (observação organizada)
4º) Ciência ou conceito universal (*tó kathólou*).

Aqui, não havia lugar para a reminiscência platônica. O *kathólou* de Aristóteles, tirado da experiência por abstração, equivale à ideia de Platão, mas dista muito dela. As ideias platônicas, como objeto da ciência, são inúteis. São duplicatas da experiência que não resolvem nada. As verdadeiras ideias são os universais, formas unificadoras da minha mente, e não realidades anteriores ao mundo. Estão imanentes na natureza, e o homem, tirando da natureza sua forma sensível (abstração), é capaz de obtê-las.

Aristóteles volta a igualar *lógos* = *physis*, dando um sentido todo peculiar. Enquanto, para os pré-socráticos, o *lógos* era uma tradução da *physis* segundo um elemento sensível, para Aristóteles, a *physis* transpõe-se no plano lógico: o conceito universal. Assim mesmo, não separa mais o *lógos* da *physis*, como tinha feito Platão, mas volta a considerar a própria Natureza como **Princípio** ou *arché*, no sentido de que a *physis* pode ser traduzida em *lógos* conceitual. Assim, obtém-se a "ciência da natureza". Não separando a ideia da *physis*, mas coroando o visível e o experimental pelo lógico.

Qual é o conteúdo da realidade que vai entrar na ciência? Aqui está o ponto fraco da ciência aristotélica, sobre a qual vão se assentar as críticas dos tempos modernos: como todo grego, Aristóteles tinha confiança na objetividade do conhecimento sensível. Pensava que o mundo se oferecia aos olhos tal qual é em si. Por isso, a realidade oferece tudo para se adquirir a ciência. Por conseguinte, o conhecimento partia do sensível, consistindo apenas em uma gnosiologia (abstração) e, depois, em uma Lógica (na ordenação dos dados recebidos). Para ele, o mundo do sensível não precisava ser elaborado, mas era dado. Mesmo os Escolásticos não puseram dúvida à objetividade das qualidades do sensível. Isso somente se deu na Idade Moderna.

Demócrito dizia que as qualidades pertenciam à zona da opinião. O objeto da ciência, a verdade, eram somente os átomos e o vazio. Só isso era real.

Platão, igualmente, tentou fazer uma crítica das qualidades. O conhecimento sensível não é realidade, mas torna-se o ponto de partida para nossa subida ao mundo das ideias, único real.

Para **Aristóteles**, as ideias estão no sensível e, por isso, o sensível adquire realmente uma consistência ontológica. Aristóteles distingue, então, quatro momentos no processo de conhecimento:

- *aísthesis* (sensação)
- *mnéme* (memória, sensações acumuladas)
- *empeiría* (experiência; observação sistemática do que foi adquirido pela sensação). Isso ainda no plano do sensível. Então, pela indução (*hypagogué*), subimos à
- *epistéme* (ciência).

Nos três primeiros momentos, avançamos sem solução de continuidade. A *empeiría* nada modifica nem acrescenta à *aísthesis*. Mas, entre o terceiro e o quarto momentos, sobe-se um degrau, a abstração, a passagem à Lógica.

O problema da compreensão do mundo, da natureza, da ciência, reduzia-se à busca daquelas substâncias essenciais e suas qualidades próprias (*"proprium"*), fundamento das demais qualidades. Aristóteles concebia o mundo como uma arquitetura de substâncias objetivas com suas propriedades: o Mundo é como se nos aparece, tal como o percebemos na *aísthesis*. Os três primeiros momentos, no processo do conhecimento, levam-me a descobrir a substância (*ousia*) **através das qualidades**, da qual poderei tirar o conceito (*"eidos"*). Com isso[22], compreende-se melhor a definição que Aristóteles dá para substância: "sensível por acidente". Nessa altura, Aristóteles faz uma opção fundamental: rejeita, com base na sua ciência, estes dois aspectos:

— **A experimentação como técnica**, isto é, a intervenção do homem na natureza pela ciência. O Mundo é um dado que não necessita ser transformado (isto entra na ordem da *práxis*), mas apenas contemplado e, assim, a Física é uma ciência do contemplar.

— **A matemática**: torna-se uma ciência em um grau de abstração superior ao da Física; é apenas extensão, prescindindo do sensível; e, por isso, não tinha sentido usar a aplicação da medida, do instrumento matemático, à Física (crítica aos platônicos).

E, aqui, está o calcanhar de Aquiles aristotélico: como o conhecimento da *ousia* se apoia sobre a sensação (fenômeno), e esta se nos oferece como muito suscetível de erro e variabilidade, todas as afirmações ontológicas têm uma base fraca para sua ciência e física da Natureza. Daí, por

---

[22] Com isso = acréscimo ao TD. (N. do E.)

exemplo, Aristóteles ter construído uma lei da queda dos corpos totalmente fantástica. Por isso, para Aristóteles, uma vez adquirido um conceito a partir da experiência, esse conceito é absoluto: ele caminha para afirmações irreformáveis: ou o sujeito acerta, ou não! Não conhecia (ou não admitia) o conceito dos "juízos aproximativos", mas somente dos "ontológicos". É nesse ponto, precisamente, que a ciência moderna se distingue da antiga e da Filosofia; pois, uma vez universalizado um conceito tirado de uma qualidade sensível dada pela *aísthesis*, não podia ser mudado e, por isso, para Aristóteles, a Física não se distinguia da Filosofia. Assim chegou, no plano científico, às deduções absolutas. Por exemplo:

a) O geocentrismo: para sua Física, convinha que a Terra fosse imóvel e o centro do Universo.
b) O movimento circular das estrelas fixas.
c) As duas direções privilegiadas no Universo: o alto e o baixo dados por nossa posição na Terra.
d) A matéria incorruptível dos corpos celestes, a assim chamada "quinta essência".

Todo o Universo de Aristóteles era, assim, construído hierarquicamente, a partir de uma sensação fundamental absoluta.

E, com essa concepção aristotélica, termina a descoberta grega da razão e de seu itinerário, que nos mostra a tentativa da transposição racional do mundo.

A natureza como princípio:

É através da *physis* enquanto *ousia* que se explica tudo, tanto na ordem do conhecimento quanto na do ser. As qualidades são "*primum cognitum quoad nos*", isto é, é por elas que chegamos à *ousia*, ou "*primum cognitum quoad se*", ou "*primum ontologicum*".

3.4. Natureza e Criação. A visão cristã. Santo Tomás de Aquino

Antes de passarmos ao segundo momento da evolução do conhecimento ocidental da Natureza, vamos considerar um ponto importante.

Para os gregos, a Natureza é um princípio eterno, que se explica por si mesmo. É o absolutamente fundamental: ela explica tudo, não pode ser explicada por nada. Logo, não há noção de criação, nem razão de ser, porque não há lugar para o conceito de contingência; pois o "ato de existir" (ente) não era objeto da ciência, mas apenas o fenômeno.

Foi um processo lento e difícil pelo qual a sabedoria bíblica entrou em contato com o pensamento grego, recebendo dele alguma influência. Encontro da doutrina helênica com a concepção cristã de Criação e da dependência do mundo de Deus. Surge o problema da contingência do ser em geral e do mundo em particular. Nos primeiros tempos da Igreja, a Patrística, o cristianismo recebeu influência do estoicismo e do platonismo. Os escritos dionisíacos, a primeira grande tentativa de síntese helênico-cristã, manifestam influência neoplatônica. Os Padres da Igreja já viam com certa nitidez a necessidade de se afastar da linha do pensamento grego que tendia a divinizar o Universo; e viam ser necessário deixar o próprio divino Platão, pois a doutrina bíblico-cristã professava um Deus único e transcendente.

Para os gregos, divino é tudo aquilo que transcende, de algum modo, a mutabilidade das coisas sensíveis. Até o próprio Universo era divino. Tornava-se, pois, necessário quebrar este círculo da divinização. Mas esse problema não teve implicação com a Filosofia da Natureza, enquanto não despertara no cristianismo um maior interesse filosófico ou científico pela realidade natural (Estavam ocupados com outros problemas). Este confronto rigoroso entre a concepção cristã do mundo e a ciência natural de Aristóteles só se deu no século XIII, nascendo daí a importância da obra de Santo Tomás (Para um maior aprofundamento desses aspectos, consultar os livros de E. GILSON).

Como se situa, pois, a relação de Natureza e Criação, para Santo Tomás? Como todos os homens do século XIII, Santo Tomás conhecia a Física aristotélica, e era a única ciência. Foi, também, somente no século XIII que se conheceu a obra de Aristóteles, no seu conjunto: parecia uma obra acabada da razão. Era tomada com autoridade e última instância junto à fé cristã. As obras de Aristóteles entraram para o mundo cristão através dos árabes, e já vinham envoltas em controvérsias, uma vez que no islamismo também vigora o monoteísmo, fato que vem trazer implicações com a linha grega. O espanhol Averróis optou por Aristóteles e desenvolveu, assim, uma visão totalmente imanentista e eternista do Mundo, e seu influxo se fez sentir sobre pensadores latinos da época e professores da Universidade de Paris, no tempo de Santo Tomás.

Como compaginar a Natureza absoluta com a Natureza contingente-criada? Se nossa razão pode conhecer a essência das coisas, e se o objeto da nossa razão é o necessário, o Mundo só pode ser considerado como necessário.

Pensadores cristãos anteriores a Santo Tomás procuraram resolver o problema dentro de uma perspectiva da composição na ordem da essência de todos os seres, com exceção de Deus. Uma vez que Aristóteles diz que tudo o que é composto é mutável, sendo as essências compostas, seriam mutáveis e, como mutáveis, contingentes. E estava feita a distinção entre Deus — simples, imutável, incriado — e o Mundo — criado, composto, contingente. O hilemorfismo se tornou universal, aplicado até às substâncias espirituais.

Esta solução não satisfez a Santo Tomás, pois com essa distinção, podia-se provar a contingência somente dos seres individuais como mutáveis, mas não se podia provar a contingência do próprio Universo. Era necessário ir até a contingência na ordem da existência, e não apenas na ordem das essências. Pois, podemos afirmar a eternidade e simplicidade das essências (na ordem do nosso conhecimento). Porém, a existência não está implicada na essência das coisas (distinção real entre essência e existência: a essência é capacidade de existir e deve ser atuada para passar à existência, pelo ato de existir). E, desde aqui, a transcendência total de Deus só pode ser explicada pela contingência das criaturas na ordem do ser: isso é o que distingue o Mundo de Deus.

Por isso, com relação à eternidade do Mundo, na *"Quaestio de aeternitate mundi"*, Santo Tomás opõe-se a São Boaventura e a outros, afirmando que, no plano temporal, não podemos afirmar a contingência do Mundo, porque o tempo só põe a **situação** das essências. Logo, afirmar ou não a eternidade do mundo não tem nada que ver com sua contingência. A existência é que é contingente, pois depende de um ato criador. E Santo Tomás diz que, absolutamente, não repugna a eternidade do Mundo, ficando salva sua contingência.

As noções de Criação e a contingência do Universo muito vão contribuir para o progresso da Ciência e para a passagem a uma nova perspectiva, pois se "dessacralizou" o mundo divinizado dos gregos.

Bibliografia para o que foi exposto

TRESMONTANT, C. "*La Métaphysique du Christianisme et la Crise du XIII siècle*". Paris: Seuil, 1964.

Sobre a questão da física aristotélica, das qualidades sensíveis: SALMAN, op.: "La conception scholastique de la Physique" — 1936.

Este mesmo artigo vem publicado juntamente com outros igualmente preciosos em: "Philosophie et Science" — 1935[23].

Relação entre o conceito de contingência e o progresso das ciências:

M. LACOIN: "De la scolastique à la science moderne" (artigo publicado em: *Revue des Quest. Scient.* 1995)[24].

R. LENOBLE: "L'Évolution de l'idée de Nature du XVI au XVIII siècle" (o artigo publicado em *Revue de Métaphysique et Moral* — 1953)[25].

4. O Mundo como Natureza

4.1. A natureza matematizada. Galileu

Origens da mudança de perspectiva na consideração da Natureza:

Estão inseridas em um movimento muito amplo: a passagem da Idade Média à Idade Moderna: no campo político, econômico (descobertas), da sensibilidade literária... todas as mudanças convergem para uma nova concepção do mundo e uma nova cultura: a passagem do homem clássico a outro tipo de homem, o moderno.

No campo específico da ciência moderna, as causas imediatas foram dadas pela crise na Filosofia Escolástica: no campo da teoria do conhecimento, o surgimento do Nominalismo minou as bases da ciência aristotéli-

---

[23] O artigo não se encontra na biblioteca da FAJE, mas do mesmo autor e sobre o mesmo assunto tem-se: SALMAN, D., De la méthode en philosophie naturelle, in: *Revue philosophique de Louvain*, 50 (1952), pp. 205-229; IDEM. Science et philosophie naturelle, in: *Revue des sciences philosophiques et théologiques*, 1953, n. 4, pp. 609-643. (N. do E.)

[24] LACOIN, M., De la scolastique à la science moderne. Pierre Duhem et Anneliese Maier, in: *Revue des Questions Scientifiques*, 17, 1956, pp. 325-346. Não encontrado na biblioteca da FAJE (N. do E.)

[25] LENOBLE, R., L'évolution de l'idée de Nature du XVI au XVIII Sècle, in: *Revue de Métaphysique et Morale*, v. 58, n. 1, 1953, pp. 108-129. (N. do E.)

ca e lhe tirou tudo o que lhe dava consistência: a objetividade dos conceitos universais, a universalização e a absolutização.

O nominalismo diz que o conceito não tem valor objetivo, mas, se muito, instrumental, para a organização da linguagem. Só o singular nos dá conhecimento, não o conceito. Juntamente com essa crítica epistemológica, surgiu uma atitude crítica para com toda a obra de Aristóteles, sobretudo para com a Física: Roger[26] Bacon e as escolas de Paris e Oxford valorizaram a experiência, mas permanecendo ainda dentro da linha aristotélica. No fim da Idade Média, começou-se a aplicar a medida à experiência e às qualidades (problema da *"mensura qualitatum"*). Como nem tudo é mensurável, deu confusão. Contudo, chegaram a dados certos em alguns pontos, quase por acaso. Os dados que provinham das medidas, e certos pontos de vista, não se coadunavam com a linha aristotélica, até que chegou Galileu e procurou harmonizá-los.

4.2. Crise na visão astronômica do universo

Copérnico levantou a hipótese do Heliocentrismo — golpe profundo no aristotelismo. Em 1609, Galileu assestou, pela primeira vez, o telescópio contra o céu, provando que os corpos celestes não são constituídos de uma matéria especial (a "quinta essência") e, portanto, não eram divinos.

Isso representa uma revolução mental enorme para os homens daquela época: ruíam 2 mil anos de tradição de uma mentalidade na qual se sentiam tão bem; inclusive para a concepção religiosa: todos os valores religiosos e mesmo a sensibilidade daqueles homens se apoiavam sobre esta concepção ordenada do Cosmos. Até a Terra perdeu seu privilégio no espaço. Era realmente uma revolução muito profunda na representação do mundo e, com isso, quase a própria alma dos homens mudou.

O problema era encontrar uma forma de ciência adaptada a essa nova visão do mundo. A ciência aristotélica perdeu toda sua eficácia. Era necessário um outro tipo de conhecimento científico, não uma ciência das essências. E surgiu a ciência das leis.

---

[26] Roger = acréscimo ao TD. (N. do E.)

Como conseguir isso, em vez da abstração, como fazia Aristóteles? É encontrar a correlação entre os fenômenos, não através da lógica, mas da matemática. Como descobrir as relações matemáticas? Por números e figuras, mas não tão arbitrariamente (como os pitagóricos), ou misticamente (como Platão), mas realizando medidas precisas. O medir, para Galileu, é o abstrair para Aristóteles. Só posso medir o que é mensurável. Logo, os fenômenos devem ser reduzidos às suas qualidades essenciais e mensuráveis. Em todos os fenômenos da Natureza os elementos mais simples e mensuráveis são o Espaço e o Tempo — e todos os fenômenos fazem parte deles: constituem a base da Física desde Galileu. São, pois, as "variáveis fundamentais" em toda mensuração. Aristóteles não concebia o espaço assim, mas o concebia topológica e envolventemente: como um conjunto de lugares a partir de um espaço fundamental, o centro da Terra. Mas, a partir de Galileu, o tempo e o espaço entram na constituição mesma dos fenômenos. Nesta altura, Galileu escreve esta espécie de programa que se tornou como que epígrafe de toda a ciência moderna: "Deus escreveu o grande livro da natureza numa linguagem matemática; é preciso aprender esta linguagem para entender o universo"[27].

Nesta altura da história, teriam terminado os tempos aristotélicos, caracterizados por um conhecimento de tipo formal lógico. Para fundamentar esta nova concepção da ciência, não com abstração por conceitos universais, mas como relações matemáticas, Galileu[28] teve que encontrar um novo plano epistemológico de compreensão da Natureza.

Começa a aparecer um novo tipo de Ciência capaz de se confrontar com a Ciência Filosófica que se chamará Ciência Experimental. Galileu está ciente da originalidade de seu método e lança as bases da Mecânica Moderna no seu livro mais característico, publicado em 1638: **Discorsi** e dimostrazioni matematiche: intorno a **due nuove scienze** attenenti alla

---

[27] Resumo da frase de Galileu no original italiano, que é: "La filosofia è scritta in questo grandissimo libro che continuamente ci sta aperto innanzi agli occhi (io dico l'universo), ma no si può intendere se prima non s'impara a intendere la lingua, e conoscer i caratteri, ne' quali è scritto. Egli è scritto in lingua matematica, e i caratteri son triangoli, cerchi, ed altri figure geometriche, senza i quali è impossibile a intendere umanamente parola." Le Opere di Galileo Galilei, vol. VI. Delle Comete. Firenze: G. Barbéra Ed., 1933, cap. 6, p. 232. (N. do E.)
[28] Galileu = acréscimo ao TD. (N. do E.)

meccanica e i movimenti locali[29], (Obras completas, vol. VIII). Está escrito em forma de diálogo, com três personagens:
Simplício — representa Aristóteles;
Salviati — representa Galileu;
Sagredo — representa um juiz entre os dois.

Galileu[30] inicia o livro com essas palavras, uma síntese da nova visão de mundo: "*De subjecto antiquissimo, novissimam proponemus scientiam*". Na terceira parte[31] desse livro, ele coloca a lei de queda dos corpos.

Passos do processo de descoberta de uma lei:
1 — Discussão matemática de um movimento possível (equação de movimento).

2 — Hipótese (o que se formula como tentativa para, depois, verificar-se pela experiência): o movimento dos corpos em queda livre é uniformemente acelerado.

3 — A experiência mesma, com a conclusão da lei.

Para chegar à formulação da lei da queda dos corpos, Galileu percorre um caminho inverso ao de Aristóteles. Este vê simplesmente o que passa diante dos olhos, ou seja, corpos com diferentes densidades que caem com velocidades diferentes em meios iguais. Galileu elimina os elementos acidentais à equação do movimento (densidade do meio, massa dos corpos) e considera somente o espaço e tempo.

Deu-se, assim, a passagem da Consciência Empírica para a Consciência Racional pela medida, e não pela abstração. Com isto, a técnica matemática acelerou o progresso da Ciência em quatro séculos, comparando com os conhecimentos científicos dos séculos anteriores.

Na Ciência experimental Galileana, a Consciência é de nível construtivo, enquanto Aristotélica é de nível contemplativo.

A Filosofia não absorve mais as Ciências e aparece, então, uma tensão entre a Filosofia e estas mesmas Ciências. Surgem daí dois problemas:

---

[29] Leiden (Holanda), 1638 (Le opere, vol. VIII). TD: em 1648: *Discorsi in torno a due nuove scienze attinenti a la mechanica dai movimenti locali*. (N. do E.)
[30] Galileu = acréscimo ao TD (N. do E.)
[31] TD: na giornatta tertia (N. do E.)

1 — Que tipo de conhecimento a Ciência oferece?
2 — É possível construir uma Filosofia a partir desta Ciência?

Galileu não resolve, mas é DESCARTES quem vai resolver. Seu problema inicial é crítico: **O que nos pode conduzir à certeza?** Para ele, será a Matemática, e toda sua filosofia é polarizada por ela[32].

4.3. Revolução cartesiana na Filosofia (Significado do "Cogito, ergo sum")

Nem tudo que nos oferece o conhecimento empírico nos leva a uma certeza absoluta. Por conseguinte, precisa-se de um ponto de apoio para essa certeza. Este ponto de apoio é a intuição de existência do EU, no qual o ato de pensamento torna-se evidente a si mesmo, afirmando sua própria existência. E, sendo evidente a si mesmo, não pode deixar de existir[33], pois há uma identidade.

A partir disso, Descartes quer construir o mundo. O seu EU é, por excelência, construtor da Natureza. Ele quer construir o mundo com os instrumentos que ele sabe serem os únicos aptos: a Aritmética e a Geometria. Por isto, o seu critério da certeza ser a ideia clara e distinta, que se encontra entre as proposições da Aritmética e da Geometria.

A atitude básica do cartesianismo é a seguinte: voltar-se a Filosofia para o sujeito, a fim de que este penetre na Natureza e dela (já transformada) arranque a verdade.

4.4. Newton

Forma uma síntese dos conhecimentos acumulados desde Galileu até então.

Sua intuição: Tomar um fenômeno básico e derivar daí os demais, colocando alguns pressupostos.

---

[32] LENOBLE, R., *Mersenne ou la naissance du Mécanisme*. Paris: Vrin, 1943. (N. do E.)
[33] TD: E, sendo evidente a si mesmo, pode deixar de existir, ... (N. do E.)

Princípio que está na base desta concepção de Newton: **a atração mútua das massas**. Esta doutrina está exposta em *Philosophiae Naturalis Principia Mathematica*[34].

1ª Lei — Lei da Inércia:
"Um corpo permanece em repouso ou em movimento uniforme, desde que não sofra ação de outro".

Isso significa que o espaço onde se passa essa lei é, simplesmente, uma **condição** matemática.

O espaço se torna matematizável, distinto do espaço Aristotélico, de caráter absoluto, ontológico. Nem existe direção privilegiada do espaço ou do limite.

Esta lei de Newton significa a desontologização do espaço e é a marca da passagem da razão Aristotélica para a Razão amadurecida pela ciência moderna.

No livro terceiro da obra *Philosophiae Naturalis Principia Mathematica*, Newton colocou as *"Regulae philosophandi"*. A quarta regra diz: "Na filosofia experimental as proposições que são coligidas dos fenômenos por meio da indução devem ser consideradas verdadeiras até que surjam outros fenômenos pelos quais estas proposições sejam ou confirmadas ou incluídas como exceções"[35].

Daí se conclui que a ciência newtoniana é aproximativa, admite exceções. É mais aberta e progressiva, e não absolutista[36].

---

[34] NEWTON, I., *Philosophiae Naturalis Principia Mathematica*. London, 1687. (N. do E.)

[35] Lima Vaz traduz a regra em termos mais simples e inteligíveis. A tradução exata seria: "Na filosofia experimental, devemos considerar as proposições inferidas por indução geral a partir dos fenômenos como precisamente verdadeiras ou quase verdadeiras, não havendo qualquer hipótese contrária que possa ser imaginada, até que ocorram outros fenômenos pelos quais essas proposições possam ou ser feitas mais precisas, ou sujeitas a exceções". (NEWTON, I., *Principia — Princípios Matemáticos de Filosofia Natural — Livro III*. São Paulo: Folha de São Paulo, 2010, p. 12). (N. do E.)

[36] RUSSO, F., *Histoire de la penseé scientifique*. Paris: La Colombe, 1951; BACHELARD, G., *La formation de l'esprit scientifique*. Paris: Vrin, 1938; TÁTON, R., *Histoire générale des Sciences*. Paris: PUF, 1961; KOESTLER, A., *Os sonâmbulos: história das concepções do homem sobre o universo*. São Paulo, IBRASA, 1961.

4.5. A Natureza sob a legislação da razão. Kant e o idealismo

A filosofia kantiana[37] é a primeira reflexão filosófica rigorosa sobre toda essa transformação. Não se pode entender o kantismo fora do clima da ciência moderna. Kant toma consciência de uma nova ciência que tem como instrumento a geometria euclidiana. Ponto de partida de sua crítica é a constatação de que a ciência newtoniana é um modelo acabado de conhecimento científico. Daí ele parte para a pergunta: a metafísica pode submeter-se a leis matemáticas? Fazendo-se uma referência a Descartes, o que busca Kant é o conteúdo do *cogito*. O conteúdo é aquela matéria bruta, o *Stoff*, que a razão transforma no "eu penso". É célebre sua frase: "as intuições sem os conceitos são cegas e os conceitos sem as intuições são vazios" (Para Kant, toda intuição é sensível, não havendo intuição intelectual).

Como nem Deus, nem a alma passam por estas categorias, não são objeto da Razão teórica, mas apenas da Razão prática. A natureza é o campo ao qual a razão impõe suas leis e suas formas *a priori*. Por conseguinte, só é possível a ciência moderna galileana.

a) **Idealismo de Kant** (não possui o sentido que em geral dão os compêndios).

Entende-se por "idealismo" o poder construtivo da nossa razão, segundo suas leis, suas categorias. Entende-se, também, no sentido de que sua filosofia parte do sujeito para as coisas, e não vice-versa.

Categorias e conteúdo das categorias — Kant não justifica criticamente como podemos passar de uma forma *a priori*, isto é, uma forma sem conteúdo, para a síntese desta forma com um conteúdo. É o problema do *a priori* material, que foi um problema crucial para ele. Em outras palavras, Kant quer saber como passar de uma forma vazia para um conteúdo informe.

b) **O idealismo**: o idealismo posterior a Kant fica em suas mesmas perspectivas. Fichte, Schelling e Hegel admitem, com Kant, ser necessário partir do sujeito para as coisas, e não das coisas para o sujeito.

Nesse momento, em que Kant terminava sua obra e os grandes idealistas debatiam com os problemas suscitados pela crítica de Kant, estava-se

---

[37] A filosofia kantiana = acréscimo ao TD. (N. do E.)

operando uma segunda revolução de grande alcance no campo da ciência moderna: a descoberta do caráter evolutivo da realidade. Foi esta a grande revolução do século XIX, onde todas as ciências, sobretudo as positivas, tiveram grande florescimento. Entre outros, alguns nomes:

Na astronomia — Laplace: Escreveu *O sistema do mundo*[38].
Na matemática — Lagrange: Escreveu *Mecânica Analítica*[39].
Na física   — Fresnel: Desenvolveu a teoria ondulatória para explicar a difração da luz.
               — Faraday: Estudou a eletricidade e o magnetismo, mostrando como os fenômenos elétricos e magnéticos são da mesma natureza.
               — Maxwell: Formulou as leis fundamentais do eletromagnetismo.
Na química   — Lavoisier: Usou a balança, formulando a lei da constância das massas.
               — Dalton: Formulou a teoria atômica.
Na biologia   — teoria celular, evolucionismo.

O valor do tempo na ciência moderna: O tempo, para Galileu e Newton, assim como para toda ciência clássica, é um elemento meramente extrínseco aos fenômenos, não influenciando em sua natureza.

Na ciência moderna, o tempo tem um significado de transformação. É evolutivo, e não apenas repetitivo. Esta evolutibilidade temporal apareceu por primeiro na Biologia (cf. teoria evolucionista).

Conclusão: essa segunda revolução científica[40], a que acima nos referimos como sendo a nova concepção da realidade como algo dinâmico, modificou completamente a visão do mundo. Estava superada a *physis* dos gregos, algo de estático. A natureza do tempo é uma Natureza em marcha.

c) **Século XX**: a Natureza plasmada pelo ser humano se torna técnica e científica. Trata-se de saber se a significação racional da natureza científico-técnica se esgota na operação humana, ou se podemos prolongar esta

---
[38] LAPLACE, P.-S., *Exposiiton du système du monde*, Paris, 1795. (N. do E.)
[39] LAGRANGE, J.-L., *Mécanique analytique*, 2 vol., Paris, 1988-89. (N. do E.)
[40] científica = acréscimo ao TD. (N. do E.)

significação para além da operação humana. Podemos conferir a essa Natureza técnico-científica uma significação transcendental? Podemos estender esta Natureza científico-técnica a Deus ou a uma realidade que seja transcendente a esta inter-relação entre o homem e a Natureza? Podemos ter uma Filosofia da Natureza tal como nós hoje a conhecemos?

Essa é a preocupação de Teilhard de Chardin[41], a maior preocupação do homem de hoje. Na sua grande maioria, a resposta a estas perguntas é negativa, por parte da humanidade.

d) Neopositivistas: Constituem um grupo de pensadores inspirados em Ernst Mach, professor da Universidade de Praga. Tentou mostrar que a ciência moderna exclui qualquer afirmação ontológica, só admitindo o verificável pela experiência.

Originam o círculo de Viena (*Wiener Kreis*), que procurou uma crítica radical da linguagem científica: só conceitos controlados pela experiência (empirismo lógico ou purificação da linguagem científica).

Durante a guerra, emigraram para os Estados Unidos e ficaram em Chicago ("Círculo de Chicago"). Publicaram, então, a "*Enciclopédia geral das ciências unificadas*"[42], dentro da linha positivista. A ideia de Deus, religião, etc., por não ser controlável pela experiência, fica eliminada.

O positivismo lógico é a filosofia implícita, espontânea de quase todos os cientistas ocidentais. Os marxistas combatem o "positivismo lógico" por considerá-lo uma derivação e decadência do pensamento burguês.

5. Possibilidade atual de um discurso sobre a natureza

A natureza científico-técnica de hoje admite uma reflexão filosófica?

5.1. Como se apresenta a natureza? Como um quadro? Um espelho? Um movimento?

Quadro: para o pensamento pré-racional, mítico. Não há ainda o conceito de *physis*. O ser humano se sente situado frente aos enigmas.

---

[41] de Chardin = acréscimo ao TD. (N. do E.)
[42] NEURATH, O. (org.)., *International Encyclopedia of Unified Science*, 2 vol. (incompleto). Chicago: 1938. (N. do E.)

Deve decifrar essas interrogações. Domina-as por meio das transposições: mito, fábula.

Espelho: é o conceito de *physis* dos gregos. O ser humano recebe o reflexo da ordem do mundo exterior. *Cosmos* estático, perfeito, acabado.

Movimento: dinamismo no qual o ser humano está inserido. A única atitude do homem é colaborar nessa criação, humanizar a natureza. A natureza se apresenta ao homem contemporâneo como movimento. Logo, os conceitos que pertencem à natureza clássica (lugar, espaço absoluto, eternidade das espécies, substâncias imutáveis...) dificilmente passarão à mentalidade atual.

5.2. Mundo e Natureza ou o englobante e o objeto

O homem está limitado por situações englobantes (Karl Jaspers). Um dos englobantes é o mundo. Assim se apresenta: torna possível todos os objetos, mas não é a soma deles, nem um objeto em particular. É um englobante.

Natureza é o mundo na medida em que o homem vai objetivando-o, transformando-o, submetendo-o à sua técnica.

Nesse sentido, o mundo pertence à presença natural e a natureza, à presença cultural.

5.3. A objetivação sensorial

A experiência sensorial do homem de hoje equivale à consciência empírica, emergindo para uma maior presença cultural, mas ainda do tipo sensorial.

Qual a experiência natural do homem contemporâneo? O mundo não lhe aparece mais como aos gregos, como uma cena para contemplar, mas como uma matéria informe que deve transformar. Esta é a tarefa a cumprir. O que caracteriza a face da terra é a transformação causada pelo ser humano, que "está incandescente de consciência" (Teilhard).

Hoje, não tem sentido uma transposição da consciência empírica, considerada na experiência natural dos séculos passados. Suas experiências naturais eram diferentes das nossas. Aristóteles se encontraria perdido neste mundo, mesmo no plano da objetivação sensorial: "perderia a respiração cultural".

Esta forma de consciência empírica de hoje é que vamos tentar transpor por meio de uma racionalização, uma reflexão filosófica.

5.4. A objetivação racional

O caminho para transpô-la deve passar pela revolução galileana.

Fundamento epistemológico da ciência da natureza
Nos gregos: a possibilidade oferecida ao homem de passar da sensação ao conceito universal, por meio de abstração, formando leis categóricas.
Na ciência moderna: é por meio do "ser científico". O "ser científico" define-se por duas características:

a) Definição operacional: significa que só é admitido na ciência aquele fato da experiência que pode ser referido à experimentação atual ou possível. Assim, o fato científico não é dado imediatamente aos sentidos, mas deve ser analisado pela experiência. Assim, pois, a experiência entra na definição.

Substância para Aristóteles: o que é em si mesmo, e não em outro[43]... a experiência não entra na definição, mas só na realidade da coisa. Massa, na física moderna, define-se por meio de uma experiência, e esta entra na definição: massa inercial = m = f/a (Newton). Massa pesada: tirada da queda dos corpos, através de experimentos de balança.

A definição operacional dá o sentido físico de um determinado fato. A experiência entra na definição de fato.

b) Medida (ou dimensão física do fato):
Para definir algo real, devemos encontrar nele aqueles aspectos mensuráveis. Só podemos falar de massa quando ela é medida. Fato científico é aquele que pode ser detectado por aparelhos de medida. A lei do fenômeno será a correlação de suas medidas.

Todos os conceitos científicos possuem definição operacional e medida. E isto basta. Não precisa generalizar.

Observação importante: Se o fato físico está relacionado com a experiência, também está relacionado com o observador. Pela natureza do

---

[43] No TD em latim: *"quod est in se et non in alio"*. (N. do E.)

fato físico, a natureza científica se torna intrinsecamente referida ao ser humano. Chega um momento em que a definição operacional do fato está ligada ao da observação. Logo, chegamos a um momento em que não se pode avançar, entrando no limite do "indeterminado", bem entendido (Heisenberg).

Dificuldade insuperável de tentar construir, diante de um cientista, as provas clássicas da existência de Deus... nossa ciência é intrinsecamente humana, ligada à experiência (objeto) e à sua pessoa (sujeito da ciência). A ciência angélica ou divina não precisa da experiência. É o ser humano que impõe ao objeto suas condições de inteligibilidade — do contrário, não o controla e nem o entende. Só Deus pode considerar as coisas como são (sentido Aristotélico).

c) **Legalização do fato científico**
O fato se sujeita a uma correlação de natureza matemática ou LEI, por exemplo, f = m x a[44]. Assim, entra uma linguagem tipicamente científica. "Enunciado protocolar do fato". Nós conseguimos exprimi-lo por palavras que são controláveis pela ciência. A conexão das leis origina as teorias (Einstein, etc.). Esta é a base da estrutura epistemológica das ciências.

d) **A teoria unitária**
É aquela que engloba os fenômenos conhecidos. Tais são: a gravitação, de Newton; a atômica, a da relatividade...

Tornam-se representação do Universo. Assim, temos a teoria da evolução que, partindo de um fato, olha o Universo em contínuo dinamismo. Partiu da biologia e, hoje, estende-se a todas as ciências. Pertence à estrutura do homem contemporâneo. O mundo torna-se natureza por estas teorias, assim como a "teoria da *physis* como substrato" tornava o mundo natureza aos gregos.

5.5. A objetivação técnica

Os objetos técnicos são a materialização de muitos capítulos da ciência. São o prolongamento, a tradução material da objetivação racional.

---

[44] Força = massa x aceleração. (N. do E.)

Ciência e técnica, mais do que dois planos, são dois estágios que se interpenetram e se possibilitam mutuamente. A objetivação técnica invalida a distinção consagrada entre especulativo e prático, entre natural e artificial. Essa interpenetração entre ciência e técnica é que faz com que a técnica entre dentro da superação da consciência empírica. É, em definitivo, esta técnica a grande novidade de nossos tempos. Nesta atitude, o homem se sente participante do mundo inacabado. Segundo Teilhard, para o homem moderno já não há mais distinção entre ciência e técnica. O natural, para o homem moderno, são os objetos que ele constrói, o "artificial". O conceito de natureza estática, universal, eterna, é criticado pelo homem contemporâneo. Ele só admite a natureza dinâmica. A natureza, na medida em que é conhecida e objetivada pelo homem, volta ao mundo, mas marcada pela ação do homem. O objeto técnico não é um jogo, nem uma função pragmática, mas quer dizer que, no nível do homem, a natureza se torna arte; no plano do mundo, a natureza se transforma em técnica. O homem não é mais espectador; é ator. O homem recebe a natureza não como algo dado, mas como algo que ele prolonga. As consequências se farão sentir também no plano da moral. O artificial é o natural para o homem.

A transformação da natureza, forma específica de mediação intra-humana: A transformação da natureza se faz forma específica da mediação intra-humana. Temos que dar uma significação humana aos objetos para que sirvam de meio de comunicação inter-humana. O mundo pela construção do homem se torna cada vez mais humanizado, mais transparente, mais médio-ambiente da comunicação entre os homens. Sempre foi assim: nós transformamos o mundo em linguagem. Damos significado às coisas para com elas comunicar-nos. Mas, hoje, o que se torna elemento específico dominante da mediação humana é o objeto técnico.

Essência do objeto técnico. A essência do objeto técnico é a humanização da natureza como meio comunicativo. Não é tanto um servir utilitário, mas ser transcrição humana da natureza. Assim, o mundo se torna mais humano, mais habitável para o homem. Portanto, quanto mais técnica for a natureza, mais humana será, consistindo em um meio de comunicação mais apto. Quanto mais mediação, mais socialização, mais humanização do mundo. Isto se torna evidente pelo ritmo precipitado das criações técnicas. Precipitação da história, multiplicação fantástica de objetos técnicos e de dar a estes objetos técnicos uma significação, uma mediação humana[45].

5.6. A natureza científico-técnica como natureza "humanizada"

Praticamente todo conhecimento humano é invadido por essa concepção, por esse método científico. A história humana é a humanização da natureza. Mas, desde o momento em que a transposição racional toma a modalidade técnica, o ritmo de humanização se torna vertiginoso. O mundo se humaniza rapidamente. Surge, então, nosso problema: como é que nós vamos construir uma filosofia da natureza neste mundo técnico? Diante desta natureza em evolução, como podemos fazer nossa reflexão do tipo racional-filosófica? "Os filósofos até aqui interpretaram o mundo. Trata-se, agora, de transformá-lo" (Marx). Esta transformação da natureza seria a superação da filosofia. O materialismo dialético seria a história da descrição dessa descoberta. Ele não se prova, vive-se, porque é a vida. O positivismo lógico, praticamente afirma o mesmo: "a própria técnica é que resolve os problemas que outrora os filósofos formularam, sem conseguir resolver".

Jgms/ano/phv/bh, set. [19]68.

---

[45] Conferir: FOURASTIÉ, J., La grande métamorphose de XX siècle. Paris: PUF, 1960; MEYER, Teilhard et les grandes dérives du monde vivant — carnets Teilhard v. 8. Paris: PUF, 1963.

CURSO 2
Filosofia do Mundo Físico
Ficha 283 (entre 1966-1968)[1]

Primeira Parte: Epistemologia

VISÃO HUMANA DO MUNDO

CAPÍTULO 1
A EXPERIÊNCIA FUNDAMENTAL DO SER-NO-MUNDO

I.1.1. O meu ser-no-mundo[2]

O primeiro dado de minha consciência é meu ser-no-mundo como uma unidade-totalidade da experiência vivida, como o primeiro "dado" que não pode ser "posto" porque é o pressuposto fundamental de toda posição, de toda experiência, de toda afirmação, projeto e ação. Nos primeiríssimos estágios da evolução psíquica, nos primeiros dois ou três meses da evolução pós-natal, o mundo vivido na percepção global é uma unidade-totalidade ainda indistinta, isto é, que não contém ainda "coisas" e um "eu", mas só

---

[1] A estimativa da data, como mencionamos no estudo introdutório, deve-se, inicialmente, ao fato de que há, na apostila de Lima Vaz, o endereço da Faculdade Jesuíta correspondente ao período de São Paulo (1966-1974). Em seguida, some-se a isso o relato do Padre João Mac Dowell, SJ, segundo o qual Lima Vaz já não estava mais lá no segundo semestre de 1968, o que nos permite estimar a data entre 1966-1968, bem possivelmente 1967. Sobre esse período, Cf. MAIA, P. A., As peripécias de uma faculdade de filosofia (1941-1991), *Síntese Nova Fase*, v. 18, n. 54 (1991) 413. (N. do E.)
[2] Cf. SELVAGGI, F., *Filosofia del mondo. Cosmologia filosofica*, 21-46. (N. do E.)

uma sucessão de quadros fenomenais, como aparições à consciência, em que confluem as diversas sensações: visuais, táteis, auditivas, etc. Somente pelo fim do terceiro mês de vida, a criança começa a distinguir e opor o próprio "eu", seu corpo, seus membros, às outras "coisas", que constituem o "resto do mundo". Desde este momento, é possível formular o dado original da experiência global na afirmação: eu estou no mundo; afirmação esta que pode ser convertida na afirmação complementar: o mundo é para mim. Nesta afirmação, estão contidos três termos: eu, o mundo e o ser, que estão indissoluvelmente conexos entre si, pois nessa experiência fundamental eu não estou sem o mundo e o mundo não está sem mim. Eu e o mundo estamos juntos; porém, eu e o mundo não somos dois, mas um só, pois o "eu" e o "resto do mundo" constituem um só dado concreto, complexo e indivisível da consciência imediata do meu ser-no-mundo. Eu posso me separar do "resto do Mundo", mas não posso me separar do "mundo", porque "eu" sou, enquanto sou no mundo; pertenço ao mundo, participo do mundo e, de algum modo, o constituo. Um "eu" que fosse puro "eu", ou como o "eu penso" de Descartes — um "eu" sem o mundo, seria uma abstração e não o dado concreto da minha consciência e poderia até parecer uma ficção que destrói minha realidade vivente; separando-me do mundo, esse "eu"[3] suprimir-me-ia a mim mesmo. Do mesmo modo, o mundo é na minha consciência enquanto é para mim, comigo e, de alguma maneira, em mim; um mundo sem mim não existe para mim, não é o meu mundo; também ele seria uma abstração, que posso pensar e cujo valor posso[4] discutir, e a que voltaremos a seguir, mas que já me leva além de minha consciência imediata do meu ser-no-mundo.

    Por isso, o mundo de minha consciência concreta não é um objeto separado e oposto ao sujeito, nem uma simples soma de objetos, mas é uma unidade-totalidade que me circunda e engloba. Eu sou o centro do meu mundo, isto é: o centro de um círculo ou uma esfera, de um horizonte ou de um orbe, que na unidade-totalidade constitui o mundo, no qual eu sou, vivo e opero e no qual tem realidade tudo que é real para mim. Eu não posso renunciar a esta minha posição central de meu ser-no-mundo; não

---

    3 esse "eu" = acréscimo ao TD. (N. do E.)
    4 posso = acréscimo ao TD. (N. do E.)

só não posso separar-me ou sair do mundo, mas nem posso pôr-me de lado, abandonar meu posto central, a não ser também por uma consideração abstrata, que tem todo o aspecto de uma ficção e de cujo valor não posso julgar só pela consciência direta do meu ser-no-mundo.

Estas observações, porém, já nos permitem avançar na análise daquela unidade-totalidade que constitui o dado concreto de nossa experiência fundamental. Eu, com efeito, ao menos na consciência evoluída de homem adulto, não só percebo o meu ser-no-mundo, mas ainda percebo a mim mesmo afirmando o meu ser-no-mundo — afirmação que, como dizíamos, contém três termos inseparáveis, embora distinguíveis: eu sou o centro do meu mundo; o mundo é o horizonte, o ambiente (*Umwelt*) do meu ser, de minha vida, e do meu agir (*Lebenswelt*); e no mundo, é real tudo o que é (*Weltall*, Universo).

Ora, isto me mostra que, na mesma experiência fundamental de meu ser-no-mundo, eu tenho também a consciência não menos fundamental, implícita na minha centralidade no mundo, da minha possibilidade de conhecer, julgar, examinar, analisar e, afinal, dominar o mundo, a mim mesmo e o resto do mundo. Ao valor e significado dessa possibilidade de conhecimento e juízo, devemos voltar após ter completado o quadro da experiência fundamental do meu ser-no-mundo.

I.1.2. Os outros "eus" do meu mundo

O primeiro dado do meu ser-no-mundo deve ser completado, em primeiro lugar, com outro dado não menos primordial e fundamental, isto é, a experiência dos outros "eus"; dado primordial enquanto ascende à primeiríssima experiência do homem no mundo e fundamental enquanto a mesma consciência do próprio "eu" toma forma explícita na experiência dos outros "eus"; isto é, eu me percebo a mim mesmo como "eu" enquanto percebo os outros "eus" como eu-no-mundo. Certamente, pode-se fantasiar sobre a evolução da consciência de um homem que existia sozinho no mundo; mas o homem real, enquanto percebe a si mesmo como "eu" no mundo, percebe (podemos dizer) seu rosto refletido nos olhos de seus pais. Também aquelas crianças lendárias, que se conta terem sido criadas por animais, adquirem a consciência do próprio "eu" na comunicação quase humana com outros viventes. O "eu" é percebido e afirmado de modo explícito como "outro eu" dos outros. Assim, desde a experiência primordial do "meu" mundo, ele[5] não é de tal modo meu, que não seja também o "nosso" mundo; minha vida, minha experiência no mundo é, desde o início, uma vida em comunhão e em colóquio com meus semelhantes, vida em comum no mundo comum. E isto acontece não só de fato, mas por uma necessidade intrínseca. Um mundo exclusivamente meu não só não é o mundo real da minha e da nossa experiência, mas também parece que não teria, absolutamente, sentido. O mundo, para ser tal qual ambiente e horizonte da minha experiência supõe, necessariamente, alguma exterioridade, uma alteridade e pluralidade — que, por sua vez, implicam, essencialmente, a possibilidade de uma perspectiva múltipla e, portanto, ao menos a possibilidade de muitos observadores. Aliás, um mundo quimérico exclusivo de um só "eu" seria um mundo inefável, do qual não se pode falar, porque supõe o outro a quem eu falo e até minha locução interna não teria sentido, senão enquanto se dirige idealmente a outros possíveis interlocutores. A consciência de meu ser-no-mundo, portanto, não pode se reduzir à única alteridade de um único "eu" e das outras coisas como puros objetos, mas necessariamente inclui, como realmente se constata na minha experiência primordial, uma alteridade entre muitos "eus".

Pois bem, os outros "eus", se são realmente como eu sou, meus semelhantes, são também eles no mundo e, como eu, são o centro desse mundo; eles também não são sem o mundo e, para eles como para mim, o mundo não é sem eles. O "nosso" mundo, pois, no qual nós todos somos — porque os outros são no meu mundo e eu sou no mundo deles — o nosso mundo comum, que é o único real, unidade-totalidade para mim e para os outros, apresenta-se à nossa consciência, e como um círculo pluricêntrico, isto é, é um mundo que necessária e equivalentemente tem o centro em cada um de nós. Com este segundo elemento da experiência do meu ser-no-mundo, eu não perco minha privilegiada posição central no mundo, mas antes, reconheço também aos outros "eus" semelhantes a mim e com igual direito, a mesma posição. Nosso mundo, pois, é um mundo em comum, social, que reconhece a cada indivíduo os plenos direitos da pessoa humana.

---

[5] ele = acréscimo ao TD. (N. do E.)

I.1.3. A experiência do nascimento e da morte. (Contingência do "eu" no mundo)

A estes dois elementos da consciência do nosso ser-no-mundo, acrescenta-se logo outro, realmente decisivo na evolução da nossa visão do mundo e que dá um sentido trágico à nossa experiência nele. Com efeito, na minha experiência dos outros "eus", aparece logo um fator que não está, e não pode absolutamente estar presente na consciência do meu ser-no-mundo, isto é, a experiência do nascimento e da morte. E, primeiramente, a experiência do nascimento, digamos, de meu irmãozinho ou de um menino na família de um amigo. Um novo "eu" que, antes, não existia, está agora no meu mundo; não estava absolutamente no meu mundo, no mundo comum, no mundo real. Um outro "eu", semelhante a mim, antes não era e, agora, começa a ser, vem ao mundo, começa a participar do mundo. O mundo era sem ele porque o mundo era para mim, quando ele[6] não era; e o mundo não muda, agora que existe também o outro, porque é sempre o meu mundo, o nosso mundo, o único mundo real em que nós todos somos.

Por outro lado, existe a experiência da morte, digamos, de meu avô ou de meu pai, ou de um companheiro de jogos; antes, eram no mundo, no meu e no nosso mundo, que era também mundo dele, e agora não são; e, contudo, o mundo ainda é, porque eu ainda sou, e sou no mundo.

Esta dupla experiência do nascimento e da morte dos outros "eus" nos mostra, pois, de modo tangível que eles não são necessários para o mundo, e que o mundo pode ser sem eles.

Mas os outros eus são como eu sou, e eu sou como eles são ou eram. Portanto, se eles são quando antes não eram, e não são quando antes eram, também eu sou enquanto antes não era, e não serei, ainda que agora seja. E, como eles não são necessários para o mundo e o mundo pode ser sem eles, assim também eu não sou necessário para o mundo e o mundo, o mundo real que é o "meu" mundo, pode ser sem mim. De resto, também meus pais me ensinaram que também eu nasci e vim ao mundo, enquanto antes não existia; e a experiência cotidiana me ensina que também eu morrerei.

A experiência do nascimento e da morte, portanto, dá ao mundo um novo significado, que corrige e completa o primeiro significado do mundo

---

[6] ele = acréscimo ao TD. (N. do E.)

para mim; eu, sem dúvida, sou no mundo e não posso ser sem o mundo; mas o mundo mesmo, nosso mundo comum, o mundo real, embora sem mim não possa ser o "meu" mundo, contudo, em si e para os outros, era sem mim e será sem mim; eu vim ao mundo e deixarei o mundo; e o mundo, o mundo real que é agora o "meu" mundo, já era e ainda será. Eu, pois, não sou necessário para o mundo, sou um ser contingente.

Com a experiência dos outros, e ainda mais com a experiência do nascimento e da morte, podemos agora voltar a julgar o que, com base apenas na nossa consciência imediata de meu ser no mundo, podia aparecer uma ficção absurda ou, pelo menos, uma simples abstração. Pois bem, embora a hipótese de um "eu" sem o mundo e fora do mundo permaneça ainda uma simples abstração ou ficção, contudo, a hipótese de um mundo sem mim, ainda transcendendo o dado da consciência imediata de meu ser no mundo, apresenta-se, contudo, justificada, não só possível, mas também efetiva pela experiência de nascimento e morte dos outros "eus" que são semelhantes a mim.

A lição do nascimento e da morte dá, pois, um sentido trágico ao nosso ser no mundo, e é de máxima importância para o conhecimento do ser humano e para o conhecimento do mundo. Não pertence ao nosso tratado desenvolver adequadamente este tema. Contudo, antes de tratar da visão do mundo, que podemos e devemos desenvolver na base da experiência de nosso ser no mundo, será oportuno refletir ainda um pouco sobre nosso ser-no-mundo, para captar uma nova dimensão do "eu", essencialmente implícita na consciência de nosso ser-no-mundo.

I.1.4. Transcendência vertical do homem sobre o mundo

Verificamos, já no primeiro parágrafo que, na própria experiência fundamental do meu ser-no-mundo, acha-se implícita a consciência não menos fundamental das possibilidades de conhecer e julgar o mundo. Isto é, o homem não só é no mundo, como o são as coisas em um ambiente puramente físico, não só vive no mundo como a planta ou o animal vive no seu ambiente biológico, mas também possui consciência de seu ser-no-mundo e pode refletir e julgar sobre si mesmo e sobre o mundo. O mundo do animal, que tem também de algum modo consciência de seu ser-no-mundo, reduz-se estreitamente ao seu ambiente vital, ao seu *habitat*, no qual o animal está totalmente submerso, do qual depende totalmente e do qual, de nenhum modo, pode separar-se; este ambiente vital é constituído para ele pelas coisas com as quais se acha imediatamente em contato, que lhe são em parte úteis para a vida, em parte nocivas. O instinto vital do animal leva-o, por reflexo direto, a procurar aquelas e fugir destas; mas o animal fica sempre fechado no seu *habitat* e não pode, de modo algum, ultrapassar os limites que o definem. O mundo do homem, pelo contrário, não é um ambiente finito e limitado, não está restrito a um *habitat* vital determinado, mas se estende indefinidamente, supera todo regionalismo, expande-se por toda a Terra; torna-o cidadão do mundo[7], e agora podemos dizer, também, cidadão do *cosmos*; mas antes que materialmente, o homem. na consciência de seu ser-no-mundo, abraça idealmente os espaços infinitos e se alonga infinitamente no tempo, passado e futuro. Essa possibilidade de extensão infinita dá ao homem, na sua consciência, um valor absoluto, que contrasta e compensa o valor contingente que tem o homem no seu ser-material-no-mundo e descobre uma nova dimensão: enquanto o homem, no plano horizontal do seu ser-material-no-mundo, é finito, contingente, transcendido pelo espaço e pelo tempo, no plano vertical, o homem se eleva acima do mundo inteiro, na sua consciência e no seu espírito o transcende e ultrapassa infinitamente; pode, idealmente, separar-se do mundo, isto é, pode, em seu espírito, fazer abstração total, goza de uma consciência intelectual. E é justamente nessa capacidade de abstração, ou seja, de conhecimento intelectual, que se manifesta, em primeiro lugar, o valor absoluto do homem: materialmente imerso no mundo, ele emerge idealmente, porque o pode julgar.

Esta nova dimensão vertical do homem dá, então, um sentido positivo de possibilidade também à primeira daquelas abstrações ou ficções de que falávamos no começo. Se a experiência do nascimento e da morte dá um sentido de realidade efetiva a um mundo sem nós, a experiência da capacidade reflexiva dá um sentido de real possibilidade a um "eu" sem o mundo. Nessa base, é possível desenvolver uma prova da imortalidade do homem para além de sua morte no mundo.

Por outro lado, esta capacidade da abstração nos mostra, juntamente, a legitimidade e a imperfeição do nosso conhecimento intelectual. Exatamente por ser abstrativa, ela nunca poderá alcançar e exprimir comple-

---

[7] TD: torna-se cidadão do mundo. (N. do E.)

tamente a unidade-totalidade que é o mundo vivido da nossa experiência imediata, mas poderá só parcialmente e de modo progressivo, examiná-lo, analisá-lo, explicá-lo, dominá-lo, sempre limitado a um aspecto parcial, a uma perspectiva particular. Portanto, todo conceito que, por essa via, formará do mundo, não poderá nunca identificar-se simplesmente com o mundo unidade-totalidade, nem poderá nunca exauri-lo. Pelo mesmo fato que o homem o exprime e define em conceitos, o mundo conhecido já não é o mundo simples e absolutamente tomado[8], mas torna-se um momento particular daquele, uma projeção ou uma seção do mundo real na sua unidade-totalidade, o mundo deste ou daquele homem, desta ou daquela época, cultura, civilização. Mas ainda na parcialidade destas perspectivas que mudam sempre, o conhecimento abstrativo alcança o mundo real, que é o horizonte de nossa existência e o pressuposto de toda realidade. O conhecimento abstrato é um conhecimento parcial e, portanto, imperfeito, mas nem por isso falso. Falsa seria a pretensão de um conhecimento perfeito e exaustivo; mas, uma vez reconhecido o limite intrínseco essencial do conhecimento abstrato, este é um conhecimento verdadeiro, o mais perfeito que o homem pode alcançar, porque enquanto o homem, na sua consciência imediata de seu ser-no-mundo, fica totalmente imerso no mundo que, por toda parte infinitamente o transcende, mediante o conhecimento abstrativo, o homem pode elevar-se sobre o mundo, pode interpor entre si e o mundo uma certa distância, indispensável para poder conhecer e contemplar um objeto. O homem, conhecendo abstratamente e julgando o mundo, separa-se dele e o objetiva, assim como, conhecendo e julgando a si mesmo, de alguma maneira se separa de si e se objetiva, isto é, considera o mundo e ainda a si mesmo como objetos, em si, existentes, ou seja, como realidades existentes, autônomas e independentes de minha consciência delas, e a ela presentes e opostas[9]. Essa objetivação não é, pois, uma projeção de minha consciência no sentido kantiano ou idealista, mas é um dado, um pressuposto real da minha consciência, dado que minha consciência descobre e não põe — e que, portanto, é real em si, não menos que a consciência que eu realmente tenho dele.

---

[8] absolutamente tomado. Entenda-se: absolutamente considerado. (N. do E.)
[9] TD: como realidades existentes, autônomas e independentes de minha consciência, delas, e a elas presentes e opostas.

Um sinal e, ao mesmo tempo, um meio dessa faculdade abstrativa do homem é a palavra mental e oral, de que somente o homem é dotado. Pela palavra e pela linguagem, com efeito, o homem se liberta e se distancia das coisas materiais, porquanto a palavra substitui, no meu conhecimento e na minha expressão, a coisa material por ela representada. Podemos notar que a faculdade do falar é um novo sinal da transcendência do homem em relação ao mundo e a todas as coisas materiais, uma nova prova da independência intrínseca da consciência humana em relação ao mundo, daquele conhecimento e daquela ciência que a humanidade, desde o seu primeiro aparecer sobre a terra, foi continuamente desenvolvendo e que constitui o objeto próprio da nossa presente pesquisa.

Mas, antes de enfrentar diretamente essa reflexão filosófica sobre o mundo, será útil evidenciar alguns caracteres fundamentais da evolução da visão do mundo na história da humanidade.

CAPÍTULO 2
EVOLUÇÃO HISTÓRICA DA VISÃO DO MUNDO[10]

I.2.1. Visão animística antropomórfica do mundo (fantasia)

Vimos que o homem não é somente no mundo, mas tem ainda consciência de seu ser-no-mundo e que, dessa consciência, surge a necessidade de um conhecimento do mundo, isto é, o mundo se transforma para o homem de ambiente vital em objetos de conhecimento e, ulteriormente, em problema. Pois o mundo, desde a primeira consciência que tenho dele, se mostra como uma realidade complexa, uma realidade que contém escondidas, nas suas dobras, sempre novas realidades desconhecidas e que, só gradualmente, e sempre parcialmente, mostram-se a mim e que com sua novidade excitam continuamente minha maravilha e minha necessidade de conhecer melhor, de torná-las acessíveis ao meu conhecimento, isto é, de tornar[11] inteligível o mundo.

Ao problema que surge da complexidade do real, corresponde, no sujeito que conhece, a necessidade de explicação, isto é, de "explicar" o que

---

[10] Cf. SELVAGGI, F., *Filosofia del mondo. Cosmologia filosofica*, 47-78. (N. do E.)
[11] TD: tornar-se. (N. do E.)

é "complicado", de reconduzir os novos elementos, até agora desconhecidos, a elementos para mim já conhecidos ou familiares. Ora, a primeira realidade por nós conhecida, não só superficialmente e na sua aparência, mas também interior e profundamente, é a mesma realidade da nossa consciência e os processos interiores de nossa atividade consciente, por exemplo, o processo pelo qual a um determinado estímulo corresponde uma determinada tendência psíquica e a uma determinada volição um determinado movimento dos membros de nosso corpo. Por esta razão, o primeiro estágio[12] da evolução psíquica humana, seja individual em cada criança, seja coletiva nos povos primitivos, é uma explicação antropomórfica, isto é, o homem procura tornar inteligível, explicar o mundo e os diversos fenômenos que se dão no mundo, reportando-se àquilo que ele experimenta na própria consciência, àquilo com que ele explica suas ações e os movimentos de seu corpo. Em outras palavras, o homem projeta a si mesmo no mundo, nas coisas que o rodeiam, atribuindo-lhes os mesmos sentimentos, as mesmas forças que experimenta em si mesmo, até uma personificação de todas as coisas que o rodeiam, que agem e se mudam.

Surge, assim, a visão antropomórfica e animista do mundo, baseada além de que na necessidade de explicação, também em um sentimento de comunhão, participação e simpatia para com o mundo em que somos e para as coisas que são comigo no mundo. Essa visão antropomórfica se desenvolve ulteriormente em uma visão mítica e mágica do mundo.

O mundo, com efeito, no seu complexo, com suas forças ingentes, com a variedade quase infinita e impensável dos fenômenos e acontecimentos, aparece para a mentalidade primitiva como um mistério insondável e inexplicável, como uma realidade que transcende, infinitamente, o mesmo homem, perante o qual o homem primitivo é possuidor não só de admiração, mas ainda de reverência e de terror.

Mediante a imaginação, a faculdade fabuladora que é tão viva nas crianças e nos povos primitivos, o homem constrói mitos, isto é, em vez de explicar os fenômenos pela essência, as propriedades internas observáveis das mesmas coisas, finge pessoas infinitamente superiores a si que, do exterior, produzem os fenômenos observados nas coisas.

---

12 TD: no primeiro estágio. (N. do E.)

A concepção antropomórfica do mundo desenvolve-se espontaneamente em uma concepção mágica e dá origem ao exercício da magia, enquanto o homem pensa poder influir nos acontecimentos do mundo através daqueles meios pelos quais influi nos movimentos do próprio corpo e nos outros homens seus semelhantes, isto é, mediante o desejo e a vontade, mediante a palavra, a prece, o gesto, o comando. Assim, pela arte mágica, o homem procura estender e converter em própria utilidade aquela comunhão e simpatia cósmica que está na base da mentalidade primitiva. Desde esse estágio primitivo, sem dúvida já está em exercício a faculdade intelectiva e abstrativa; também o homem primitivo e a criança que procura o porquê das coisas e dos fenômenos, possui uma mentalidade lógica. Contudo, o intelecto permanece a serviço da fantasia e do sentimento, que são as faculdades dominantes nesse primeiro estágio da evolução psíquica do homem.

I.2.2. Visão natural racional do mundo. Progressiva desantropomorfização da visão do mundo

O progresso na visão do mundo se dá com o gradual prevalecer da faculdade intelectiva sobre as faculdades sensitivas e sobre a fantasia, prevalecer que se manifesta na progressiva abstração e objetivação das coisas. O homem não somente vê, mas observa, concentrando sua atenção em uma coisa, prescindindo das outras, e num aspecto particular, prescindindo de outros aspectos, e assim progressivamente. Não só observa, mas também experimenta, isto é, reproduz o fenômeno em circunstâncias particulares para o poder observar melhor.

Através desta observação e experimentação, o ser humano começa a distinguir e separar as coisas, faz distinção entre o animado e o inanimado, descobre a ordem e a regularidade dos fenômenos: a sucessão regular dos dias e das estações, o alternar-se dos ciclos vegetativos, o curso das estrelas e dos planetas no céu; reconhece o influxo e a ação de uma coisa sobre a outra e forma o conceito de causa; desenvolve as primeiras técnicas produtivas. Depois, a par e passo com a objetivação, procede à racionalização do mundo e dos fenômenos: as leis do ser são derivadas e confrontadas não mais com o capricho da fantasia e do sentimento, mas com as leis da razão, e as coisas se tornam gradualmente "inteligíveis". No pensamento ocidental, essa grande descoberta é expressa no dito de Parmênides: "o mesmo é pensar e ser" (*to gar autó noein estín te kai einai*)¹³.

O passo decisivo na passagem da concepção animista e mítica para a concepção racional do mundo se dá com a descoberta do conceito de natureza (*physis*) como princípio intrínseco do ser e do devir das coisas, não só animadas, mas ainda inanimadas.

O mesmo conceito de natureza é de origem animista, como mostra a etimologia da palavra [*physis*] que, em grego, é derivada de "*phúo*", "germinar", "brotar" e, em latim, de *nasci* (nascer)¹⁴. Natureza, pois, originariamente significa o mesmo nascimento do vivente e, portanto, o princípio intrínseco da geração. Mas, posteriormente, o conceito de natureza é aplicado a todas as coisas, mesmo inanimadas, como princípio intrínseco do devir e do agir das mesmas coisas.

A natureza é concebida como uma força análoga à força vital (*enérgeia*), como uma capacidade intrínseca de operar, determinada pela forma (*morphé*) e pelo aspecto (*eidos*) das coisas. Mas esse aspecto ou forma das coisas, inicialmente, é ainda exterior e sensível. Lembre-se a forma dos átomos de Demócrito, ou os elementos e as qualidades sensíveis dos jônicos anteriores — Tales, Anaximandro, Anaxímenes, e os posteriores — Empédocles e Anaxágoras. Mas cedo, sob o influxo do racionalismo eleático e, sobretudo, de Platão, a forma se interioriza e idealiza, transformando-se em ideia, como forma intelectual ou conceito — não, porém, no sentido idealístico subjetivo, mas em um sentido realista, objetivo.

Contemporaneamente, porém, a essa interiorização e racionalização da forma, dá-se também a distinção e oposição, já claramente expressa em Parmênides e, depois, elaborada e teorizada em Platão, entre o pensar e o sentir, o ser e o aparecer.

A razão histórica dessa distinção e oposição entre ser e aparecer, que teve grande influxo em toda a história do pensamento filosófico, foram as famosas antinomias de Parmênides e de seu discípulo Zenão, e a inca-

---

13 Parmênides (Diels-Kranz Fragm.3). No TD a frase está escrita à mão em caracteres gregos, mas de forma ligeiramente simplificada. Também os demais termos gregos neste capítulo estão escritos à mão e foram aqui transliterados. (N. do E.)
14 Nascer = acréscimo ao TD. (N. do E.)

pacidade de resolvê-las nos primeiros filósofos sucessivos. Através desses filósofos gregos, de alguma maneira se perdia[15], e temos assim a volta ao mito (Platão). O merecimento de Aristóteles, na filosofia do mundo, é de ter encontrado a solução das antinomias de Parmênides e Zenão, através das noções de ato e potência como princípios intrínsecos do ser múltiplo e mutável. Com isso, valorizou o conceito de natureza mediante a identificação da ideia ou forma (*eidos/morfé*) com o ato (*entelécheia*) que se torna, portanto, simultaneamente princípio de ser, de ação e de inteligibilidade. A visão de mundo, pois, se transforma em ciência racional da natureza, cuja tarefa é a determinação da forma interior como *eidos* da coisa: a função do intelecto, na ciência aristotélica, consiste em abstrair a forma da matéria para formar o conceito universal e necessário da essência a partir do indivíduo concreto, conhecido através dos sentidos.

Aristóteles não só propõe uma teoria e uma metodologia da ciência, mas também desenvolveu concretamente um sistema completo de ciências, englobando também os elementos já apresentados pelos seus antecessores, numa enciclopédia do saber científico e filosófico de seu tempo, sujeitando ao processo da objetivação e racionalização não apenas o mundo físico, mas ainda o mundo psíquico, biológico, moral e o mesmo pensamento com seus processos racionais, objeto da lógica, e o ser em geral, objeto da filosofia primeira, chamada depois Metafísica.

A aplicação rigorosa da metodologia científica aristotélica levou Euclides, poucos anos depois da morte de Aristóteles, por volta do ano 300 a.C., à composição dos famosos *Elementos* de Geometria, que constituem um tratado científico no significado plenamente moderno da palavra. Também a astronomia, libertada de todas as fantasias da mitologia, não tardou em se desenvolver em um sistema objetivo e racional que, através da hipótese de movimentos regulares de esferas, excêntricos e epiciclos, dava aos movimentos aparentes dos astros uma explicação digna ainda hoje de toda a admiração pelo seu caráter realmente científico, no sentido moderno.

O patrimônio da ciência e da filosofia grega, quase perdido no ocidente, no mundo romano e na Alta Idade Média era, porém, conservado e enriquecido pelos árabes, e por estes, retransmitido ao Ocidente, onde,

---

[15] Faltam aparentemente algumas palavras. (N. do E.)

confluindo com o pensamento cristão, dava origem àquela corrente filosófica e científica que, como demonstraram historiadores recentes, devia constituir um terreno fértil no qual cresceria a ciência moderna. Deixando para o capítulo seguinte uma análise mais profunda da concepção de ciência na filosofia escolástica, devemos, aqui, notar que a ciência grega e medieval, mesmo em seu poderoso esforço de objetivação e racionalização e, portanto, de desantropomorfização da natureza, permanece, porém, uma ciência essencialmente antropocêntrica. Do ponto de vista ontológico, o homem não é só de fato, mas também de direito, o centro do universo; todas as coisas naturais são ordenadas para o homem como para o termo essencial de toda a geração natural. Do ponto de vista epistemológico, o homem, com seus sentidos, sua experiência e sua perspectiva, é o metro de todas as coisas, o microcosmo para o qual é ordenado e em que se espelha o macrocosmo. Daqui derivam algumas características da ciência grega e medieval: a ciência física é, essencialmente, uma ciência das qualidades sensíveis, embora seja explicitamente reconhecida a possibilidade de uma ciência quantitativa da natureza, por exemplo a harmonia[16], ou ciência matemática do som; e a ciência astronômica é, essencialmente, geocêntrica, porque só essa concepção astronômica conserva o homem, mesmo materialmente, no centro do universo.

Enfim, seja a ciência grega, seja, e muito mais, a ciência medieval são, essencialmente, religiosas, enquanto a origem divina do *cosmos* permanece, para elas, a base fundamental de toda a concepção de natureza.

I.2.3. Visão mecanicista positiva do mundo

Como no caso da visão primitiva do mundo, e da ciência antiga e medieval, e muito mais para a ciência moderna, não queremos dar uma história e uma caracterização completa. Pretendemos nos limitar a enumerar alguns caracteres que, mais diretamente nos interessam para a visão do mundo na época moderna, sem tentar uma concatenação lógica e sistemática, e sem entrar na discussão do seu valor, mas, simplesmente, propondo-os em contraposição aos caracteres da ciência precedente, a começar por aqueles que lembramos por último.

---

[16] TD: o exemplo na harmonia. (N. do E.)

A primeira característica[17] que distingue a revolução do pensamento e da ciência moderna, em relação à visão antiga e medieval do mundo e do homem, é a **passagem** de uma mentalidade essencialmente religiosa, mesmo no interior da ciência, **para uma mentalidade**, uma ciência e, por fim, ainda, uma filosofia totalmente **laica e secularizada**. Isso não no sentido de que a mentalidade, a ciência e a filosofia moderna sejam essencialmente ateias e antirreligiosas, mas, como querendo prescindir completamente da religião no desenvolvimento do pensamento lógico e da ciência e, finalmente, da própria filosofia. A hipótese de Deus, para usar a frase atribuída a Laplace, torna-se supérflua e a ciência não necessita dela.

Este caráter é frequentemente interpretado, em especial por Comte e sob seu influxo, como o prosseguimento lógico do movimento que, na antiguidade, passou da concepção mítica natural e que, agora, se torna naturalística, concebendo a natureza não só como explicação próxima e intrínseca dos fenômenos, mas, ainda, como explicação última e adequada.

Por isso, embora, no início, a exclusão da hipótese de Deus fosse limitada só às ciências matemáticas e físicas, muito cedo foi estendida também à concepção do ser humano, da moral, da história, enfim, a toda a concepção do universo.

O segundo elemento que caracteriza a passagem para a mentalidade e a ciência moderna, podemos vê-lo não só historicamente, mas, também, idealmente na **revolução copernicana**, que substitui ao sistema geocêntrico do universo o sistema heliocêntrico e, depois, um universo aberto, povoado de infinitos sistemas solares. O homem e a terra por ele habitada são expulsos do centro do universo e acantoados num ângulo remoto, sem qualquer privilégio e dignidade especial; o homem é desmontado de seu trono, deixa de ser o rei e centro do universo, e começa a aparecer a si mesmo como um grão de pó perdido na infinidade do céu. Igualmente, o *cosmos* na sua realidade material adquire um valor absolutamente independente do homem, que se torna um ser completamente acessório, do qual se pode e se deve prescindir completamente no desenvolvimento da ciência física.

O terceiro elemento, que mostra a progressiva eliminação do homem da ciência moderna, é a negação das qualidades sensíveis na realidade

---

[17] TD: O primeiro caráter. (N. do E.)

objetiva e, portanto, **a redução de toda a realidade do mundo material a pura quantidade e movimento local**. As qualidades sensíveis, com efeito, não possuem a possibilidade de racionalização e objetivação que formam o ideal da ciência; são subjetivas, variando de indivíduo para indivíduo e não são analisáveis em termos claros e distintos, segundo a exigência do racionalismo. O mundo real, pois, deixa de ser aquele mundo natural e sensível, dado a nós pela imediata experiência de nosso ser-no-mundo e se torna um mundo puramente mecanicista, negando-se, assim, a oposição entre ser e aparecer, inteligível e sensível, que já fora afirmada na metafísica de Parmênides e no atomismo dos antigos gregos.

Conexo com esse caráter mecanicista, em parte raiz, em parte consequência dele, é o **caráter matemático da ciência nova**: a física qualitativa e sensível das épocas precedentes é substituída por uma física puramente quantitativa e matemática. A exigência de uma ciência matemática do mundo é baseada por Galileu em uma concepção platonizante da realidade, ou seja, em um realismo matemático, pelo qual o mundo objetivo e real "é escrito em língua matemática, e os caracteres são triângulos, círculos e outras figuras geométricas, sem as quais é impossível entender humanamente qualquer[18] palavra." (G. Galilei, *Il Saggiatore*, In: "*Opere*", Firenze, 1933, vol. VI, cap. 6, p. 232[19]). De resto, o caráter matemático e mecânico da nova concepção do mundo é historicamente devido ao fato que as ciências matemáticas e mecânicas foram as primeiras a serem desenvolvidas de modo plenamente objetivo e racional. Elas, pois, não só constituem um modelo para todas as outras ciências da natureza, que se acham ainda em um estágio quase primitivo, mas ainda fundam a esperança de que todos os fenômenos naturais possam achar, nelas, sua explicação inteligível adequada. Em outras palavras, a ciência moderna, desde os seus fundadores, Galileu e Descartes, assumiu como meta ideal a explicação de todos os fenômenos naturais em termos matemáticos e mecânicos e, desde o fim do século XIX, colocou na realização desse ideal todos os seus esforços, coroados sem dúvida de inumeráveis e grandiosos êxitos.

Com estes caracteres matemáticos e mecânicos estão rigidamente conexos outros dois aspectos da ciência moderna, o **antifinalismo** e o rígido

---

[18] qualquer: acréscimo ao TD. (N. do E.)
[19] TD: ...1933, IV, p. 232). (N. do E.)

determinismo, também eles em nítido contraste com a visão do mundo antiga e medieval.

A fé no finalismo da natureza e a procura de uma explicação teleológica dos fenômenos mundanos são, para a nova ciência, a começar por Bacon, Galileu e Descartes, um resíduo irracional da concepção antropomórfica do mundo, pela qual o homem, que na sua atividade consciente, propõe-se fins e procura realizá-los em sua ação voluntária e livre, crê que também a natureza persegue fins na sua atividade. A atividade da natureza, pelo contrário, deve ser despojada de todo caráter antropomórfico, e deve ser reduzida a uma força cega, pura causa eficiente e, de nenhum modo, causa intencional de seus efeitos. O efeito produzido é puramente o término que se segue à ação da causa, mas não o escopo pretendido pela natureza, a não ser justamente em uma visão antropomórfica que ponha o homem e sua utilidade como fim para o qual a natureza seja antecedentemente ordenada. É sabido que essa negação do finalismo da natureza fora dada já na filosofia grega por Demócrito, que põe o mundo derivado por puro acaso, como nos é testemunhado por Aristóteles, que, pelo contrário, reconhece na teleologia um dos caracteres fundamentais da natureza e, portanto, da ciência física.

Outra consequência da concepção matemática e mecânica do mundo é a afirmação do rígido determinismo causal, já explicitamente presente em Galileu e amplamente dominante em toda física moderna até o fim do século XIX, sendo considerado como pressuposto imprescindível da ciência enquanto tal.

Do conjunto destas características[20], resulta outra característica da ciência moderna, expressamente afirmada por Galileu para a matemática e por Laplace para a física, isto é, o **caráter de absoluta e perfeita racionalidade e objetividade da ciência** que tende, como sua meta ideal, a igualar a perfeição e ciência divina.

A revolução realizada na época moderna a respeito da ciência do mundo físico não podia deixar de repercutir também na **concepção do homem**. Perante os progressos da ciência física, parece que não sobra outra escolha a não ser ou a redução pura e simples do homem a um objeto particular da ciência física, ou a proclamação de um dualismo absoluto entre ma-

---

[20] TD: caracteres. (N. do E.)

téria e espírito, deixando para o domínio da ciência toda a realidade material, incluindo o corpo humano, e reservando para a filosofia o puro espírito. Descartes é o protótipo de dualismo absoluto entre a substância pensante, o espírito, e a substância extensa, a matéria. O espírito é reconduzido a ser puro sujeito pensante na sua interioridade imanente; e a ciência do espírito deverá ser desenvolvida com a reflexão imanente do pensante sobre si mesmo, tendendo, pois, logicamente às diversas formas de idealismo subjetivo que se desenvolveram na filosofia dos séculos seguintes[21].

A matéria, reduzida aos únicos elementos da quantidade e movimento, é objeto de uma ciência completamente desumanizada, objetivada, racionalizada, materializada.

Por outro lado, muito psicológica e histórica era a tentação de escolher o outro membro da alternativa, e reduzir, portanto, o homem a um simples objeto entre os objetos da ciência física, negando assim toda a sua originalidade e irredutibilidade, espiritualidade, liberdade e imortalidade.

Não só a natureza e o mundo físico são concebidos como independentes e estranhos ao homem e à sua subjetividade, mas o mesmo homem, na sua verdadeira realidade, é reduzido a uma coisa entre as coisas, totalmente submerso no mundo material que o circunda e o absorve. O homem não é mais do que um produto, talvez acidental e casual, da atividade da matéria, um resultado das forças e das leis da natureza material, dando, assim, origem às várias formas de materialismo que, nestes últimos séculos, foram se desenvolvendo, apresentando-se muitas vezes como o resultado do mesmo progresso científico na explicação do mundo.

Queremos notar, enfim, que a concepção de ciência no positivismo clássico de Auguste Comte e dos filósofos e cientistas do século passado[22] não é mais do que uma diversa apresentação dessas mesmas características, despojadas somente daquela tendência platonizante e idealistas que estavam presentes na mentalidade dos fundadores da ciência moderna. A ciência é reconduzida a conhecimento positivo dos fatos na sua absoluta objetividade; seja dos fatos particulares e individuais (daí o caráter empírico e experimental da ciência), seja dos fatos universais, as leis da natureza (daí o caráter racional e matemático da ciência).

---

21 seguintes = acréscimo ao TD. (N. do E.)
22 século passado. Refere-se evidentemente ao século XIX. (N. do E.)

A ciência objetiva e racional, não só a matemática e a física, mas também a fisiologia e a sociologia (únicas ciências do homem admitidas por Comte), consiste[23] na absoluta fidelidade e na reprodução passiva do dado objetivo, dos fatos positivos; nem é possível transcender estes fatos com hipóteses e teorias que constituiriam uma volta à metafísica vazia do aristotelismo ou do platonismo ou, ainda à fantasia mítica dos primitivos.

Sem querer julgar o valor e a importância destes vários fatores e sua justa interpretação — juízo e interpretação que são muito diversos, segundo o diferente ponto de vista filosófico em que nos colocamos —, devemos reconhecer o grande progresso, não só na descrição e na previsão — e, portanto, na utilização das forças naturais para fins práticos na vida —, mas também no conhecimento da natureza e da essência da realidade física do mundo e das diferentes espécies das coisas naturais, incluídos os viventes e o organismo corpóreo do homem.

Com efeito, através dos efeitos regulares e constantes que elas produzem, conhecemos as diversas essências específicas, que são sua causa e princípio intrínseco.

O processo de objetivação e racionalização das ciências da natureza é plenamente legítimo e necessário, porque é conforme com a natureza, seja das coisas materiais, seja do intelecto humano, que não pode proceder diversamente. Contudo, estes mesmos fatores do progresso científico no seu exclusivismo e extremismo geraram, também, uma ciência, a ciência moderna clássica, que com uma mais genuína reflexão filosófica e com os mesmos progressos mais recentes da ciência, revelou-se, em parte, ilegítima e ilusória.

I.2.4. Retorno a uma visão mais humana da ciência e do mundo

Após a entusiástica admiração e confiança na ciência do cientificismo e positivismo clássico do século XIX houve, pelo fim desse mesmo século, e ainda mais no século XX, uma forte reação, tanto por parte dos filósofos, quanto por parte dos próprios cientistas. Podemos relembrar as várias correntes de pensamento do neorromantismo e do neoidealismo, do espiritualismo, do existencialismo, da fenomenologia e do neopositivismo

---

[23] TD: consistem. (N. do E.)

com o empiriocriticismo, o convencionalismo, o pragmatismo, as novas escolas de lógica, a filosofia analítica e a filosofia da linguagem. Muitas vezes, porém, essa reação ou procede para um extremo oposto, chegando a um anti-intelectualismo e irracionalismo, ao puro subjetivismo, fenomenismo e agnosticismo, negando também à ciência todo valor teorético na explicação da realidade, reduzindo-a a um puro esquema mental cômodo para a ação e a técnica; ou, então, deixando à ciência plena liberdade e autonomia no seu campo, contentando-se em afirmar um absoluto dualismo entre ciência e filosofia, proclamando aquela absolutamente indiferente e insignificante em relação a esta.

Também, aqui, sem entrar no merecimento das diferentes correntes do pensamento, podemos reconhecer a legitimidade positiva dessa reação contra a ciência clássica oficial por seu caráter anti-humano e por sua ilusória pretensão a um valor absoluto de pura objetividade racional, bem como[24] a legitimidade da reivindicação dos valores humanos espiritualidade, liberdade, responsabilidade, moralidade, religiosidade, contra as negações do materialismo, não só em si mesmos, por sua absoluta transcendência relativamente a toda realidade material, mas também em relação à própria ciência do mundo material.

Aliás, os mesmos progressos mais recentes da ciência, tanto matemática quanto física, têm demonstrado a ilegitimidade e ilusoriedade das pretensões da ciência clássica, despertando, nos mesmos cientistas, a consciência da condição humana de toda ciência possível para o homem, mostrando que uma verdadeira e não-ilusória objetividade e racionalidade da ciência não pode obter-se a não ser levando em conta a centralidade do homem na sua visão de mundo e da parte inevitável que o homem tem no seu mundo, impondo suas condições e perspectivas à sua ciência, como espectador e como ator, e como parte imanente do mundo em que vive e que quer conhecer.

Isto, evidentemente, não significa uma volta ao velho antropomorfismo, nem uma renúncia às conquistas efetivas — seja do método, seja do conteúdo da ciência moderna, nem ainda a redução da ciência ao subjetivismo e ao relativismo, que nada mais são que formas atenuadas de ceticismo. Mas significa que a nova visão antropocêntrica do mundo e da

---

[24] bem como = acréscimo ao TD. (N. do E.)

ciência, pressupondo o máximo esforço possível de objetividade, racionalidade e positividade, tenha, porém, plena consciência reflexiva dos limites subjetivos e objetivos de todo conhecimento humano, derivado da inevitável centralidade do homem em sua visão do mundo.

Em primeiro lugar, a ideia de absoluta objetividade é, por princípio, e não só de fato, irrealizável e ilegítima, porque o homem não pode conhecer o mundo, a não ser através de seus sentidos e do intelecto, e tudo o que é recebido, será sempre recebido consoante com o modo de ser de quem recebe. O homem tem uma possibilidade limitada de sensação conforme a estrutura subjetiva dos diversos sentidos e seu determinado limiar de sensação. Por isso, a imediata percepção do mundo que o homem tem não é uma percepção absoluta do mundo em si, mas é essencialmente correlacionada com os sentidos que o homem possui e, portanto, será, por assim dizer, colorida consoante a capacidade receptiva dos mesmos sentidos.

Isso não significa que a percepção das qualidades sensíveis seja puramente subjetiva: através dos sentidos, conhecemos as qualidades objetivas do mundo real, mas coloridas e traduzidas segundo a linguagem de nossos sentidos; a sensação subjetiva não é puro símbolo subjetivo, mas um sinal objetivo do mundo real que, agindo sobre ela, provoca sua reação. Se o homem tivesse outras faculdades sensíveis, teria também uma percepção diversa do mundo real. Basta pensar na limitada especificação dos sentidos humanos, pela qual não temos nenhuma sensação específica das forças elétricas e magnéticas, de muitas propriedades químicas e físicas moleculares, atômicas e nucleares: a mesma sensibilidade ocular se acha restrita a uma limitada gama de vibrações eletromagnéticas, correspondentes à luz visível, enquanto escapam completamente aos nossos olhos as vibrações ultravioleta, os raios x e gama e, pelo outro lado, as vibrações infravermelhas, as ondas hertzianas, etc. É verdade que o homem, mediante os instrumentos e a ciência, pode chegar a conhecer, também, as qualidades físicas do mundo, não sensíveis diretamente. Com esses meios, porém, o homem não percebe essas propriedades em especificidade, mas só nos seus efeitos traduzidos em propriedades diretamente sensíveis. Por exemplo, não conhecemos o magnetismo em sua natureza específica, mas por meio de fenômenos como o movimento da agulha imantada; conhecemos a eletricidade através do calor ou da luz por ela produzida nos corpos condutores; os raios ultravioletas e os raios X, pela reação química que eles produzem em uma chapa fotográfica[25]. Todo o mundo microfísico escapa, irremediavelmente, ao embotamento de nossos sentidos e não podemos conhecê-lo a não ser através dos efeitos macroscópicos, sensíveis à escala humana.

Mas, dessa limitação dos sentidos, segue-se outra limitação mais importante na capacidade humana de imaginar e conceber, porquanto o homem não pode ter imagens na fantasia e conceitos no intelecto fora daqueles que pode obter pela experiência sensível direta. Por isso, todas as imagens ou modelos que o homem poderá construir para explicar o mundo serão, sempre, construídos à semelhança do mundo diretamente sensível; e embora o intelecto possa transcender os sentidos, e tenha como objeto o ser em toda sua infinita extensão, contudo, das realidades que não são diretamente sensíveis, pode ter só conceitos impróprios e análogos, e não possui ideias simples e específicas, mas só pode formar construções intelectuais, formadas por analogia com os objetos sensíveis.

Essa limitação do intelecto humano, que impõe um limite bem conhecido na filosofia da construção dos conceitos metafísicos, é a razão última de todas aquelas dificuldades que a física contemporânea tem encontrado no campo das realidades microfísicas — por exemplo, o dualismo ondulatório corpuscular das partículas elementares — e é a razão pela qual a microfísica não poderá ser nunca uma ciência intuitiva, no sentido da matemática e da física clássica.

Do mesmo modo, na teoria da relatividade, o ser humano não poderá nunca chegar a uma explicação intuitiva das correlações espaço-temporais que derivam de uma velocidade que supera toda possibilidade de percepção direta, como é a velocidade da luz. O erro da física clássica foi pretender ser capaz de estender, indefinidamente e de modo unívoco, os conceitos intuitivos que derivamos da experiência imediata das coisas na escala humana.

Falando do homem como ator na construção da ciência, não estamos nos referindo, ainda, à atividade do homem que transforma o mundo natural para o tornar mais útil e apto para suas condições de vida, mas falamos daquela atividade e das suas consequentes mutações implícitas no ato mesmo com que procuramos conhecer o mundo em sua realidade objetiva.

---

[25] Texto do parágrafo (exemplificação) parcialmente corrompido e restituído. (N. do E.)

É verdade que, na observação científica, procura-se reduzir ao mínimo essas alterações que, em muitos casos, são praticamente desprezíveis; noutros casos, é menos possível calcular a alteração devida ao ato da observação e da medida e, portanto, corrigir por via teórica o dado bruto obtido. Mas a pretensão da consciência clássica de poder, ao menos idealmente, eliminar todo influxo do observador sobre a coisa observada e, portanto, de poder conseguir um conhecimento perfeitamente objetivo da realidade em si, purificado de todo elemento subjetivo, é falsa e ilusória, porque a interação é inarredável por princípio e em muitos casos é tal que altera, essencialmente, o objeto observado, sem que seja possível calcular e, portanto, eliminar por via teórica a alteração devida ao ato da observação. Por conseguinte, um conhecimento perfeitamente objetivo é impossível em nível de princípios.

A ciência contemporânea indica, de modo especial, três campos em que o influxo do observador não é desprezível.

O **primeiro** é o campo da **Física Atômica** e Infra-atômica em que, pela pequenez dos objetos a observar e pela complexidade dos instrumentos necessários à observação, pela natureza ondulatória da luz e a consequente difração, pelo impulso ou *quantum* de luz sobre o objeto iluminado e, fundamentalmente, pelo "quanto" de ação, o influxo do observador é tal que destrói o objeto observado ou, pelo menos, altera profundamente seu estado e impede a observação simultânea de todos os parâmetros necessários para sua completa determinação.

O **segundo** campo é o da **Biologia**, em que a observação das condições físico-químicas das funções vitais e da estrutura molecular do vivente não pode ser realizada sem destruir o vivente ou, pelo menos, alterar gravemente o estado e as próprias funções que queremos estudar.

O **terceiro** campo é o da **Psicologia**, em que a observação dos estados interiores da consciência — seja por própria introspecção, seja pela análise objetiva do psicólogo ou do psiquiatra — modifica profundamente o estado psíquico do sujeito observado.

Por fim, a centralidade do homem na sua visão de mundo e a impossibilidade de eliminar o sujeito para obter uma ciência puramente objetiva resultam, também, de todo o desenvolvimento filosófico e científico recente, que levou filósofos e cientistas a reconhecer, de modo cada vez mais pleno e profundo, a íntima inserção do homem no mundo, embora em plena originalidade e verdadeira transcendência vertical com relação ao próprio mundo.

Essa participação vital do homem no mundo implica, muitas vezes, **verdades**, das quais indicamos, brevemente, três **fundamentais**. A primeira é a essencial **unidade orgânica do homem**, como substância vivente e como pessoa integral, como espírito encarnado na matéria, ou antes: como corpo vivente de uma alma racional.

A segunda é o essencial **ordenamento do mundo físico e biológico para o homem** como o vértice de todo o universo sensível.

A terceira, a essencial **inserção do homem no mundo**, não só pelo seu ser físico e biológico e pelo seu conhecimento ativo, mas também por sua livre atividade produtiva, artística e técnica, que usa e transforma o mundo para sua utilidade.

A primeira verdade opõe-se às **concepções dualistas e materialistas** que, embora de modo diferente, destroem a originalidade originária da pessoa humana. Contra essas duas concepções, que parecem ser fruto do aparecimento e dos progressos da ciência moderna, opõem-se os resultados mais recentes das ciências antropológicas e psicológicas, como também das mais recentes correntes filosóficas, tais como o existencialismo e a fenomenologia.

A **segunda verdade**, essencial para a concepção grega e cristã de uma ordem hierárquica, mas estática, adquiriu nova luz na visão dinâmica de um **universo em evolução**, não puramente materialista e casual, mas imanentemente **dirigida para um finalismo natural**, que vê o homem no vértice da evolução biológica.

A **terceira verdade**, por fim, não é menos importante para a **plena valoração do nosso ser-no-mundo**, porque o homem, com efeito, está no mundo não só para viver e conhecer, mas também para amar, planejar e agir. O homem, com seu amor e com sua ação, sai de si mesmo para ir ao encontro dos outros homens e de todas as realidades terrestres, para transformar o mundo da natureza e criar, em volta de si, um mundo mais humano e amigo. A ciência, de pura contemplação do mundo, transforma-se, assim, em técnica e indústria com todas aquelas aplicações que vão se desenvolvendo dia a dia.

Estas últimas considerações, que mostram no mundo não só um bem em si, mas também um valor para o homem e para a sociedade, para seu progresso cultural e material, serão o objeto da última parte conclusiva, a axiologia do mundo. Aqui, apenas a indicamos para dar um quadro mais completo daquilo que é a visão atual do mundo e do nosso ser-no-mundo.

Antes, no entanto, de chegar a essa parte conclusiva, será necessária uma reflexão analítica sobre o mundo e sobre a ciência. Começando por ela no próximo capítulo, analisaremos os vários graus, não históricos mas, por assim dizer, teóricos e, portanto, perenes, que estão implícitos em todo conhecimento do mundo, não puramente primitivo e vulgar, porém já em um certo estado de evolução.

Segunda Parte
QUANTIDADE E MOVIMENTO

II.1. A quantidade como propriedade fundamental de nosso mundo

A noção ou propriedade mais simples e universal que encontramos no mundo de nossa experiência é a **extensão** ou **quantidade**. O mundo é fundamentalmente constituído pela extraposição, exterioridade espacial de suas partes, que torna possível a distinção entre unidade e multiplicidade nos entes, a própria distinção entre eu, meu corpo e o "resto do mundo". Segue-se daí que, por meio da quantidade ou extensão, podemos definir a noção de corpo como "parte extensa, finita e limitada de nosso mundo".

Quanto ao caráter fundamental da quantidade no conhecimento e descrição do mundo e dos corpos, concordam, por exemplo, Santo Tomás de Aquino (*De ente et essentia*, cap. 3), Descartes (que coloca na quantidade a essência da substância corpórea), Locke (que denomina a quantidade de "qualidade primária", em oposição às qualidades secundárias), Kant (que considera o espaço como forma do fenômeno), etc.

O primado da quantidade em relação às outras propriedades dos corpos é **lógico** (referente ao nosso conhecimento) e **ontológico** (referente à natureza dos corpos em si). Quanto à sensação, a quantidade é, em certo modo, secundária, pois cada sentido percebe a quantidade apenas através da sua qualidade específica (por exemplo: a vista não vê a extensão senão enquanto colorida; o tato não a toca, a não ser enquanto dura ou mole, etc.). Todavia, também no que se refere à sensação, a quantidade possui um certo primado em relação às outras qualidades, justamente por causa da sua máxima generalidade, enquanto ela é o sensível comum a todos os sentidos.

Em relação à imaginação e à inteligência, a quantidade possui o primado. Enquanto somos capazes de imaginar e compreender a quantidade sem as outras qualidades, mas não podemos imaginar ou compreender as outras qualidades sem a quantidade. Esse fato funda a possibilidade do que é denominado, na terminologia de Aristóteles, de segundo grau de abstração, dando-nos o conhecimento matemático.

Em relação à natureza dos corpos, o primado da quantidade sobre as outras propriedades se manifesta no fato de que a quantidade é como o sujeito que recebe as outras propriedades, a condição prévia para a existência das outras propriedades. Assim, para que possa existir a cor, é necessário que exista uma superfície extensa, sem a qual a cor não teria nenhuma condição de existência. Finalmente, na ordem ontológica, o primado da quantidade resulta do próprio fato de que a quantidade funda, diretamente, a divisão ou não divisão, a unidade ou a multiplicidade, que são as primeiras propriedades transcendentais do ente enquanto tal.

Santo Tomás nota que muitos filósofos, devido ao primado da quantidade, foram levados a considerá-la a essência da substância corpórea (por exemplo, Demócrito). A raiz dessa opinião, para Santo Tomás, está em não reconhecer a capacidade original da inteligência em relação aos sentidos: os sentidos e a imaginação não podem ultrapassar as qualidades sensíveis e a quantidade, daí que a quantidade seja o último "sujeito" sensível; a inteligência pode ir além, transcender todo o sensível, atingir o ente enquanto tal e, portanto, possui a possibilidade de conceber algo para além da quantidade e sob a quantidade. A questão, porém, da identidade ou distinção da quantidade como substância corpórea será tratada mais abaixo.

Na física moderna e na linguagem comum, hoje, costuma-se dizer que a propriedade fundamental do mundo é o espaço (e o tempo); mas a espacialidade não é senão uma palavra diferente para significar a extensão, e o tempo é derivado do movimento. É preferível referir-se à quantidade e ao movimento como propriedades fundamentais, enquanto as noções de espaço e tempo são mais complexas, implicam outra problemática.

II.2. A importância da questão

A importância da análise filosófica da quantidade e do movimento resulta de diversas considerações.

1) A quantidade e o movimento são **aspectos fundamentais** do mundo da nossa experiência e são, portanto, o ponto de partida de uma filosofia do mundo.
2) Toda história da filosofia está em relação com esta análise e todos os maiores filósofos da antiguidade e dos tempos modernos se ocuparam dela. A problemática filosófica originada destas noções e as dificuldades encontradas na sua solução são os fundamentos de muitos sistemas filosóficos, como o monismo eleático e o atomismo democriteano, o mecanicismo cartesiano, a teoria das mônadas de Leibniz e o criticismo de Kant.
3) Nessa análise, podemos encontrar, de maneira mais simples e direta, as **noções fundamentais da filosofia aristotélica** (ato e potência) e, portanto, temos a possibilidade de determinar, desde o início, a essência metafísica dos corpos (pelo menos de modo genérico e, ainda, incompleto).
4) Por ocasião desta análise, podem ser examinados muitos problemas atuais sobre o **fundamento lógico da matemática**, que constitui um dos problemas mais discutidos entre os cientistas e filósofos de hoje (Esse aspecto não poderá ser desenvolvido nas questões presentes, mas é útil ter presente essa possibilidade).

Que é quantidade?

A quantidade **não pode ser definida** com uma definição propriamente dita, porque toda definição se obtém mediante o gênero e a diferença específica, e a quantidade é um dos gêneros supremos do ente, que não possui acima de si nenhum gênero mais universal. Segundo Aristóteles, a quantidade é um dos dez predicamentos, juntamente com substância, qualidade, relação, etc. Também Kant coloca a quantidade como uma classe de três de suas doze categorias.

A noção de quantidade também **não pode ser esclarecida** porque, para esclarecer uma noção, é preciso recorrer a uma noção mais clara, e não existem noções mais claras que a de quantidade — que é, para o intelecto, uma noção **claríssima**, imediatamente conhecida pela abstração direta dos sentidos e da imaginação.

Todavia, a quantidade pode ser, de várias maneiras, **indicada** ou **descrita**, seja (como fizemos no início) **pela relação com a sensação**, como o sensível comum a todos os sentidos (particularmente a visão e o tato), seja **mediante exemplos** (aquilo pelo qual uma coisa pode ser grande ou pequena), seja **mediante suas propriedades**. Assim, há duas famosas "quase definições" da quantidade: mediante a "extraposição", a quantidade é aquilo pelo qual uma coisa tem partes fora de outras partes; mediante a divisibilidade, o quanto ou o extenso é aquilo que o divisível em **partes integrantes**, cada uma das quais é tal que pode existir como uma unidade designada e independente.

As partes **integrantes** ou **quantitativas** são as que compõem o todo e nas quais o todo pode ser decomposto mediante a divisão. As partes quantitativas **são da mesma natureza do todo**. Por exemplo: se o todo é uma linha, suas partes integrantes serão linhas; se o todo é uma superfície, as partes integrantes serão superfícies; se o todo é um volume ou um corpo, as partes integrantes serão volumes ou corpos. Da mesma natureza, pois, quer dizer do mesmo gênero, não da mesma espécie: assim, por exemplo, se o todo é uma superfície circular, as partes não serão superfícies circulares, mas arcos ou setores do círculo, e assim por diante.

A divisibilidade corresponde à aditividade pela qual dois ou mais quantos podem ser somados e dar um quanto único, composto de quantos precedentes enquanto suas partes integrantes. Também na aditividade, o todo será do mesmo gênero que suas partes integrantes das quais resulta o composto. Mediante a divisibilidade e aditividade, temos uma espécie de "**definição operacional**" de quantidade, isto é, definimos quantidade mediante as operações que podemos realizar no seu âmbito. Mas, evidentemente, não se trata de uma definição propriamente dita, pois a operação de divisão e adição pressupõem já o conceito de quantidade que está para ser definido.

Outra propriedade da quantidade, imediatamente conhecida pela abstração do objeto sensível e imaginável, é sua **limitabilidade** e **figurabilidade**: todo extenso é (ou pode ser) finito ou limitado, possuir um limite, fim, extremidade. O limite de um volume se diz **superfície**; o limite de uma superfície, linha; o limite de uma linha, ponto. O ponto é **indivi-**

sível e, portanto, não é extenso, mas apenas limite de algo extenso; a linha se diz possuir uma única dimensão, porque seu limite é indivisível; a superfície possui duas dimensões, porque seu limite é unidimensional; o volume possui três dimensões, porque seu limite é bidimensional. Ter três dimensões, portanto, significa que, mediante três divisões (a divisão do volume, a divisão do seu limite e a divisão do limite de seu limite) se exaure a divisibilidade do volume. Considerando o volume como o limite de um extenso mais complexo, temos o conceito de um extenso quadridimensional; o intelecto, no entanto, tem a possibilidade de construí-lo como um ente absolutamente possível, isto é, isento de contradição. Tem, assim, a possibilidade de construir toda uma geometria quadridimensional ou em gênero pluridimensional; a física pode usar entes geométricos pluridimensionais para a descrição dos fenômenos que, pela própria determinação, requerem mais de três parâmetros. Se existem ou podem existir realidades extensas com mais de três dimensões, é uma questão que se tratou em física a propósito da teoria da relatividade de Einstein.

O limite de uma extensão tomada na sua totalidade constitui sua **figura**. Na filosofia escolástica, foi muito discutida a questão sobre a entidade do limite enquanto tal, se é alguma coisa de puramente negativo (nominalistas); se é uma realidade positiva realmente distinta da extensão limitada (Suárez); ou se é a realidade mesma positiva da extensão com o acréscimo da negação de uma extensão ulterior (tomistas).

II.3. As várias espécies do ente quanto

a) A quantidade pode ser **contínua** ou descontínua; e esta, por sua vez, pode ser **contígua** ou **distante** (destacada).

b) O contínuo é o quanto indiviso (ainda que divisível), isto é, **uno** em si (de fato, a unidade acrescenta à noção de extensão a negação da divisão; é um conceito positivo enquanto a divisão como tal é uma negação da extensão e a negação de uma negação é algo positivo).

c) O contínuo, porém, é o quanto no sentido primário e por si a ele deve reduzir-se ultimamente qualquer quantidade, no sentido que cada quantidade ou é contínua ou é composta de contínuos.

d) O **descontínuo** é o quanto **diviso**, portanto, não uno, mas múltiplo, no sentido que cada uma das partes nas quais o quanto é dividido é, em si, indivisa e, por isso, uma unidade; o descontínuo, portanto, é uma multidão de unidades.

e) Se as partes das quais o descontínuo é composto estão em contato (tocam-se) temos o **contíguo**; se não se tocam e distam entre elas, temos uma extensão não só descontínua, mas também **distante** (destacada).

f) Considerando-se que a extensão tem um limite, podemos definir o contínuo como a extensão que é limitada por um **único limite**; o descontínuo como a extensão na qual cada parte possui seu limite distinto do limite de outras partes.

O descontínuo, como dissemos, significa uma multiplicidade de uma unidade, de modo que suas partes são todas do mesmo gênero, sendo partes integrantes de um todo. Qualquer uma dessas unidades, porém, pode ser tomada como medida na multidão. Ora, uma multidão que possa ser medida mediante uma unidade comum, chama-se **número**. O número aplica-se, por isso, primariamente ao descontínuo, à quantidade atualmente dividida, e é aquilo que se chama o **Número natural**, isto é, a série de números inteiros. Mediante uma divisão mental, o número pode ser aplicado, também, à medida de uma quantidade contínua. Se a quantidade contínua pode ser medida em partes alíquotas mediante a unidade assumida para a medida, a sua medida será expressa por um número natural ou inteiro. Se pode ser dividida em partes alíquotas mediante uma fração de unidade, a sua medida será expressa como um número **fracionário**. Se não existe nenhuma fração ou parte alíquota da unidade que possa ser, também, parte alíquota da quantidade contínua a ser medida, não será possível exprimir a medida desta mediante um **número**, isto é, uma multidão de unidades. A descoberta da existência de quantidades incomensuráveis foi um escândalo para o racionalismo grego (Pitágoras); todavia, já Euclides construíra uma teoria para a definição dos que, depois, foram denominados **números irracionais**.

II.4. O problema filosófico do ente quanto

Não trataremos, aqui, dos problemas matemáticos da quantidade, mas do problema filosófico da quantidade, isto é, **o problema da quantidade enquanto ente**.

Não se põe o problema da existência do ente quanto, porque este é um dado imediato da experiência, que não pode ser colocado em dúvida sem se destruir a possibilidade mesma da experiência. Somente um processo lógico injustificável pode concluir a negação do dado pela dificuldade de explicá-lo.

Portanto, o problema não é **se** existe o ente quanto, mas **como** existe o ente quanto, qual é sua **essência metafísica**, o que explica a sua existência e o seu modo de ser com suas propriedades, a divisibilidade e a numerabilidade.

Este é um problema real porque, embora à primeira vista e no seu aspecto formal, a quantidade seja, por si mesma, inteligível a ponto de dar lugar a uma ciência racional e *a priori* (a matemática), todavia, o mundo pelo qual a quantidade implica a noção de ente suscita dificuldades, aporias e antinomias, que conduziram alguns filósofos a negar à quantidade real as propriedades da quantidade ideal (divisibilidade, multiplicidade) ou negar a própria existência da quantidade real.

O problema é frequentemente enunciado: como existem as partes no todo antes da divisão? E a resposta é que existem em potência, e não em ato. Todavia, segundo meu parecer, esse é apenas o primeiro passo no problema metafísico do ente quanto, ou também um corolário. O problema fundamental é: qual deve ser a essência metafísica do ente quanto? Por que as partes do contínuo podem existir em potência, e não em ato?

II.5. Antinomias do contínuo

As dificuldades contra a divisibilidade e multiplicidade do quanto surgem desde o início da filosofia grega: **Parmênides**, tendo concebido o ente absolutamente simples ou unívoco, não via a possibilidade de se distinguir um ente de outro, de dividir um ente em mais entes. E, por isso, conclui a absoluta unidade, imutabilidade, individualidade do ente uno, pleno, contínuo, de forma perfeitamente esférica.

Zenão de Eleia, seu discípulo, confirmou a sua teoria[26] com os famosos quatro argumentos referidos por Aristóteles (a dicotomia, Aquiles, a flecha e o estádio): se o contínuo fosse divisível, deveria ser composto de infinitos pontos, como admitiam os pitagóricos. Mas, então, o movimento seria impossível e se teria que o dobro é igual à metade (ou, no mais ge-

---

[26] Isto é, a teoria de Parmênides. (N. do E.)

ral, qualquer quantidade seria igual a qualquer outra, porque composta do mesmo número de pontos).

Demócrito, admitida a verdade e necessidade da metafísica eleática, busca uma conciliação da metafísica com a matemática e com a experiência, admitindo (além do ente) a existência do não-ente (o vazio), que torna possível a multiplicidade e o movimento do ente. Mas o ente múltiplo é intrinsecamente como o ente único de Parmênides, imutável e indivisível (átomo).

Na época moderna, **Descartes**, fascinado pela clareza do aspecto matemático da quantidade, não vê nenhum problema metafísico implicado na existência de quantidade e da sua divisibilidade. Mas filósofos, tanto escolásticos quanto não escolásticos se viram de tal maneira emaranhados na problemática do ente quanto que não souberam se libertar dela. **Leibniz** e **Kant**, em particular, basearam suas próprias filosofias na impossibilidade de uma solução para esse problema: o sistema das mônadas de Leibniz e o criticismo de Kant.

A **dificuldade principal** comum a ambos os autores pode ser brevemente exposta assim: as substâncias reais devem ser compostas de elementos primeiros simples e indivisíveis, porque, se não existissem elementos simples, não existiria o composto que deles deve resultar (**tese**). Por outro lado, a quantidade não pode ser composta de substâncias simples, mas é divisível ao infinito (**antítese**). Portanto, não pode existir o contínuo geral nem como substância simples, nem como substância composta (= segunda antinomia cosmológica de Kant).

Outras maneiras de propor a antinomia do contínuo:

A presença de partes no contínuo torna o contínuo **contraditório**: de fato, o contínuo, pela sua própria natureza, é **uno**; as partes, pelo contrário, são múltiplas e são **reais**, não menos que o todo, porque o todo depende das partes, e delas recebe sua realidade. Por isso, o contínuo é realmente uno e realmente múltiplo; o que é contraditório.

As partes do contínuo são de **número finito** ou de **número infinito**. Mas não podem ser de número finito, porque então, com um número finito de divisões, exauriria a divisibilidade e se chegaria ao ponto indivisível. Não podem ser em número infinito, porque o número infinito repugna, dado que o número diz, essencialmente, numerabilidade, e o infinito não pode ser numerado. Portanto, o contínuo repugna.

Não podem existir dois (ou mais) números iguais (dois triângulos iguais; em geral, dois entes matemáticos iguais). De fato, não podem diferir na quantidade, porque são iguais; não podem diferir em outro aspecto[27], porque os entes matemáticos fazem abstração de tudo o que não é quantidade.

II.6. Solução do problema pela doutrina do ato e potência

A solução do problema do ente quanto pode partir de vários aspectos do ente quanto, que dão origem às diversas formas de antinomias. O resultado final é sempre aquele da composição do ente quanto por dois princípios distintos, o ato e a potência na ordem do ente enquanto tal.

1. Da divisibilidade

A solução se obtém em duas etapas: a **primeira** nos conduz do conceito de ente (efetivamente, realmente, atualmente) existente ao conceito de ente capaz de existir (que pode existir, possível), isto é, **do ente em ato ao ente em potência**; a **segunda** passa do ente em ato ao ente em potência no **princípio pelo qual** o ente é em ato e em potência. Esses princípios, opostos entre si como o determinável e o determinante; o perfectível e o aperfeiçoante, a capacidade e o ser e, por isso, entre si **realmente distintos**: são o **ato** e a **potência**.

Demonstração: o ente quanto, enquanto existe realmente, efetivamente, atualmente como ente, é **uno em ato**. Por isso, não pode ser múltiplo em ato (isto é, realmente, efetivamente, atualmente). Mas, admitida a sua divisibilidade, pode vir a sê-lo, possui a capacidade de ser múltiplo. Por isso, o ente quanto é **um ente em ato** e **muitos entes em potência**.

Mas o ente quanto não pode realizar em si, realmente e simultaneamente, esses dois aspectos diversos, se não possui em si, realmente e simultaneamente, o **princípio** que o faz ser aquilo que é atualmente (= ato) e o princípio que o faz capaz de ser aquilo que não é atualmente, mas pode ser (= potência).

Portanto, o ente quanto, pela sua divisibilidade em partes integrantes, deve ser composto de dois princípios na ordem do ser, ato e potência, realmente distintos.

---

[27] aspecto = acréscimo ao TD. (N. do E.)

Em outras palavras: o ente quanto, por ser composto de partes integrantes que não são em ato, mas apenas em potência (= pela sua composição no plano horizontal da quantidade), deve ser composto de princípios ou partes essenciais, o ato e a potência (= composição no plano vertical do ser). A composição essencial de ato e potência na ordem do ente é a condição de possibilidade de composição integral na ordem da quantidade.

2. Da multiplicidade numérica

Aquilo que é numericamente multiplicado, não exaure em si a perfeição da sua espécie; isto é, se existem muitos indivíduos da mesma espécie, cada um deles tem a sua perfeição específica em modo limitado e finito. Mas uma perfeição como tal (= uma forma, um ato) não pode ser limitada na sua ordem por si mesma, pela sua própria realidade de perfeição enquanto tal, mas deve ser limitada por um princípio oposto (e, por isso, realmente distinto), que limita, restringe, nega (em certo sentido) aquela perfeição enquanto tal, mas que, ao mesmo tempo, pode se compor com ela, pode recebê-la em si e, mesmo a recebendo em si, a limita e individua, como a matéria recebe em si e individua a forma.

Portanto, cada ente quanto, pelo fato mesmo de sua multiplicidade ou multiplicabilidade numérica, deve ser intrinsecamente composto de dois princípios realmente distintos: um princípio de perfeição e determinação (= forma, ato) e um princípio de limitação e individuação, capaz, porém, daquela determinação e perfeição (= matéria, potência).

Um ente quanto que fosse essencialmente simples, pura forma quantitativa, seria também, necessariamente, único na sua espécie, como as ideias subsistentes de Platão.

II.7. O movimento

II.7.1. A realidade do movimento

Uma das realidades mais imediatas e comuns da nossa experiência no mundo é a do movimento: local, qualitativo, quantitativo, substancial. Tudo o que é em torno de nós no mundo e nós mesmos, mudamos continuamente; tanto que Aristóteles definiu a natureza como a capacidade de movimento e o corpo, como ente móvel. Alguns filósofos, como Heráclito e Bergson, colocaram a própria essência da realidade no puro movimento e devir.

Apenas um filósofo, a bem dizer, teve a ousadia de negar o movimento e afirmar que o ente é absolutamente imóvel: **Parmênides**, com sua escola eleática, na qual o mais conhecido é **Zenão**.

A **problemática do movimento** é análoga à da quantidade, com as antinomias do contínuo; é também análoga a solução, por meio da doutrina do ato e da potência. Frequentemente, portanto, são tratadas simultaneamente, como o próprio Aristóteles o fez.

O **dilema de Parmênides contra o movimento** deriva dos mesmos princípios do ente, dos quais deriva a unidade e a indivisibilidade: o ente é e o não-ente não é; o ente é ser e nada mais do que ser; fora de ser unívoco e imutável, não há nada.

Tudo o que se move, muda, se transforma, ou torna-se ente, ou torna-se não-ente. Não pode tornar-se ente porque já é ser, e não pode vir a ser ser. Não pode tornar-se não-ente, porque o não-ente não é, e o ente não pode vir a ser não-ser. Portanto, nada se move ou muda.

Parmênides, em particular, nega o movimento local, porque o todo é pleno e, no pleno, não pode haver movimento; para que pudesse haver o movimento, deveria haver o vácuo, o vazio, mas o vazio não é. Donde se concluía que o movimento local não pode existir.

Os **argumentos de Zenão** já foram lembrados a propósito do contínuo; ele argumenta contra os pitagóricos que, como a linha deveria ser composta de infinitos pontos, assim também o movimento deveria ser composto de infinitos momentos indivisíveis; mas isso é impossível — seja porque o infinito não pode ser superado, seja porque um momento indivisível não é movimento e, portanto, também na coleção infinita de movimentos indivisíveis, não haveria movimento.

Como foi dito a propósito do problema do ente quanto, a dificuldade de se explicar a natureza do movimento não é um argumento legítimo para negar sua realidade. Nesse sentido, é legítima a refutação de Diógenes que se punha a caminhar entre os eleatas que demonstravam a impossibilidade do movimento. Todavia, se não é lícito negar a realidade do movimento pela dificuldade de sua problemática, o filósofo, porém, não pode se contentar com uma simples refutação do fato, mas deve procurar, também, a solução racional desta problemática, solução que Aristóteles indica através da doutrina do ato e da potência.

II.7.2. As várias espécies de movimento

O termo movimento ou mudança pode ser interpretado em diversos sentidos: mais largo, mais estrito ou impróprio.

Movimento, no sentido impróprio, são a criação e a aniquilação; de fato, na criação e na aniquilação, nada se move ou muda, mas só o ente como todo o seu ser começa a ser, quanto ainda não era absolutamente, ou cessa completamente, quando antes era. A criação e aniquilação, porém, não são eventos naturais e, por isso, a sua exposição não pertence à filosofia da natureza, mas à metafísica e à teologia natural.

A mudança no sentido próprio supõe um sujeito que muda de um estado ou modo de ser a outro estado ou modo de ser; na mudança, portanto, além do sujeito que permanece o mesmo na mudança, requer-se um termo *"a quo"*, do qual tem início a mudança e um termo *"ad quem"*, para o qual tende e termina a mudança. O termo *"ad quem"*, por isso, não é só a conclusão (o fim) da mudança, mas também o objetivo (finalidade) da mudança mesma e esse termo, portanto, **especifica** (determina a natureza) a mudança.

A fim de que a mudança seja real, é necessário que os termos *"a quo"* e *"ad quem"* sejam diversos, distintos e, portanto, de algum modo opostos entre si, sem o que não haveria mudança alguma.

Ora, como sabemos da lógica, há várias espécies de oposição: **oposição contraditória** entre afirmação e negação, e vice-versa, quando um termo nega simplesmente o que o outro afirma, por exemplo, entre vivente e não vivente; a oposição **contrária** e **subcontrária** (ou quase contrária) entre dois termos (maximamente) distantes no mesmo gênero, por exemplo, entre branco e negro, ou entre vermelho e verde.

A diferença fundamental entre os dois gêneros de oposição é que, **na oposição contraditória, não existe** e nem pode existir um **termo médio** entre os dois opostos; por isso, a passagem de um a outro é **imediata** (sem intermediário), **indivisível, brusca, repentina, instantânea**: no mesmo instante em que cessa de existir um, surge o outro (no mesmo instante que cessa de ser vivente, torna-se não-vivente); o cessar de ser um é (por identidade) passar a ser o outro; mudar é já ser mudado.

Na **oposição contrária** (ou quase contrária) **existe um intermédio** entre os dois extremos (e **deve sempre existir um intermédio** e um intermédio entre os intermédios até o infinito, porque de outro modo, se entre dois intermédios não existisse um outro intermédio, a passagem entre estes dois intermédios seria como entre contraditórios); por isso, a passagem ou mudança entre estes dois contrários (ou quase contrários) é **mediata, divisível** (até o infinito), **sucessiva, contínua**, não instantânea, mas **temporal**. Cessando de ser um dos contrários (branco), não é ainda o outro (negro), mas está apensas em vias de tornar-se o outro; mudar já não é ser mudado, mas é existir (por algum tempo) na mudança.

Existem, portanto, duas espécies (muito) diversas de movimento ou mudança: um **instantâneo** (por saltos ou pulos), outro **contínuo** (gradual, sucessivo). Apenas este segundo é um **movimento em sentido estrito** (em grego, *kínesis*); o outro é apenas **mudança em sentido estrito** (*metabolé*). De fato, só no caso do movimento contínuo sucessivo, pode-se dizer que o sujeito **está em movimento** (durante um certo tempo); no outro caso nunca o sujeito **está em movimento**, porque (por assim dizer) apenas se move já acabou de mover-se.

A **mudança** em sentido estrito existe no caso de mudanças substanciais (geração e corrupção) porque uma coisa não pode cessar de ser uma substância sem ter-se transformado já em outra substância, e as espécies e indivíduos substanciais não se distinguem entre si de modo gradualmente contínuo.

O **movimento** em sentido estrito se dá só no **lugar** (movimento local), na **quantidade** (aumento e diminuição) e na **qualidade** (alteração). Na qualidade, podem-se dar todos os dois gêneros de mudanças.

O **movimento em sentido estrito** verifica em si todas as propriedades da quantidade contínua, é um **contínuo fluente**, como a extensão é um **contínuo estático**. Por isso, é divisível em partes integrantes, cada uma das quais é um movimento propriamente dito da mesma natureza do todo; o movimento pode ser atualmente dividido em partes distintas, mas mesmo sendo divisível até o infinito, não pode ser atualmente dividido em partes infinitas e indivisíveis (como a linha não pode ser dividida em infinitos pontos); as partes do movimento contínuo não são partes em ato, mas somente em potência de um todo indiviso e são atuadas, apenas dividindo-se o movimento (mediante uma parada).

II.7.3. A definição aristotélica do movimento

Aristóteles, no livro III da *Física*, capítulo I, dá a famosa definição: "o movimento é o ato do ente em potência, enquanto tal".

Esta definição **não é uma definição** no sentido estrito, feita mediante o gênero e a diferença específica, porque a noção de movimento é uma noção transcendental que não só restringe a um único gênero, mas se verifica também nos gêneros primeiros, diversos. Mais que uma definição, é uma **análise metafísica** do movimento mediante as noções de Ato e Potência que dividem adequadamente o ente como tal.

A análise do movimento não pode ser feita senão **através da noção de ente**, que é a primeira e mais comum de todas as noções e na qual todas as demais noções se reduzem. Também o movimento, portanto, é um ser ou um modo de ser. Isto não significa destruir a noção de movimento e devir, como se quiséssemos reduzir uma noção essencialmente dinâmica a uma noção estática (objeção de Bergson). De fato, a noção de ser **não é uma noção estática** (a não ser na metafísica da univocidade de Parmênides). Na sua transcendentalidade e analogia, abarca seja o ser estável, seja o movimento e devir.

1) O movimento é um **ato**, e não pura potência, pura capacidade de ser, mas um modo de ser atual. A potência enquanto tal é móvel, capaz de movimento. Entrando em movimento, essa capacidade é atuada. Então, o movimento é em ato.

2) O movimento é um ato do **ente**, isto é, o movimento não é um ato puro, pura forma, mas é atuação de um sujeito capaz de movimento. Em duplo sentido, o movimento é o ato de um ente: primeiro enquanto é atuação de um ente existente; segundo, enquanto é um ato que tende a ser como termo e finalidade do movimento mesmo. Se o movimento não tendesse para o ser, cessando o movimento, o sujeito não seria mudado, permaneceria no estado de ser que tinha antes do movimento.

3) O movimento é o ato de um ente **em potência**, isto é, um ato imperfeito que deixa o sujeito em potência para uma ulterior atuação em vista do ato perfeito que é o termo do movimento. Todavia, o movimento não é um ato imperfeito qualquer; de fato, existe também um ato imperfeito estático, que não é movimento, porque não tende atualmente para uma ulterior atuação. Por isso:

4) O movimento é o ato do ente em potência **enquanto tal**, isto é, é um ato potencial ou uma potencialidade atual, uma atual tendência de uma potência à atuação. É o **ato do móvel enquanto móvel**, isto é, a atuação da capacidade de se mover. O ato imperfeito estático é um ato, enquanto foi já (parcialmente) atuado; é em potência enquanto é capaz de atuação, isto é, está em ato enquanto está em ato e está em potência enquanto está em potência. O movimento pelo contrário, é simultânea e indissoluvelmente **ato e potência, atuação potencial como tal**.

O movimento, enquanto ato imperfeito, atual tendência para uma ulterior atuação, é uma **perfeição**, mas não uma **perfeição pura**, e sim uma **perfeição mista**, por isso, **não pode existir movimento em Deus**, que é ato puro, pura perfeição (a não ser em sentido eminente, como atividade imanente, vida, conhecimento e amor, e como causa primeira de todo movimento).

Terceira Parte
ESPAÇO E TEMPO

As **noções de espaço e tempo** com que hoje se costumam definir as condições fundamentais do mundo de nossa experiência não são noções simples obtidas diretamente por abstração da experiência, mas **são noções elaboradas e em parte construídas pelo intelecto**, refletindo sobre os dados da experiência e da sensação. Por isso, alguns filósofos neo-escolásticos falam do espaço e do tempo como **entes de razão** que possuem um fundamento na realidade, mas não são entes reais. Outros autores, depois de Suárez, afirmam também que o espaço é um ente de razão, mas falando de espaço, pretendem se referir a um significado particular da palavra, que para eles é o significado principal, mas que certamente não é o único significado.

Certamente, sendo as noções de espaço e tempo abstraídas e elaboradas pelo intelecto, não podem existir na realidade **do mesmo modo como são concebidas** e existem na mente. Isso vale de todos os conceitos abstraídos e, em particular, dos conceitos obtidos por elaboração intelectual. Mas isso não significa que o que é concebido com esses conceitos não seja um ente real.

Por isso, nós preferimos dizer que o espaço e tempo (no sentido em que serão definidos) **são entes reais**, mesmo que só na mente recebam a plena formulação e último complemento.

III.1. O espaço

O termo **espaço**, no latim e nas línguas modernas derivadas do latim, **tem** muitos significados, bastante diferentes — seja na linguagem comum, seja na científica, matemática, fisiológica, psicológica, física e filosófica. Aqui, limitar-nos-emos a indicar alguns significados mais importantes para nossa questão, notando que em grego e, portanto, em Aristóteles, não existe termo correspondente.

a) **Espaço matemático** é o objeto da geometria e, sucessivamente, das outras ciências mais abstratas dela derivadas, como a topologia; não é senão a **pura extensão**, considerada em si e por si, como ente absolutamente possível; é um conceito abstrato, mas não é um ente de razão, mas um ente real que pode, absolutamente, existir. Na presente questão, não nos referimos a esse espaço abstrato, mas a um espaço mais concreto, que se refere ao mundo real existente.

b) **Espaço visivo**, tátil e dos outros sentidos é o **campo** total, global da vista, do tato, etc., cada vez que o sentido atualmente vê ou sente, etc... O espaço visivo é como o quadro, o cenário, a moldura, na qual devem entrar os objetos para serem atualmente visíveis; cada objeto pode entrar e sair do campo visivo, aparecer e desaparecer; virando os olhos ou a cabeça, transformam-se inteiramente todos os objetos materiais contidos no quadro, mas o espaço visivo, de alguma maneira, permanece o mesmo. Enquanto o olho permaneça aberto e em condições fisiologicamente normais, o espaço visivo não pode ser eliminado ou alterado. O espaço visivo é finito e limitado pela estrutura mesma do olho, embora os limites[28] não apareçam de modo nítido, mas vão como que se diluindo até o nada. Todavia, o espaço visivo tomado objetivamente não é construído de modo diverso do conjunto de todos os objetos atualmente visíveis. Algo de semelhante, se bem que de modo menos vivo, está presente também em todos os outros sentidos e constitui o espaço próprio de cada um deles.

---

[28] TD: embora limites... (N. do E.)

c) **Espaço imaginativo** é para a imaginação ou fantasia o análogo daquele que é o campo visivo para o olho. Também para a nossa imaginação, além de cada imagem, está sempre presente um quadro global, um espaço objetivo que, porém, não é finito e limitado, mas se estende indefinidamente em todas as direções. Se quero imaginar um objeto qualquer, devo pô-lo e, automaticamente, ponho-o em um lugar determinado do meu espaço imaginativo; este é, portanto, como que a condição de existência e de possibilidade de cada objeto imaginário: nenhum objeto pode ser imaginado se não é posto em um lugar de meu espaço imaginativo. Diferentemente do espaço visivo, o qual é necessariamente **cheio** de objetos visíveis, o espaço imaginativo pode ser parcialmente **vazio** de objetos particulares. Posso, ainda com a imaginação, eliminar todos os espaços imagináveis, particulares, e então, na minha imaginação, permanecerá **um espaço completamente vazio**, como uma extensão indefinida, homogênea, obscura, semelhante àquela imagem que permanece na minha consciência quando fecho os olhos e desaparece o espaço visivo. Mas, enquanto minha imaginação está em atividade (e a imaginação está sempre em atividade, enquanto a minha consciência está, de algum modo, desperta), não posso eliminar o espaço imaginativo, que permanece sempre como o **fundo imutável e que não pode ser eliminado de minha imaginação**. A razão desta não eliminabilidade é que **a imaginação é uma faculdade orgânica**, material, espacial e, por isso, outro tanto deve ser seu objeto; e de outra parte, não é possível que a imaginação esteja em atividade sem que possua um objeto presente.

d) **Espaço imaginário** (vazio): no conceito e no juízo intelectivo. O intelecto, refletindo sobre a fantasia e sobre os sentidos, pode apreender intelectualmente estes dados da imaginação e dos sentidos e formar o *conceito* de espaço imaginário, que reproduz as notas objetivas do espaço imaginativo segundo seu objeto formal, isto é, concebe o espaço imaginativo **como ente**, isto é, como necessariamente concebe não só cada realidade positiva, mas também a **negação** e a **privação**. O **espaço imaginário, concebido pelo intelecto**, é uma extensão infinita, absolutamente vazia, independente e antecedente a qualquer corpo particular e capaz de ser preenchida por estes. O espaço vazio imaginário é, necessariamente, **concebido à maneira de ente**; mas o intelecto no juízo pode afirmar a sua realidade e verdade, e pode negá-la; isto é, pode julgar o espaço vazio imaginário como um **ente**

real ou como um **ente de razão**, que existe como ente só na razão, mas não pode existir realmente. De fato, dada a dependência extrínseca do intelecto em relação aos sentidos, sem uma suficiente reflexão e análise intelectual, o intelecto pode ser facilmente levado a julgar afirmativamente a realidade do espaço imaginário; mas pode, também, superar os sentidos e não sendo ligado intrinsecamente à matéria (como o são estes), pode mesmo **negar** esta realidade.

e) **Espaço físico**: definamos, inicialmente, o espaço físico, independentemente das opiniões que dele têm tido os filósofos e também independentemente da noção de espaço imaginário definida acima. Demos uma **definição operativa**: entendamos, aqui, por espaço físico aquela noção ou aquela **grandeza mensurável de que faz uso com tal nome a ciência física**. O espaço é introduzido na Física desde o início da primeira e mais elementar parte da Física, a **Cinemática**, que estuda o movimento dos corpos; e é introduzido precisamente como **uma das grandezas fundamentais** que, junto com o tempo, são **necessárias para determinar o movimento e a posição dos corpos**. A sua unidade de medida é o centímetro, se o espaço é tomado no seu significado mais elementar e primitivo, como **comprimento**, ou o centímetro cúbico, se o espaço é tomado no seu significado mais completo, mas já derivado, **de volume**.

Nota: O uso da palavra "espaço", neste sentido, não existe só na física moderna, mas já explicitamente na filosofia medieval e, em particular, em Santo Tomás, nos seus comentários à *Física* de Aristóteles. **Em outra parte**, porém, o mesmo Santo Tomás usa a palavra "espaço" para significar o "espaço **vazio** imaginário". E este uso, depois, prevaleceu na filosofia escolástica posterior, especialmente em **Suárez**, que nas suas *Disputationes metaphysicae*, fala longamente do "espaço", entendendo sempre com tal palavra o vazio absoluto (metafísico), pura negação, concebida como capaz de conter todos os corpos.

III.2. O tempo

Embora o **problema ontológico** do tempo seja mais difícil e intrincado do que o do espaço, contudo, a **noção** de tempo parece mais simples e imediata e o uso da palavra "tempo" é mais uniforme, na vida cotidiana, na filosofia e na ciência. Diferentemente do que foi dito da palavra "espaço", existe em grego um termo (*chrónos*) que corresponde perfeitamente à palavra latina *tempus* e às palavras dela derivadas nas diversas línguas modernas. Por isso, também Aristóteles tratou explicitamente e formalmente da noção de tempo. Podemos, contudo, distinguir vários significados, análogos aos do espaço.

a) **Tempo psicológico** — A noção de tempo tem origem imediata na nossa consciência, que não só percebe as diversas sensações externas e internas, sentimentos e movimentos, mas também percebe sua maior ou menor **duração** e sua **sucessão** ou **com- presença**: percebe uma sensação auditiva **sucessiva** e uma sensação visível, uma sensação táctil, **simultânea** a uma sensação dolorosa. A sensação atual é chamada **presente** e as sensações presentes ao mesmo tempo são chamadas simultâneas; a sensação precedente, que não é mais atual, mas é conservada na memória, é chamada **passada**; a sensação que é antecipada na minha expectativa, mas não é ainda atual, é chamada **futura**. O **fluxo contínuo** de sensações passadas, presentes e futuras, percebidas e unificadas na minha consciência, constitui, precisamente, o **tempo psicológico**.

O tempo psicológico, por isso, é uma **unidade duplamente centralizada**: centralizada na **unidade do eu consciente** e na **unidade do presente**, onde continua o passado e que, por sua vez, continua no futuro.

A consciência não só percebe o **fluxo contínuo do tempo**, mas também é capaz de avaliá-lo, medi-lo, dar-lhe um ritmo (um número). Como a vista é o sentido que nos fornece mais vivamente a sensação espacial, assim o ouvido (por exemplo, no canto) e o sentido do tato[29] (por exemplo, na dança) são aqueles que nos oferecem mais vivamente a percepção do tempo e do seu ritmo.

b) **Tempo físico** — A consciência não só percebe o fluxo contínuo das próprias sensações, percepções e afetos, mas também, através das sensações externas, percebe a duração e a sucessão dos objetos e movimentos externos, que nas sensações objetivas da vista, ouvido, tato, etc., acompanham, duram e se sucedem paralelamente ao fluxo contínuo da nossa consciência. Este fluxo, objetivo e contínuo de coisas e movimentos externos, é o **tempo físico do mundo real de nossa experiência**.

---

[29] do tato = acréscimo conjectural ao TD. (N. do E.)

A esse tempo físico são atribuídas as mesmas propriedades do tempo psicológico, sucessão contínua de passado, presente e futuro, simultaneidade de eventos diversos, unidade centralizada em um único fluxo contínuo de todas as coisas e eventos do único e unitário mundo egocêntrico da nossa experiência.

c) **Tempo imaginário**: Por um processo análogo àquele pelo qual do espaço dos sentidos e da imaginação formamos o conceito de um espaço vazio e subsistente automaticamente a modo de ente, assim, do tempo percebido pela consciência, pelos sentidos e pela imaginação, abstraímos um conceito de **tempo subsistente** por si mesmo, como único fluxo contínuo que tudo abarca, no qual são colocados os eventos e movimentos singulares e que é a condição mesma da existência deles e, portanto, é independente deles e os precede, acompanha e segue, transcorrendo homogeneamente e indefinidamente, do infinito passado para o infinito futuro. Sobre a natureza do tempo imaginário, sobre sua **necessidade para a imaginação** e sobre o juízo que o intelecto pode fazer sobre ele, deve-se aplicar tudo o que foi dito a propósito do espaço imaginário.

d) **A definição aristotélica do tempo**: "o tempo é o número (a medida) do movimento (e do repouso) segundo o antes e o depois (do movimento)". Livro IV da *Física*, cc. 11-14.

III.3. Espaço e tempo absolutos (Newton)

A existência de um espaço absoluto e de um tempo absoluto, como realidades em si subsistentes, independentemente e antecedentemente a todas as coisas e eventos particulares, como receptáculo ou lugar universal, nos quais devem ser colocadas todas as coisas e eventos particulares para poderem existir, por si mesmos absolutamente vazios, mas capazes de serem preenchidos, é uma opinião, que parece **largamente difundida** no modo de pensar do homem moderno, e é certamente conexa com a concepção pós-copernicana do universo. Mas ela se encontra, ainda que não em forma assim explícita, também na Antiguidade e na Idade Média, podendo-se considerar como a simples afirmação, por parte do intelecto, do espaço e do tempo da imaginação.

Na **filosofia grega**, encontra-se explicitamente afirmada em relação ao espaço por Demócrito que, contra Parmênides — que reduzia a realidade a uma esfera plena, imóvel e imutável — afirma a existência real do **vazio** (não-ente), não menos real que o pleno (ente). A doutrina de Demócrito sobre o vazio é longamente analisada por Aristóteles no livro IV da *Física*, cc. 6-9, onde mostra o absurdo desta doutrina, que atribui a existência do não-ente, e que não é necessária, nem útil para explicar a multiplicidade e o movimento das coisas. O comentário de Santo Tomás a Aristóteles não acrescenta nada de novo.

A questão do espaço vazio (absoluto ou imaginário) é retomada e discutida amplamente por **Suárez**. Ele afirma que o **espaço imaginário** não é um ente real, porque é em si contraditório, mas é um puro **ente de razão** (como a negação e a privação) que, todavia, possui um **fundamento real**, enquanto serve à nossa mente para descrever o **lugar absoluto** e o **movimento absoluto** dos corpos, isto é, que os corpos possuem independentemente e antecedentemente ao contato recíproco com os outros corpos e que teriam, também, se não estivessem em contato com nenhum corpo ou lugar concreto. O conceito de espaço imaginário é, assim, útil, necessário, não apenas na consideração dos corpos e de seu lugar material, mas também para explicar o lugar espiritual dos entes imateriais e a mesma **imensidade divina** — que, para Suárez, significa que "Deus é, agora, atualmente presente fora do mundo, nos **infinitos espaços imaginários**". A doutrina de Suárez teve grande influxo nos filósofos escolásticos posteriores, seja na parte negativa (não é ente real), seja na parte positiva (possui um fundamento real); e também filósofos do século XX discutiram muito sobre os problemas e as hipóteses que se podiam fazer em relação a esse espaço imaginário, que para nós não é senão pura fantasia.

Teve maior importância na história da filosofia e da ciência a doutrina de Newton, o fundador da mecânica moderna. Newton, no escólio inicial de seu tratado *Philosophiae naturalis principia mathematica*, afirma que na física, como ciência do movimento, é preciso distinguir entre **movimento aparente e movimento real**, e que o movimento verdadeiro e real não pode ser definido, a não ser em ordem a um espaço real, verdadeiro e absoluto e a um tempo absoluto, verdadeiro e matemático, que em si, e por sua natureza, não dizem relação a nenhum dos espaços e tempos empíricos, objetos de nossos sentidos. No escólio final da mesma obra, afirma que Deus, mesmo com sua eternidade e ubiquidade, **constitui** o tempo absoluto e o espaço absoluto.

De fato, porém, em todo o corpo de seu tratado, Newton descreve as leis do movimento e da mecânica quer terrestre, quer celeste, sem nunca fazer referência ao espaço e tempo absolutos, dado que pela assim chamada "relatividade galileana", não é necessária esta referência na descrição de qualquer fenômeno mecânico, como veremos a seguir.

O **juízo** sobre a realidade do espaço e do tempo absolutos deve ser **absolutamente negativo**: o espaço e o tempo absolutos são **entidades contraditórias e absurdas**, puras fantasias, que não podem ser necessárias e nem úteis ao intelecto para descrever qualquer fenômeno ou relação real. O espaço imaginativo e o tempo imaginativo são necessários para a imaginação que, sendo uma faculdade orgânica material, não pode prescindir, no seu objeto, das condições espaciais e temporais; mas o **intelecto**, por sua imaterialidade, pode ultrapassar estas condições e **pode pensar e afirmar (não imaginar!)** que o espaço absoluto (o vazio metafísico fora do universo!) e o tempo absoluto (o tempo vazio infinito de antes da criação) não existem e não **têm** sentido inteligível, porque intrinsecamente contraditórios.

Portanto, o **espaço real**, o espaço físico, é constituído simplesmente pelo **conjunto dos corpos reais**, por suas dimensões e pelas correlações espaciais que sobre eles se fundam. Semelhantemente, o **tempo real**, o tempo físico, é constituído pelo **conjunto dos processos e movimentos reais**, e pela **sua** correlação da anterioridade, simultaneidade e posterioridade. Fora do espaço físico e do tempo físico, não há nada de espacial e temporal; **não existe** um "**fora do universo**" ou um "antes do início do mundo". Deus e os espíritos como seres puramente espirituais são absolutamente a-espaciais e a-temporais.

As **tarefas** que o homem comum, filósofos e cientistas **atribuíram ao espaço e tempo absolutos** ou são puramente imaginárias (isto é, devidos à imaginação e à sua dependência das condições materiais), ou podem ser completamente desempenhadas pelo **conjunto dos corpos reais e eventos reais**, nas suas dimensões ou em sua mensurabilidade.

III.4. A subjetivação do espaço e do tempo (Kant)

Kant, aceitando a ciência newtoniana como ciência verdadeira e necessária (toda a sua *Crítica da Razão Pura* quer ser uma justificação da ciência newtoniana contra a doutrina dos empiristas e, particularmente, de Hume), **rejeita, porém, o realismo de Newton** a respeito do conhecimento em geral e, especialmente, no que toca ao **espaço e tempo absolutos**. "Aqueles que tomam o espaço e o tempo como subsistentes por si mesmos (partido comumente seguido pelos físico-matemáticos), têm que admitir duas quimeras (espaço e tempo), eternas e infinitas, que só existem (sem que seja algo real) para compreender, em seu seio, tudo quanto é real."[30] "Ao considerar tempo e espaço nas coisas em si para sua possibilidade, reflita-se nos absurdos a que chegam, admitindo duas coisas infinitas sem ser substâncias, nem algo realmente inerente nelas, mas que devem ser algo existente para condição necessária de existência para todos os objetos, e que subsistiriam, ainda, mesmo que cessassem de existir todas as coisas."[31]

---

[30] Lima Vaz reproduz o pensamento de Kant, sem se preocupar com uma exatidão literal. A passagem a que ele se refere é: "Pois, caso se decidam pela primeira alternativa (que costuma ser o partido dos investigadores matemáticos da natureza), eles têm de assumir duas não coisas, subsistentes por si mesmas, eternas e infinitas (o espaço e o tempo), que existem (sem que exista contudo algo real) apenas para englobar em si todo o real". KANT, I., *Crítica da razão pura*. Trad. F. C. Mattos. Petrópolis: Vozes; Bragança Paulista: Editora Universitária São Francisco, 2015, p. 85. No original alemão: "*Denn, entschließen sie sich zum ersteren (welches gemeiniglich die Partei der mathematischen Naturforscher ist), so müssen sie zwei ewige und unendliche vor sich bestehende Undinge (Raum und Zeit) annehmen, welche dasind (ohne daß doch etwas Wirkliches ist), nur um alles Wirkliche in sich zu befassen*". KANT, I., *Kritik der reinen Vernunft*. Frankfurt am Main: Suhrkamp Verlag, 1974, B 56. (N. do E.).

[31] Lima Vaz reproduz o pensamento de Kant, sem se preocupar com uma exatidão literal. A passagem a que ele se refere é: "Pois, caso se considere o espaço e o tempo como propriedades constitutivas que, segundo sua possibilidade, teriam de ser encontradas nas coisas em si, e se reflita sobre as incongruências em que se cai quando duas coisas infinitas, que não podem ser substâncias nem tampouco algo real inerente às substâncias, mas têm de ser algo existente, ou mesmo a condição necessária da existência de todas as coisas, permanecem mesmo que todas as coisas existentes sejam suprimidas". KANT, I., *Crítica da razão pura*. Trad. F. C. Mattos. Petrópolis: Vozes; Bragança Paulista: Editora Universitária São Francisco, 2015, p. 94. No original alemão: "*Denn, wenn man den Raum und die Zeit als Beschaffenheiten ansieht, die ihrer Möglichkeit nach in Sachen an sich angetroffen werden müßten, und überdenkt die Ungereimtheiten, in die man sich als denn verwickelt, indem zwei unendliche Dinge, die nicht Substanzen, auch nicht etwas wirklich den Substanzen Inhärierendes, dennoch aber Existierendes, ja die notwendige Bedingung der Existenz aller Dinge sein müssen, auch übrig bleiben, wenn gleich alle existierende Dinge aufgehoben werden*". KANT, I., *Kritik der reinen Vernunft*. Frankfurt am Main: Suhrkamp Verlag,

Kant **rejeita** também que as noções de espaço e tempo possam ser obtidas por **abstração a partir da experiência**, porque o espaço e o tempo, como todas as noções científicas, são absolutamente necessários e universais e, segundo a teoria empirista, que Kant aceita neste ponto, **nada de universal e necessário** pode ser obtido *a posteriori* da experiência. Por isso, as noções do espaço e tempo devem ser *a priori*, **antecedentes à experiência** e (não podendo ser propriedade das coisas), deverão ser formas[32] puramente subjetivas.

Enfim, espaço e tempo **não são conceitos** ou categorias do intelecto, mas **formas *a priori* da sensibilidade**, ou da intuição sensível. O espaço é a forma do sentido externo, o tempo é a forma do sentido interno. A razão é que os conceitos podem ser predicados de muitos indivíduos distintos, enquanto o espaço e tempo são onicompreensivos; há um espaço único universal e, assim, também o tempo. Por isso, não são conceitos gerais, mas **intuições também (não empíricas)** *a priori*.

Kant conclui: "Espaço e tempo são tais que pertencem à forma subjetiva da intuição e, por conseguinte, à qualidade subjetiva do nosso espírito, sem a qual esses predicados jamais poderiam ser atribuídos a coisa alguma"[33]. "Para nós, é completamente desconhecida qual possa ser a natureza das coisas em si, independentes de toda receptividade da nossa

---

1974, B 70. Na continuação dessa passagem, a conclusão de Kant é que, ao se refletir sobre essas incongruências, admite-se que tomar tempo e espaço como entes resulta em dar razão a Berkeley, reduzindo corpos a uma ilusão (N. do E.)

[32] TD: ...deverão ser das formas... (N. do E.).

[33] Lima Vaz reproduz o pensamento de Kant, sem se preocupar com uma exatidão literal. A passagem a que ele se refere é: "O que são então o espaço e o tempo? São entes reais? São apenas, de fato, determinações [...] ou são tais que só se ligam à forma da intuição e, portanto, à constituição subjetiva de nossa mente, sem a qual esses predicados não poderiam ser atribuídos a coisa alguma?". KANT, I., *Crítica da razão pura*. Trad. F. C. Mattos. Petrópolis: Vozes; Bragança Paulista: Editora Universitária São Francisco, 2015, p. 73. No original alemão: No original: "*Was sind nun Raum und Zeit? Sind es wirkliche Wesen? Sind es zwar nur Bestimmungen [...] oder sind sie solche, die nur an der Form der Anschauung allein haften, und mithin an der subjektiven Beschaffenheit unseres Gemüts, ohne welche diese Prädikate gar keinem Dinge beigeleget werden können?*". KANT, I., *Kritik der reinen Vernunft*. Frankfurt am Main: Suhrkamp Verlag, 1974, B 37-38. Na verdade, a citação de Kant contém perguntas sobre o que são espaço e tempo. A leitura do texto mostra que Kant opta pela última alternativa, a citada por Lima Vaz (N. do E.).

sensibilidade. Não conhecemos delas senão a maneira que temos de percebê-las [...] enquanto elas nos aparecem a nós como fenômenos."[34]
A **doutrina de Kant** sobre o espaço e o tempo, sendo essencialmente baseada em pressupostos newtonianos e, em parte, empiristas, **cai** com a **rejeição** desses pressupostos. Mas deve ser também **rejeitada à base de nossa experiência**, a partir da psicologia genética e por força do próprio progresso científico.

De fato, espaço e tempo, não são formas inatas e imutáveis do espírito humano, mas são noções[35] **formadas gradualmente** pela evolução psicológica individual e coletiva, pela experiência progressiva feita no exercício das sensações externas e internas, pela reflexão filosófica e pelo progresso da própria ciência, que reconheceu as formas de espaço e tempo newtonianas não só como supérfluas na descrição dos fenômenos, mas como inconciliáveis com o próprio fenômeno.

A forma de **espaço** de Kant serve mais diretamente como base da matemática e da geometria e é a forma de **espaço** da geometria[36] **de Euclides**, que é também a forma de nossa intuição sensível. Mas os progressos da matemática dos séculos XIX e XX mostraram que a geometria euclidiana não é senão uma das muitas geometrias possíveis. As **geometrias pluridimensionais** e **não euclidianas**, que não são conciliáveis com a forma da intuição espacial de Kant, não correspondem a nenhuma condição subjetiva da intuição preexistente no sujeito, mas criam possibilidades novas de intuição e de relações espaciais. A intuição sensível é vinculada à forma

---

[34] Lima Vaz reproduz o pensamento de Kant, sem se preocupar com uma exatidão literal. A passagem a que ele se refere é: "O que poderiam ser os objetos em si mesmos, apartados de toda essa receptividade de nossa sensibilidade, permanece inteiramente desconhecido para nós. Nós conhecemos apenas o nosso modo de percebê-los, que nos é próprio e que, embora presente em todo homem, não tem de sê-lo em todo ser". KANT, I., *Crítica da razão pura*. Trad. F. C. Mattos. Petrópolis: Vozes; Bragança Paulista: Editora Universitária São Francisco, 2015, p. 87. No original alemão: *"Was es für eine Bewandtnis mit den Gegenständen an sich und abgesondert von aller dieser Rezeptivität unserer Sinnlichkeit haben möge, bleibt uns gänzlich unbekannt. Wir kennen nichts, als unsere Art, sie wahrzunehmen, die uns eigentümlich ist, die auch nicht notwendig jedem Wesen, ob zwar jedem Menschen, zukommen muß"*. KANT, I., *Kritik der reinen Vernunft*. Frankfurt am Main: Suhrkamp Verlag, 1974, B 59. (N. do E.).

[35] noções: acréscimo ao TD. (N. do E.)

[36] da geometria: acréscimo ao TD. (N. do E.)

do espaço euclidiano (e, nesse ponto, Kant tem razão); mas não é essa intuição sensível que funda a geometria, mas o juízo intelectivo, e este não é vinculado a uma forma *a priori* kantiana. Também na física da **relatividade geral** de Einstein, o espaço do universo não é euclidiano e, assim, não corresponde a uma forma *a priori* kantiana. Esta não é, portanto, uma **condição subjetiva necessária**, nem a **forma sobre a qual se funda a possibilidade da ciência**.

A forma do **tempo** recebeu uma crítica semelhante por parte da relatividade especial: o tempo não é uma **forma universal e necessária**, não existe um **tempo único universal**, nem como realidade subsistente em si (Newton), nem como condição subjetiva *a priori* (Kant); existe, isto sim, um tempo intrínseco próprio de cada fenômeno ou sistema de corpos, e o sujeito cognoscente pode medir e coordenar os vários tempos próprios segundo leis, que não são estabelecidas *a priori* pelo sujeito cognoscente, mas são obtidas através da observação experimental, *a posteriori*.

Portanto, a doutrina das formas *a priori* de Kant não é conciliável nem com a experiência direta da consciência individual, nem com os fundamentos reais e progressos efetivos da ciência.

III.5. Espaço e tempo como formas abstratas da experiência

O espaço físico e o tempo físico, isto é, as noções de espaço e tempo que são usadas na ciência na descrição e explicação dos fenômenos mecânicos (e, consequentemente, de todos os fenômenos físicos), são conceitos que o intelecto gradualmente forma, **abstraindo da experiência** e que se transformam e progridem juntamente com a experiência. Esta origem experimental dos conceitos e seu sucessivo controle experimental asseguram que o que é conhecido através deles é uma **propriedade das coisas reais** (não uma forma subjetiva); mas **realmente identificada com os corpos reais externos e com seu movimento real** (não uma realidade subsistente separada).

Em que consiste, mais em particular, essa abstração, com a qual passamos da extensão real dos corpos e do movimento real, percebidos diretamente, aos conceitos de espaço e de tempo? De fato, embora sendo realmente idênticos à extensão e ao movimento, o espaço e o tempo são, todavia, concebidos de modo diverso ao da extensão real e do movimento real, isto é, são distintos na mente.

A diferença está no fato de que o **espaço e o tempo comportam a extensão e o movimento**, não na sua realidade concreta e específica (como tal espécie de corpo, ou tal espécie de movimento), mas só (abstratamente) na sua **mensurabilidade e comensurabilidade**. Desse maior grau de abstração, derivam as propriedades características do espaço e do tempo. Duas grandezas iguais, mesmo sendo individual e concretamente distintas, têm **uma só e mesma medida**; dois movimentos simultâneos, mesmo materialmente distintos, têm uma única medida temporal, isto é, dão-se no **mesmo** tempo.

A doutrina geral da **abstração** (que a filosofia aristotélica e escolástica defendem, seja contra o racionalismo inatista e subjetivista, seja contra o puro empirismo) permite justificar seja o **valor objetivo** dos conceitos abstratos ("*quoad id quod concipitur, non quoad modum quo concipitur*"), seja o seu valor universal e necessário, que funda a possibilidade de uma verdadeira ciência (não, porém, um valor absoluto e imutável, mas sempre dependente de progresso da experiência, da qual os conceitos são abstraídos). A doutrina da abstração concilia, assim, os direitos da razão e da experiência, que, pelo contrário, são sacrificados, de um modo ou de outro, pelas doutrinas opostas.

Em suma, **espaço e tempo** são entes reais, mas **concebidos abstratamente** a partir da experiência do espaço e do tempo dos sentidos e da imaginação, e com o aperfeiçoamento científico da própria experiência.

III.6. A relatividade do espaço e do tempo (Einstein)

III.6.1. A relatividade galileana

A afirmação de Newton sobre a necessidade de se referir ao espaço e tempo absolutos o movimento dos corpos, não tinha nenhum fundamento científico. De fato, já Galileu (na sua luta pela defesa do movimento real da Terra em torno do Sol) tinha reconhecido e provado o que Einstein chama "princípio da relatividade galileana", que afirma: "Todos os fenômenos mecânicos internos a um sistema inercial (isto é, um conjunto de corpos subtraído a forças externas e que, portanto, está em repouso ou se move com um movimento retilíneo uniforme) se desenvolvem de modo uniforme"; em outras palavras: "as leis do movimento e de todos os fenômenos mecânicos são invariantes com referência a qualquer sistema inercial". Em consequência, nenhum fenômeno mecânico interno a um sistema de corpos que não sofra influxos de forças externas pode manifestar o estado de repouso ou o movimento retilíneo uniforme do próprio sistema. Por essa razão, já que a Terra, no seu movimento em torno do Sol, é praticamente um sistema inercial que se move com movimento uniforme, nenhum fenômeno mecânico sucedido na Terra pode mostrar se ela está parada ou se move.

A relatividade galileana faz ver a inutilidade do espaço e tempo absolutos em Newton, porque qualquer sistema inercial goza das mesmas propriedades que Newton atribuía ao espaço absoluto.

A relatividade galileana se funda no **princípio de inércia**, põe uma **diferença essencial** entre sistema **inercial** (em movimento retilíneo uniforme) e sistema **não-inercial** (acelerado sob a ação das forças externas), refere-se apenas aos **fenômenos mecânicos** (não se refere aos fenômenos eletromagnéticos), tem sua expressão matemática nas "equações de transformação galileana", que dão o modo de passar das medidas de um fenômeno, obtidas em um sistema inercial, às que se obteriam em outro sistema inercial.

Em relação ao tempo, a relatividade galileana admite um tempo único universal, comum a todos os eventos e observadores do universo, o qual é semelhante ao tempo absoluto de Newton.

III.6.2. Os fenômenos eletromagnéticos e o campo eletromagnético de Maxwell

Com a descoberta dos fenômenos elétricos e eletromagnéticos e com a formulação da teoria eletromagnética de Maxwell (1868), parecia que as coisas deveriam mudar e que deveria ser possível determinar o **movimento absoluto** dos corpos em relação a um **espaço absolutamente imóvel**.

De fato, as equações do campo eletromagnético **não são invariantes** (matematicamente) em relação a uma transformação galileana; o campo eletromagnético não é deslocado pelo movimento dos corpos, os quais se movem através do campo, deixando-o imóvel. Por isso, para explicar o campo eletromagnético, foi proposta a **hipótese** de uma substância material imóvel e contínua, que se compenetra com os próprios corpos, sem criar obstáculos ao seu movimento, chamada éter.

Cria-se, portanto, que os fenômenos eletromagnéticos devessem sofrer **modificações devido ao movimento** dos corpos através do éter imóvel, isto é, deveria haver fenômenos experimentáveis causados por esse movimento, ou ainda, que o movimento através do éter produziria uma espécie de "**vento etéreo**" (análogo ao fenômeno causado pelo movimento dos corpos através do ar).

Também outros fenômenos e experimentos conduziam à mesma pressuposição: por exemplo, a aberração estelar, os experimentos de Fizeau sobre a velocidade da luz na água em movimento, etc., os quais confirmavam que o éter (o campo eletromagnético; a luz, um fenômeno eletromagnético) é arrastado pelos corpos que se movem através deste.

III.6.3. O experimento de Michelson e o seu êxito negativo

Para descobrir o vento etéreo (isto é, os efeitos eletromagnéticos devidos ao movimento dos corpos através do éter), depois de outros experimentos infrutíferos feitos por Arago, Fresnel e Fizeau; Michelson efetuou um novo experimento decisivo, repetido em seguida por muitos cientistas diferentes, mas sempre com o mesmo resultado.

O experimento de Michelson consiste em confrontar entre si, fazendo-os convergir, dois raios luminosos com percurso ortogonal. Dado o movimento da Terra em volta do Sol, que pode ser considerado praticamente retilíneo e uniforme, e que tem uma velocidade de 30km/s, os dois raios procedem um na direção do movimento terrestre e o outro, na direção perpendicular. Portanto, se o movimento dos corpos produz uma variação no fenômeno eletromagnético, os dois raios luminosos deveriam ter sofrido deslocamentos na fase da onda e, por isto, **deveriam ter sido observados fenômenos de interferência** que tinham sido exatamente calculados.

O resultado deste experimento e de todos os outros semelhantes foi absolutamente negativo: **nenhum fenômeno eletromagnético é capaz de manifestar os movimentos dos corpos através do éter**. A luz procede sempre com a mesma velocidade, seja que o observador vá ao seu encontro ou se afaste, ou se mova em sentido ortogonal à direção do raio luminoso, ou esteja simplesmente em repouso.

Antes de se propor[37] para explicar esse resultado, uma explicação análoga àquela que Galileu tinha dado para explicar a ausência de fenômenos mecânicos, devido ao movimento da Terra, foram propostas várias hipóteses que permitissem conservar as velhas teorias, os princípios da mecânica newtoniana, explicando a ausência dos fenômenos esperados pela presença de outros fenômenos desconhecidos que contrabalançariam os efeitos previstos. Todas as soluções propostas, porém, eram insuficientes ou, por um **motivo metodológico** geral, que não considera lícitas **hipóteses de efeitos ocultos criadas de propósito** para salvar o valor de velhas teorias comprometidas por novos fenômenos inexplicáveis pelas velhas teorias (há, porém, exemplos de hipóteses inicialmente propostas dessa maneira, que depois foram confirmadas com o progresso da ciência, por exemplo, a hipótese do neutrino de Fermi), ou simplesmente porque estavam em contraste com outros fenômenos.

Uma hipótese desse último tipo era a **hipótese balística da luz** de Ritz de La Rosa, que supunha que a velocidade própria do raio luminoso se somasse à velocidade da fonte luminosa (como na mecânica, a velocidade de um projétil é a soma da velocidade de um corpo lançado com a velocidade causada pela explosão). Esta hipótese está em contraste com outros experimentos e observações (por exemplo, a observação astronômica das "estrelas duplas"), das quais se conclui que a **velocidade do raio luminoso é sempre a mesma**, qualquer que seja o estado de movimento da fonte luminosa (como a velocidade do som no ar é sempre a mesma, qualquer que seja o estado de movimento da fonte sonora).

III.6.4. Os postulados fundamentais da relatividade especial de Einstein

Foi então que Einstein propôs a sua teoria, que (à semelhança do que havia feito Galileu) assumia como **postulados fundamentais** os resultados diretos da experiência e, à base desses postulados gerais, procurava explicar **todos os fenômenos conhecidos**, deduzindo-os como consequências daqueles postulados. Mas, ao mesmo tempo, corrigia radicalmente as velhas teorias sobre as quais estava baseada toda a Física (Mecânica e Eletromag-

---

[37] TD: Antes de propor... (N. do E.)

netismo) clássica, e chegava mesmo a abalar alguns conceitos fundamentais do senso comum sobre o espaço e o tempo.

Os postulados fundamentais da relatividade especial são dois: 1°) O princípio da relatividade, estendido aos fenômenos eletromagnéticos: "todos os fenômenos físicos, não só mecânicos, mas também eletromagnéticos, desenvolvem-se do mesmo modo (segundo as mesmas leis e com os mesmos efeitos) em qualquer sistema inercial".

2°) A constância da velocidade da luz: "um raio luminoso tem sempre a mesma velocidade em relação a qualquer observador, qualquer que seja o estado de movimento, seja da fonte, seja do observador".

Destes dois postulados derivaram, com dedução matemática, as **equações que regulam as transformações das medidas espaço-temporais de um sistema inercial para outro** em movimento relativo com respeito ao primeiro. Nestas equações, entra sempre um fator dado pela **relação dos quadrados** da velocidade relativa dos dois sistemas e da velocidade da luz. Trata-se de um fator muito pequeno, de modo que, nos casos ordinários, o fator pode ser praticamente negligenciado e, então, obtém-se simplesmente as leis da física clássica; mas quando a velocidade é **bastante grande** (e, na física de hoje, são muitos esses casos), as **divergências em relação à Física clássica** não são mais negligenciáveis, e podem ser **controladas experimentalmente**. Em todos esses casos, os experimentos deram razão a Einstein, contra a Física clássica (por exemplo, a construção e o funcionamento dos *ciclotons* e outras máquinas aceleradoras de partículas elétricas devem ser calculadas segundo as fórmulas einsteinianas, e não segundo as fórmulas da mecânica e do eletromagnetismo clássicos; o mesmo acontece para as órbitas dos elétrons do átomo; para a energia gerada nas transformações, nas bombas atômicas e nas pilhas termonucleares, etc.

III.6.5. Consequências da relatividade especial. Relatividade do tempo

Entre as consequências conceituais mais importantes, recordamos apenas a **equivalência entre massa e energia** e sua recíproca transformabilidade; a **variação da massa** intrínseca de um corpo, com o aumento da velocidade do corpo; a **insuperabilidade da velocidade da luz** e a impossibilidade de ações instantâneas à distância; a **composição da velocidade de dois corpos**, que não é dada pela soma algébrica das duas velocidades (como na física clássica), mas é sempre um pouco menos, e não pode nunca superar a velocidade constante da luz (também se confrontamos entre si dois raios luminosos que correm em direções opostas, a velocidade relativa deles é sempre a velocidade constante da luz); as **contrações das medidas de comprimento**, tomadas por um observador em movimento, em relação ao objeto observado, etc.

Mas, certamente, as **consequências** conceitualmente mais importantes são as que se referem ao **tempo** e às relações temporais. Elas podem ser expressas dizendo-se: "**Não existe um tempo único universal** válido para todos os fenômenos físicos e para todos os observadores; mas cada fenômeno e cada observador **tem seu tempo próprio** (um próprio relógio e um próprio ritmo), regulado pela natureza intrínseca e pelas leis intrínsecas do fenômeno"; as **relações temporais** entre os diversos tempos próprios (simultaneidade, anterioridade e posterioridade, duração relativa, etc.) não são **unívocas** (iguais para todas), mas são **plurívocas**, dependendo do estado de movimento relativo entre observador e observado.

Particularmente, temos: **dilatação da duração** de um fenômeno (a duração de um fenômeno aumenta, se for medida por um observador em movimento; diminui, se for medida por um observador imóvel em relação ao fenômeno medido; o ritmo interno de um corpo se apresenta mais lento ao ser medido por um observador em movimento relativo).

Relatividade de simultaneidade: dois acontecimentos que são simultâneos para um observador em geral não são simultâneos para outro observador, a não ser que os dois acontecimentos se sucedam no mesmo ponto e no mesmo instante, porque nesse tempo, a simultaneidade é absoluta, válida para todos os observadores.

Inversão de passado e futuro: se considerarmos dois acontecimentos que não ocorrem no mesmo ponto e que não são, nem podem ser coligados entre si por uma ação física causal, pode acontecer que o evento A seja **anterior** ao evento B para um observador e seja, ao invés, **posterior** para um outro observador. Mas tenham-se bem presentes as duas **restrições** feitas, porque a **série** temporal de eventos que ocorrem em um mesmo ponto (por exemplo, em um mesmo corpo) ou que são de algum modo coligados e coligáveis por uma ação física, é **absoluta**, não invertível e válida para todos os observadores.

III.6.6. A relatividade geral de Einstein (1916)

A relatividade especial une entre si num único contínuo espaço-temporal, as medidas de espaço e tempo que, na física clássica, eram entre si independentes. A **relatividade geral** une o **contínuo espaço-temporal** com a **massa** da matéria presente no espaço.

O **postulado fundamental** dessa nova realidade **generaliza** o postulado da relatividade das teorias precedentes: "todos os fenômenos físicos são invariáveis com relação a qualquer sistema qualquer que seja o estado de movimento do próprio sistema".

Como **segundo postulado**, Einstein propõe a **identidade entre massa inercial e massa gravitacional** que, na mecânica newtoniana, eram dois conceitos diversos, mas que experimentalmente resultam iguais ou, pelo menos, estritamente proporcionais entre si.

A consequência direta da relatividade é que a massa presente no espaço **modifica** a **geometria do próprio espaço**, e o torna curvo não-euclidiano. Desta consequência, que pode manifestar efeitos experimentais apenas nas grandes massas, observadas na astronomia, foram derivadas outras **consequências particulares** em fenômenos astronômicos, que foram confirmadas experimentalmente.

Outras consequências da relatividade geral são as possibilidades de calcular a **forma** e as **dimensões** do **universo** e a sua **evolução** no tempo. Sobre isso, deveremos voltar a falar na última parte do curso, que trata do mundo na sua totalidade (= cosmo, universo).

III.6.7. Alcance filosófico da teoria da relatividade

a) No aspecto epistemológico

Muitos filósofos e também cientistas afirmaram que a teoria da relatividade pressupõe e justifica as doutrinas filosóficas do **subjetivismo, relativismo e positivismo** a respeito do conhecimento humano em geral e do conhecimento científico em particular. O espaço e o tempo seriam formas subjetivas, como afirmava Kant; o homem seria a medida da verdade, como afirmava Protágoras, e a ciência e o próprio conhecimento humano em geral devem se restringir apenas àquilo que é mensurável ou experimentável, não podendo aventurar-se além dos fenômenos, se não quer fazer afirmações privadas de sentido, que não são nem verdadeiras, nem falsas, porque não podem ser verificadas, nem refutadas.

Na realidade, pelo contrário, a teoria da relatividade supõe e confirma o valor **objetivo e absoluto** do conhecimento e a possibilidade de **superar**, mediante o **intelecto** e a **dedução lógico-matemática**, os dados imediatos da **experiência e a intuição sensível**.

Quanto à **objetividade**: a teoria da relatividade toma **os seus postulados fundamentais** dos fatos observados e controlados experimentalmente com todo cuidado: a constância da velocidade da luz, a coincidência entre massa inercial e massa gravitacional; a ausência de qualquer fenômeno observável no interior de um sistema inercial que manifeste o movimento do próprio sistema. Além disso, a própria teoria não foi aceita pelos cientistas, a não ser depois de terem sido amplamente verificadas experimentalmente as **consequências** deduzidas dos seus princípios. A **relatividade especial** é confirmada na prática cotidiana dos laboratórios físicos e mesmo industriais, e nas aplicações a todas as teorias da física atômica a subatômica. A **relatividade geral t**em menos confirmações experimentais (aliás, o princípio da relatividade geral é devido mais a exigências teóricas que experimentais); por isso, goza de menos certeza no campo científico; mas também procura a sua confirmação na experiência e na observação mais objetiva, como é a observação astronômica.

Particularmente, a **revolução** no tocante aos **conceitos de espaço e tempo** (se é certamente **contra o realismo exagerado** de Newton) não vem confirmar o **subjetivismo kantiano** mas, pelo contrário, é **contra o apriorismo subjetivo** e prova que nosso conhecimento deve **adaptar-se aos fenômenos e às suas leis** (e não vice-versa, como afirma o subjetivismo).

Quanto ao valor absoluto do conhecimento (contra o relativismo filosófico), a teoria da relatividade, precisamente reconhecendo o influxo do estado do movimento relativo do observador, permite passar dos resultados da medida efetuada aos valores absolutos do tempo próprio do objeto observado e enunciar as leis do fenômeno de modo invariante para todos os observadores, de modo que, pela sua finalidade, a teoria da relatividade deveria ter sido denominada "a teoria do **absoluto** físico". São muitos os **valores físicos absolutos** que a teoria da relatividade permite estabelecer: a velocidade invariante da luz, o tempo próprio dos fenômenos, a simultaneidade absoluta dos fenômenos que coincidem no tempo e no espaço, a série temporal dos eventos coligados casualmente, etc.

Quanto à capacidade do intelecto de ultrapassar o simples dado experimental (contra o positivismo), testemunha-a toda a teoria da relatividade com os seus princípios universais e leis gerais e necessárias, que já superam a experiência, sempre particular e contingente; trata-se de uma teoria racional, lógica e matemática, com todo o simbolismo abstrato do cálculo diferencial absoluto e da geometria não-euclidiana. Além disso, por meio da dedução **lógico-matemática**, conduziu à **descoberta** de muitos fenômenos físicos, anteriormente desconhecidos e, só depois, confirmados experimentalmente, mostrando assim toda a **fecundidade do raciocínio na descoberta de novas verdades**, que estão contidas nos princípios. Por outro lado, não é positivismo, mas **legítima positividade** o querer **limitar a ciência física** enquanto tal, apenas aos aspectos do mundo direta ou, pelo menos, indiretamente observáveis; mas isso não exclui a possibilidade de outros métodos de conhecimento e raciocínios puramente lógicos — portanto, de outras ciências diversas da ciência física.

b) No aspecto ontológico

Com respeito à **natureza do mundo físico**, a teoria da relatividade oferece muitos elementos de **valor não puramente científico**, mas **também filosófico**, porque tangem aspectos fundamentais do ser material. Assim, a teoria da relatividade oferece muitos argumentos contra a **concepção mecanicista** de mundo (sobre isso, trataremos na parte IV do curso); de interesse filosófico são também algumas noções da relatividade geral sobre a **extensão, duração e evolução do universo** (sobre os quais falaremos na última parte).

Aqui, interessa mais diretamente a afirmação da **constância e insuperabilidade da velocidade da luz** e a negação de um tempo físico único universal.

A primeira afirmação tem um **valor filosófico**, considerada como aplicação de um **princípio metafísico** de origem platônica e aristotélica, considerado de grande importância por Santo Tomás: "onde existe o mais e o menos, deve existir um máximo do mesmo gênero". A isso se deve acrescentar que, naqueles gêneros de perfeição que não podem ter um valor infinito (como é a velocidade do movimento local), **esse máximo deve ser finito**; mas, sendo um máximo absoluto no seu gênero, não pode ser nem aumentado, nem diminuído, nem de qualquer forma superado. Isto é exatamente aquilo que, segundo as fórmulas da relatividade, verifica-se para a **velocidade da luz**. Logo, a essa afirmação deve ser reconhecido um **valor ontológico**.

A **negação do tempo único universal**, além de confirmar a rejeição do **realismo exagerado do espaço e tempo absolutos**, coincide com um **princípio aristotélico-tomista**, segundo o qual não existe objetivamente um tempo único, senão para os movimentos que são, entre si, **causalmente coordenados e subordinados**: nestes casos, o primeiro movimento, ontologicamente, é ao mesmo tempo causa e medida dos movimentos subordinados (os antigos acreditavam que isso se verificasse no movimento do primeiro céu com respeito a todos os outros movimentos do universo e, portanto, o movimento do primeiro céu constituía o tempo universal, medida de todos os outros movimentos). Ora, a física moderna não só desconhece qualquer movimento ao qual todos os outros estão subordinados, mas — não sendo possível uma ação instantânea à distância — **nem pode existir** um movimento único ao qual estejam subordinados todos os eventos do universo. Logo, também à negação do tempo único universal deve ser reconhecido um valor **ontológico**. E, consequentemente, igual valor ontológico deve ser reconhecido às correlações temporais de eventos distantes, que a teoria da relatividade deduz dessa negação.

Concluindo: a teoria da relatividade não destrói nenhum dos valores certos e fundamentais do conhecimento humano, do sentido comum e da filosofia; mas, pelo contrário, permite aperfeiçoar nosso conhecimento objetivo do mundo físico.

Quarta Parte
QUALIDADE E ATIVIDADE

IV.1. As qualidades no mundo da nossa experiência

1. **O fato**: O mundo da nossa experiência não só é extenso e em movimento, mas é também dotado de propriedades diversas e variáveis: cores, sons, odores, sabores, calor, frio, dureza, peso, etc. Essas diversas proprie-

dades dos objetos da nossa percepção são chamadas **qualidades sensíveis** ou também (na filosofia escolástica) sensíveis próprios, porque constituem o objeto próprio e específico das diversas faculdades sensitivas: visão, audição, olfato, gosto e tato.

Além dessas propriedades percebidas diretamente pelos nossos sentidos, conhecemos também no mundo **outras propriedades**, que não são percebidas diretamente, mas que são manifestadas através de efeitos sensíveis que produzem nos objetos (instrumentos) apropriados, como as radiações ultravioletas e infravermelhas, os raios x e gama, as ondas hertzianas, o magnetismo, a eletricidade, etc.

Todas essas propriedades são percebidas como **qualidades ativas**, mediante as quais os objetos agem sobre os sentidos e se tornam, assim, **atualmente sentidos**.

O problema filosófico das qualidades é o saber como estas qualidades são *entes* e, mais particularmente, se são redutíveis ultimamente ao **mesmo gênero** de entidade da extensão e do movimento, ou se constituem um **gênero supremo** diverso. A análise mais particular da natureza própria de cada uma das qualidades sensíveis não pertence mais à **filosofia do mundo**, mas à *ciência* do mundo, isto é, a *física*, enquanto o **modo pelo qual são sentidas** pertence à psicologia filosófica e científica e à fisiologia.

2. A noção de qualidade

Sem resolver ainda a questão da redutibilidade última da qualidade à quantidade, devemos reconhecer que, na nossa percepção *direta*, as qualidades são **dadas** como **aspectos objetivos** diversos e específicos, que podemos reunir sob o **conceito genérico de qualidade**.

Como conceito genérico, a **qualidade** não pode ser **definida** mediante outros conceitos mais gerais; por isso, Aristóteles coloca a qualidade como um dos dez gêneros supremos do ente, e Kant, como uma das **classes supremas das categorias**.

Podemos, de algum modo, **designar as qualidades** ou, como fizemos acima, pela relação às nossas sensações como aquilo que constitui o **objeto próprio e específico dos diversos sentidos**; ou em relação com o conceito de qualidade, como as **propriedades intrínsecas** dos objetos sensíveis, diversificados e heterogêneos, enquanto a quantidade é homogênea e uniforme: de fato, concebemos como "quase definição" da qualidade poder ter **especificações diversas** e, também, na mesma espécie **intensidades** ou **graus diversos**. (Não se trata de uma **verdadeira** definição, porque, se tivéssemos que definir que "coisa" se entende por especificações e graus diversos, deveríamos novamente recorrer às noções de qualidade ou fazer diretamente referência aos nossos sentidos).

Nesta noção de qualidade, podem ser incluídas também as **qualidades não-sensíveis**, porque também estas nos fazem reconhecer uma diversidade e heterogeneidade dos objetos, que podem[38] ter especificações e intensidades diversas (ainda que não diretamente sensíveis) e, portanto, convêm numa noção genérica de qualidade.

(Note-se que a noção de qualidade pode ser ulteriormente estendida, incluindo, também, as propriedades dos entes imateriais).

Em resumo: enquanto a quantidade responde à pergunta "quanto?", a qualidade responde à pergunta "qual"?; são, com efeito, modos irredutivelmente diversos de interrogar e de predicar ou afirmar (este é o significado aristotélico de "categoria" ou "predicamento").

3. Relações das qualidades com a quantidade

a) Na nossa experiência do mundo, a quantidade é como o sujeito das qualidades; não se dá a quantidade sem qualidades, se bem que possamos imaginar e pensar em uma quantidade sem qualidade; e não se dão qualidades sem quantidade, nem podemos imaginar ou pensar qualidades (sensíveis, materiais) sem quantidade. Por isso, as qualidades são percebidas como **formas**, determinações acidentais sobrepostas à quantidade, que é como a matéria onde tais formas são recebidas e realizadas.

Desta estreita relação entre qualidade e quantidade, segue-se que não só a quantidade é determinada e especificada pelas qualidades (qualificada), mas também as qualidades são determinadas pela quantidade (quantificada), não só no seu ser específico, mas no seu modo de ser concreto.

b) **Quantidade** *"per accidens"* **das qualidades**. Refere-se ao fato que as qualidades, **não por si** (por sua própria natureza), mas por **causa do sujeito** no qual são recebidas e no qual têm seu modo concreto de ser, são **extensas**, são **quantas** (no sentido próprio da palavra): uma cor é **mais ou menos extensa** (não porque é cor ou porque é esta ou aquela cor, mas

---

[38] TD: possam. (N. do E.)

porque é recebida e existe em uma superfície maior ou menor): e o mesmo se verifica, ainda que de modo menos evidente, também com as outras qualidades sensíveis. Na física, são estudadas, entre as várias **grandezas físicas** consideradas e medidas com uma própria unidade de medida, muitas **quantidades "*per accidens*" de qualidades**: por exemplo, a quantidade de calor (caloria), quantidade de luz (lumen), quantidade de eletricidade (coulomb). Sendo quantidades no sentido próprio da palavra, têm todas as propriedades da quantidade: divisibilidade em partes integrantes (separáveis), aditividade pela simples soma, etc.

c) Além dessa quantidade "*per accidens*", as qualidades têm também, **por si**, uma **certa** "quantidade", no sentido de que também **na sua própria razão** (natureza) **específica, têm mais e menos**: um corpo pode ser mais ou menos branco, mais ou menos quente, não porque a brancura ou o calor são percebidos em uma superfície ou em um volume mais ou menos grande, mas porque a forma mesmo da brancura e do calor é **mais ou menos perfeita** no seu gênero. **Não é uma quantidade no sentido estrito**, como a quantidade de volume ou superfície de comprimento, mas quantidade no sentido lato, impróprio, sendo chamada **quantidade de perfeição ou de virtude, ou quantidade intensiva**, ou simplesmente **intensidade**. Esta maior intensidade ou maior perfeição de uma qualidade pode ser considerada seja **no ser** (enquanto a forma qualitativa é mais ou menos atuada, mais ou menos próxima do ato perfeito nesse gênero), seja **no agir**, porque o agir segue o ser e aquilo que existe mais perfeitamente pode, também, agir mais eficazmente. Exemplo de intensidade[39] é a **temperatura** do calor.

d) A **intensidade** da qualidade concorda com a quantidade em sentido **análogo**, enquanto tem mais e menos, pode ser **aumentada e diminuída**; uma intensidade pode ser **confrontada** com outra intensidade do mesmo gênero e julgada **maior, igual ou menor** que a outra, isto é: é possível **medir** a intensidade, primeiro com uma numeração **ordinal** em ordem crescente ou decrescente (por exemplo, a escala de dureza dos corpos, do diamante ao gesso); depois, também, com um número cardinal, definindo matematicamente uma **unidade de medida** das diferenças de intensidade. A medida das diferenças de intensidade se obtém medindo **efeitos quanti-**

---

[39] TD: identidade. (N. do E.)

tativos produzidos pelas diversas intensidades, por exemplo, a dilatação da coluna de mercúrio no termômetro é a medida da temperatura, ou intensidade de calor de um corpo.

A intensidade, **não sendo quantidade no sentido estrito**, não pode ser dividida em partes integrantes, que possam subsistir separadamente, não aumenta pela simples adição de intensidades iguais. Essas diversidades devem ser levadas em consideração também nas aplicações do cálculo matemático às intensidades e suas relações.

IV.2. A negação das qualidades: o mecanicismo

O mecanicismo é o **sistema filosófico** que **nega** a existência de qualidades sensíveis intrinsecamente variáveis e **reduz** toda a realidade material a apenas **quantidade e movimento**. Foi proposto em várias formas na antiguidade e na época moderna. Recordemos os autores principais.

Demócrito, corrigindo a metafísica de Parmênides com a afirmação da existência do não-ente, afirmava que toda a realidade era constituída de átomos e **vazio**. Os átomos são o **pleno, pura quantidade**, distintos entre si apenas pelo número, pela grandeza e a figura, são intrinsecamente imutáveis, indivisíveis, ingeneráveis e incorruptíveis, eternos. **Movem-se** no vazio e, no seu movimento, podem reunir-se e separar-se e, assim, dão origem aos movimentos observáveis. As qualidades sensíveis, como o doce e o amargo, o quente e o frio, as cores, os sons, são apenas **impressões falazes dos nossos sentidos**, causadas pelo movimento dos átomos. A **raiz metafísica** do atomismo mecanicista de Demócrito é a notação da multiplicidade e mutabilidade do ente, a raiz epistemológica é a univocidade do ente. A solução aristotélica dos dilemas de Parmênides, mediante a doutrina do ato e da potência e da analogia, priva a doutrina de Demócrito de seus fundamentos.

Galileu, primeiro fundador da física moderna, nega a realidade objetiva das qualidades sensíveis, dizendo serem puras impressões subjetivas dos sentidos. A razão dessa negação é que essas impressões são variáveis de sujeito para sujeito, e não podem ser tratadas matematicamente enquanto, para Galileu, a realidade é escrita em caracteres matemáticos e geométricos e, portanto, composto somente de quantidade e movimento.

Descartes é o fundador do mecanicismo moderno como sistema filosófico. A realidade material é pura substância extensa, com todas as propriedades matemáticas da quantidade, sobretudo a divisibilidade ao infinito e o movimento.

De fato, sobre a quantidade e o movimento, é possível ter ideias claras e distintas e construir uma ciência racional, fundada em princípios evidentes e desenvolvida com raciocínio lógico, como a matemática; a ideia clara e distinta é o único critério da verdade para Descartes. As **qualidades sensíveis** não são conhecidas mediante ideias claras e distintas, mas só de um modo muito confuso e obscuro, não sendo possível construir uma ciência racional sobre elas; por isso, não podem ser afirmadas como verdadeiras e reais. Esta é a raiz epistemológica que coincide com a univocidade de Parmênides; a teoria de Descartes coincide com a mesma também[40] quanto à raiz metafísica, já que Descartes afirma que, pelo ato e potência, matéria e forma, da filosofia aristotélica, retornam os dilemas de Parmênides, uma vez que, se são alguma coisa, são entes; portanto, a solução aristotélica implica um processo ao infinito e não explica o devir.

Locke, no empirismo, e **Kant**, no criticismo (e todos seus sucessores) afirmam também a pura subjetividade das qualidades sensíveis, **qualidades secundárias**, portanto, porque são apenas impressões subjetivas causadas nos nossos sentidos pelas qualidades primárias (reais): quantidade, figura, extensão, movimento.

Toda a física moderna, de Galileu e Descartes[41] até a segunda metade do século XIX, tomou a **concepção mecanicista como meta ideal** de todas as explicações científicas dos fenômenos físicos, químicos, etc. Segundo a frase do inglês W. Thomson (Lord Kelvin): "Eu não fico satisfeito enquanto não construir um **modelo mecânico** do fenômeno a explicar. Se posso construir tal modelo, compreendo; caso contrário, não compreendo". Assim o som, o calor, a luz, as propriedades dos gases, as composições químicas, etc., são explicadas através de esquemas mecanicistas, isto é, mediante apenas o movimento de matéria que é identificada com a pura quantidade. Já dissemos: **meta ideal**, porque, de fato (e os próprios físicos mecanicistas o reconhecem) as teorias científicas (como, por exemplo, a teoria da gravitação de Newton) introduziam, frequentemente, elementos não mecanicistas e muitos fenômenos permaneciam

---

[40] com a mesma também = acréscimo ao TD. (N. do E.)
[41] TD: de Galileu a Descartes. (N. do E.)

absolutamente inexplicáveis, não obstante as muitíssimas tentativas levadas a cabo.

IV.3. Realidade das qualidades sensíveis

Não pomos o problema crítico da realidade das qualidades sensíveis em debate com o subjetivismo puro ou com o idealismo. Já estamos em uma **concepção realista do mundo** e discutimos o problema em relação ao mecanicismo, que admite a realidade da extensão e do movimento, mas nega a realidade das qualidades fora da nossa sensação. Portanto, os argumentos para provar a realidade das qualidades sensíveis são, antes de tudo, **argumentos *ad hominem*,** que partem dos próprios princípios admitidos pelo mecanicismo para mostrar sua incongruência ao negar a realidade das qualidades sensíveis.

a) As qualidades sensíveis são, também, verdadeiramente **inteligíveis** com conceitos claros e distintos, ainda que não no mesmo grau que a quantidade e movimento, e mesmo a seu respeito podemos fazer **juízos** evidentes, necessários e universais (esse é o critério que os mecanicistas usam para afirmar a realidade da quantidade e do movimento, e à base do qual creem dever negar a qualidade). De fato, bem que não conheçamos com intuição intelectual direta, qual é a essência própria (por exemplo) de cada cor, ou qual é o resultado de sua fusão, e não possamos construir uma ciência das cores senão dependentemente da experiência, todavia, conhecemos clara e distintamente com intuição intelectiva que as várias cores são **especificamente** diferentes, que em uma mesma espécie são possíveis diversas **intensidades**, que todas as cores convêm no gênero comum da cor, que o gênero das cores se distingue do gênero dos sons, no qual também há várias **espécies e intensidades**, que todos os vários gêneros da qualidade sensível se reúnem em um único gênero superior, a **categoria de qualidade**, que, como categoria, ou modo de predicar, é diferente da categoria da quantidade. Temos, portanto, conceitos e podemos fazer juízos evidentes e necessários, mesmo sobre as qualidades sensíveis em si e nas suas relações. **Portanto**, segundo o critério mesmo dos mecanicistas, as qualidades são reais.

b) As qualidades são o **meio** (e o único para nós) mediante o qual podemos **conhecer, observar** a quantidade real e concreta e o movimento real das coisas. Se, portanto, as qualidades fossem apenas impressões subjetivas, que não nos dão a conhecer a realidade objetiva, a quantidade e o movimento, também não poderiam ser consideradas e conhecidas como propriedades objetivas da realidade. Por isso, os mecanicistas, afirmando a realidade da quantidade e movimento observados e negando a realidade das qualidades mediante as quais são observadas, são incongruentes consigo mesmos.

c) A quantidade pura e o movimento puro são **realidades puramente passivas**, não agem, não se reconhecem neles uma **qualidade dinâmica**, uma força, energia interna, variável, intensiva. Daí que ou o mecanismo se reduz logicamente a negar qualquer verdadeira atividade e causalidade dos corpos (como, de fato, alguns mecanicistas o fizeram)[42], ou são incongruentes consigo mesmos, admitindo, de fato, aquilo que negam com meras palavras (como, de fato, fez a maior parte dos mecanicistas).

d) Por fim, as qualidades ativas especificamente diversas são objeto indispensável da física, mesmo na forma físico-matemática. As fórmulas matemáticas da física não são fórmulas abstratas da matemática pura, mas se referem a uma realidade física concreta, os números-medida não são números puros, mas são números qualificados, que exprimem grandezas físicas, em unidades de medida apropriadas, que diferem especificamente entre si, mesmo se são expressas com o mesmo número ou com a mesma função matemática: 5 amperes, 5 volts, 5 calorias, 5 metros, 5 graus de temperatura, etc. são quantidades idênticas, mas de qualidades especificamente diversas; as equações ondulatórias da propagação do som e da luz são matematicamente idênticas, mas os fenômenos são qualitativamente diversos.

IV.4. As qualidades na ciência física

Já dissemos que a ciência física moderna tinha como ideal a explicação mecanicista de todos os fenômenos. Ora, não só a física jamais atingiu essa meta ideal, como, a partir da segunda metade do século XIX, os mesmos físicos caíram na conta da impossibilidade de uma explicação puramente **mecanicista** dos fenômenos mais importantes da física: a luz, o campo eletromagnético e gravitacional, a afinidade química e, com as

---

[42] Faltam, aparentemente, algumas palavras depois do parêntese. (N. do E.)

teorias da relatividade e dos *quanta*, as próprias relações espaço-temporais, o conceito de matéria e as partículas elementares da matéria.

Por isso, os físicos de hoje abandonaram o ideal mecanicista; Einstein fala da derrota do mecanicismo; mas, em consequência disso, muitos afirmam que as teorias físicas não podem dar nenhuma explicação real do mundo físico, mas apenas fornecer previsões dos fenômenos, refugiando-se em uma espécie de agnosticismo em relação à realidade física.

É importante, por isso, fazer ver que a análise dos fenômenos mediante a ciência e a reflexão filosófica permite conhecer e tornar **inteligível** o mundo **real**, desde que se aceite o **conceito de qualidade** ativa intensiva, ao lado da quantidade e do movimento.

E isso aparece na análise dos conceitos mais elementares e fundamentais da física, começando com o próprio conceito de movimento.

a) O movimento na física não possui apenas um aspecto passivo, como simples troca de lugar, como quando considerado na matemática e na cinemática, mas também dinâmico, como uma **qualidade ativa e intensiva**, causada pelo impulso (força externa agindo durante determinado tempo = f.t) que dá origem ao movimento, acelerando-o até certa velocidade (quantidade de movimento = m.a.t = m.v) e que se conserva indefinidamente, pelo princípio de inércia. Esta quantidade de movimento, ou *vis impressa* (Newton) é a causa da continuação do movimento, depois de cessar a ação da força externa, e tem a capacidade de produzir o trabalho (energia cinética).

b) A *energia potencial* é um conceito fundamental para toda física moderna, fundado no princípio de conservação da energia. A energia potencial é uma energia real, porque é capaz de produzir um trabalho real, transformar-se em energia cinética, etc. Não se identifica apenas com a quantidade de matéria (porque pode ser diversa na mesma quantidade de matéria), nem com o movimento (porque existe quando não há nenhum movimento no corpo). Pode ter diversos graus de intensidade. Em resumo: verifica o conceito de *qualidade ativa intensiva*.

c) **Os campos de força** (gravitação, magnético, eletroestático, eletromagnético, nuclear, etc.) são um elemento fundamental em todas as teorias físicas mais modernas. Os **campos de força** (gravitação, magnético, eletrostático, eletrodinâmico, nuclear, etc.) são um elemento fundamental em todas as teorias físicas mais modernas. Os campos de força são **extensos** *per* *accidens*, mas por si são de natureza qualitativa, diversos especificamente entre si, com **intensidade** variável de ponto a ponto e de momento a momento, capazes de agir produzindo trabalho, isto é, são **qualidades ativas intensivas**. Todas as tentativas feitas durante o século XIX, de explicá-los atomisticamente se mostraram vãs e foram abandonadas há muito tempo.

d) **As relações espaço-temporais** (por exemplo, a contração dos comprimentos, a dilatação dos tempos, a composição das velocidades) estabelecidas pela teoria da relatividade especial **estão em absoluto contraste** com a **concepção mecanicista** da matéria como pura quantidade intrinsecamente invariável e do movimento como pura mudança externa. Nenhuma tentativa de explicação mecânica teve sucesso.

e) **A massa**, que na física clássica é considerada como pura quantidade de matéria, absolutamente homogênea, intrinsecamente invariável e inerte (conceito eminentemente mecanicista), na física da relatividade e em toda a física atômica hodierna aparece como **energia** sumamente concentrada, intrinsecamente **variável**, que pode aumentar ou diminuir não por soma ou subtração, mas por variação de intensidade, como se verifica nas transformações nucleares por aumento ou perda de massa (*packing effect* e *mass defect*) dos núcleos.

f) **As partículas elementares**, os últimos componentes da matéria, não são **corpúsculos imutáveis**, ingeneráveis[43] e incorruptíveis, como queria o mecanicismo, mas podem transformar-se um no outro, criar-se e aniquilar-se, são onda e corpúsculo e se subtraem a qualquer interpretação mecanicista, como veremos mais amplamente no capítulo seguinte.

IV.5. A atividade e causalidade dos corpos

Na nossa experiência de mundo, as qualidades sensíveis são percebidas como o meio com o qual os corpos **agem** entre si e com nosso corpo, produzem efeitos, movimentos e transformações, são **causa** das mais diversas transformações físicas; os fenômenos se nos **aparecem** como uma conexão e entrelaçamento entre **causas e efeitos**; a persuasão da **atividade**

---

[43] TD: ingendráveis (não: engendráveis). Seria um neologismo como o termo adotado "ingeneráveis", que parece mais claro e evita a confusão com o contrário. (N. do E.)

e **causalidade** dos corpos nos fornece o conceito de natureza como "princípio intrínseco do movimento e do estado dos corpos", mediante o qual a humanidade passou do estado mágico e mítico à visão **natural** do mundo. Trata-se de um dos conceitos mais fundamentais na vida e experiência **quo**tidiana, na ciência e na filosofia.

Devemos, portanto, perguntar sobre a origem e o valor dessa concepção causal, depois de haver acenado brevemente às negações da atividade e causalidade dos corpos, que houve na filosofia moderna.

a) **A negação da verdadeira atividade na natureza,** como **influxo causal** de uma coisa sobre o ser e o devir de outra, ocorre na filosofia, seja no racionalismo, seja no empirismo, por razões diversas.

1) No racionalismo como **consequência do mecanicismo cartesiano, Malebranche** com o ocasionalismo, e **Leibniz** com a teoria das mônadas. Reduzindo a realidade material a apenas quantidade e movimento, a atividade como influxo causal torna-se **ininteligível**; segundo a filosofia cartesiana, se a atividade é algo real, deveria ser uma "substância que passa sem mudar de uma coisa a outra": Deus criou, no início, certa quantidade de matéria e certa quantidade de movimento que se conservaram imutáveis em todos os fenômenos; no choque entre dois corpos, que é a única forma de atividade que pode ser tirada do mecanicismo, a quantidade de movimento presente no primeiro corpo passa ao segundo, de acordo com as leis do choque. Mas tudo isso é ininteligível. Por isso, os racionalistas que seguiram Descartes acabaram negando qualquer atividade dos corpos; o que nós atribuímos à atividade dos corpos, é devido à ação imediata de Deus, que intervém na **ocasião** de determinados fenômenos (Malebranche), ou à **harmonia preestabelecida** por Deus na evolução imanente às diversas mônadas (Leibniz). Meyerson, desenvolvendo logicamente os princípios do mecanicismo cartesiano, diz que o "princípio de causalidade" consistia na afirmação da **identidade** entre causa e efeito; mas isto significa negar qualquer verdadeiro devir, qualquer mudança; portanto, a atividade como verdadeira causalidade é contraditória, **irracional.**

2) No empirismo, como **consequência da redução** de qualquer conhecimento à mera **sensação** (externa): **Hume** diz que, na experiência, nós não percebemos senão a **sucessão** dos fenômenos e nenhum **influxo causal** que passe de uma coisa à outra (exemplo do choque entre duas

bolas). O conceito de causa acrescenta à ideia de sucessão a de **conexão necessária**, mas essa necessidade não vem da sensação, mas é uma pura crença (*belief*) originada do hábito (*custom*) de ver, muitas vezes, sucessões semelhantes de fenômenos. **Kant** aceita a crítica humeana do conceito de causa, mas afirma que a causalidade não é uma crença devida ao hábito e derivada de experiências repetidas, mas é uma **categoria ou forma *a priori*** da razão. Esta dá a conhecer só o fenômeno, e não a coisa em si porque, se atribuíssemos a causalidade à coisa em si; deveríamos admitir o absurdo do racionalismo mecanicista.

3) **O racionalismo e o empirismo convergem no positivismo: Comte.**

O conceito de causa é fruto da imaginação e da necessidade de **explicação**; mas a **busca das causas e dos fins** supera a capacidade do intelecto humano (agnosticismo). Por isso, o homem, na sua maturidade, **renuncia** à busca das causas e dos fins e, na **ciência positiva**, limita-se unicamente à **descrição dos fenômenos** e à busca das **leis** universais da natureza ("pura legalidade sem causalidade").

Essa **limitação da ciência física unicamente à legalidade**, com exclusão da causalidade, foi aceita nos últimos **cem** anos e, ainda nos dias de hoje, não só pelos filósofos positivistas, empiristas e neopositivistas, mas também em geral pelos cientistas e por muitos filósofos espiritualistas, como **Bergson**, e neo-escolásticos da linha de **Maritain**: a ciência não se ocupa das **causas** reais, mas só das **leis de sucessão** dos fenômenos; só a **metafísica** pode afirmar a existência de **causas** e só a **filosofia da natureza** pode indagar as **causas** do devir do mundo.

b) A **afirmação da verdadeira atividade**, como verdadeiro influxo causal do antecedente sobre o consequente, também na natureza puramente material, pode ser fundada em muitas razões:
1) **como dado da experiência direta.** Contra a negação de Hume, devemos afirmar que na sensação, especialmente no sentido do tato e no sentido interno (*vis cogitativa* de Santo Tomás), percebe-se não só a sucessão dos fenômenos, mas também o **nexo causal**, isto é, a **dependência no devir e no ser** de um fenômeno a outro. Os exemplos mais claros da **percepção causal** existem na atividade e no esforço muscular, com que nós agimos sobre os objetos materiais do nosso mundo, e na sensação tátil e do-

lorosa, provocada pela ação dos outros objetos materiais nos nossos órgãos sensitivos: em todos esses casos, não se trata de um raciocínio intelectual ou de uma conclusão que acrescenta alguma coisa além do dado, mas de um **dado imediato**, imediatamente percebido, não menos que todas as outras percepções imediatas.

O autor que primeiro insistiu em sublinhar essa percepção contra a negação de Hume foi **Maine de Biran**. A percepção é sempre particular, refere-se diretamente ao caso concreto, atualmente percebido e, por si só, não pode chegar à afirmação universal da causalidade; mas, nos casos particulares acima acenados, é diretamente e concretamente percebida, seja a **nossa atividade** ou causalidade interna, seja a atividade e causalidade **dos corpos** ou objetos materiais externos. A crítica de Hume só é válida contra a concepção do mecanicismo racionalista, que queria "visualizar" e "substancializar" o influxo causal, mas não é válida contra a percepção de dependência, no ser e no vir a ser do efeito, da causa atualmente operante nele.

2) **Como exigência da razão**: para **passar** da afirmação particular da percepção à afirmação universal da atividade dos corpos no devir da natureza, é necessária a intervenção de um **intelecto**, que da sensação e da experiência concreta **abstrai o conceito universal de causa e** afirma o princípio metafísico de causalidade: tudo aquilo que muda ou começa a existir, exige uma causa do seu ser ou de sua mudança (Deixemos ao tratado de metafísica a análise e justificação dessa passagem). Ora, no mundo de nossa experiência existem mudanças reais, real devir. Portanto, deve haver também causalidade real.

Em alguns casos, a causa é também dada imediatamente pela experiência. Nos outros casos, em que a causa não é manifesta, deve, porém, ser confirmada pela razão; mas essa causa não deve ser buscada fora da natureza, em Deus, por um outro princípio metafísico, segundo o qual não se precisa[44] recorrer a uma causa superior universal, antes de ter investigado uma causa próxima particular, e por um princípio de teologia natural, segundo o qual Deus, criando os seres, os fez participantes não só do seu ser, mas também do seu agir: todo ente que tem o ser é capaz de comunicar o ser (*"agere sequitur esse"*, o ser como o bem é *"diffusivum sui"*).

---

[44] TD: princípio metafísico que não precisa recorrer...

3) **Como objeto da ciência**: A ciência, no atual significado restrito do termo como distinta da filosofia, **não se limita** só à descrição dos fenômenos e à busca das leis de sucessão para previsão dos fenômenos futuros, mas quer também **influir** sobre o ser e o devir dos fenômenos, produzir e reproduzir o fenômeno em circunstâncias variadas, segundo as exigências do método experimental, e dominar as forças da natureza para as necessidades da vida prática, da indústria, da agricultura, do comércio, etc. Ora, para agir na natureza, é necessário conhecer as causas que podem produzir uma determinada atividade, modificar o curso dos acontecimentos, produzir os efeitos desejados. Por isso, toda ciência física é uma **busca das causas dos fenômenos** (precedida e preparada pela procura das leis), e todos os sucessos da ciência são coroados pela **descoberta das causas reais** dos fenômenos e de seu modo de ser; a ciência não se contenta jamais com a **enunciação de leis**, mas continua a pesquisa até a descoberta (quanto é possível pela inquisição humana!) das causas, não se contenta com a **legalidade**, mas quer a *causalidade*, como assinalou, com muita eficácia, *Meyerson*, em muitas de suas obras.

IV.6. As leis físicas

a) A noção de leis físicas

No parágrafo precedente, falou-se já muito das leis da natureza: também este é um dado da nossa experiência do mundo. Também o **homem primitivo** percebe muito cedo que, no mundo, não existem só acontecimentos estranhos, novos e imprevisíveis, mas também fatos que se produzem e se repetem de um **modo regular e constante**, segundo uma ordem determinada e sempre igual, como em uma sociedade humana bem regulada por **leis** sábias e eficazes. Em consequência, por analogia, esta ordem determinada e constante da natureza foi chamada a **legalidade** da natureza, a expressão ou manifestação das **leis naturais** ou físicas. Os acontecimentos astronômicos, como o movimento regular das estrelas e dos planetas, e as ocorrências biológicas nos ciclos vitais das plantas e dos animais, são os primeiros campos em que a humanidade **descobriu** a existência de leis **naturais**.

Dessa experiência, o intelecto passou à enunciação do **princípio da legalidade** (regularidade e constância) da natureza, que pode ser chamado princípio do determinismo físico: as mesmas causas naturais, nas mesmas circunstâncias, produzem os mesmos efeitos. Na linguagem dos físicos modernos, esse princípio é chamado, frequentemente, de *princípio de causalidade* (mas essa denominação é inexata e dá lugar a equívocos). O princípio de legalidade é o **princípio** fundamental de toda a ciência **experimental**, sendo o fundamento lógico da **indução**: disso, muito se ocupou **Stuart Mill**, mas suas interpretações e justificações não são satisfatórias, porque viciadas de empirismo. Não entramos, aqui, na questão lógica de sua justificação, que deve ser resolvida da maneira como se resolve, na **Crítica**, a questão dos princípios da razão.

A **expressão matemática** das leis físicas é dada por uma **equação** matemática que relaciona entre si diversas **variáveis experimentais**. Ela exprime uma variável experimental como função matemática de uma ou mais variáveis experimentais independentes.

b) Negação do valor ontológico das leis físicas

Negam todo valor das leis físicas os que afirmam que tudo no mundo aparece por acaso, como **Demócrito**, na Antiguidade; a crença em uma ordem e regularidade seria uma ilusão. Mas, talvez, ninguém chegou a uma negação tão radical. Todos admitem que essa crença tenha, ao menos, um fundamento psicológico, na associação das ideias por hábito, e uma utilidade prática na conduta da vida (Hume e pragmatistas mais radicais).

Kant, aceitando a crítica humeana segundo a qual é impossível obter da experiência qualquer juízo universal e necessário, afirma que o princípio de "causalidade" (que exprime a necessidade da sucessão dos fenômenos no tempo) deve ser um **juízo sintético *a priori***, que fundamenta a possibilidade da experiência. Os fenômenos são, primeiramente, ordenados segundo as formas *a priori* do espaço e do tempo, segundo as relações de extensão e de sucessão; até aí, podem chegar à percepção e à imaginação. "Mas o conceito que traz consigo a **necessidade sintética** não pode ser senão conceito puro do entendimento... Este conceito é aqui de relação de causa e efeito, i.e., de uma relação cujo primeiro termo determina o segundo como sua consequência... Só, pois, porque submetemos a sucessão de fenômenos e, por conseguinte, toda mudança, à lei de causalidade, é possível a experiência mesma, quer dizer, o conhecimento empírico de seus fenômenos." (grifo de Kant)⁴⁵ Portanto, o princípio de causalidade e as leis da natureza, que são uma aplicação dele, têm valor somente para os fenômenos, e não para a coisa em si.

Enquanto o **positivismo clássico** (Comte) considera as leis da natureza como um **fato** universal, que a ciência positiva descobre mediante a observação, o empirismo de Hume e o criticismo de Kant convergem para o **empiriocriticismo** de Ernst Mach, que exerceu grande influxo na filosofia da ciência da primeira metade do século XX. Segundo **Mach**, o único dado do nosso conhecimento são as sensações e toda ciência consiste só na **análise das sensações**; mas as sensações concretas e particulares são variadas, estáveis e instáveis, regulares e irregulares, sem nenhuma norma fixa e universal; se damos maior importância às relações estáveis e enunciamos o princípio da regularidade da natureza e as leis físicas, isso se deve só a um hábito instintivo, a uma necessidade da luta pela vida, a um critério de economia do pensamento; por isso, as leis físicas só têm valor subjetivo, e não objetivo.

O **neopositivismo** (herdeiro, em parte, de Mach e, em parte, do logicismo matemático, através de **Wittgenstein**) afirma que as únicas proposições dotadas de sentido são as **proposições protocolares**, que enunciam um acontecimento concreto no espaço e no tempo (aqui e agora); as **leis**,

---

⁴⁵ Lima Vaz reproduz o pensamento de Kant, sem se preocupar com uma exatidão literal. A passagem a que ele se refere é: "O conceito, porém, que traz consigo uma necessidade da unidade sintética, só pode ser um conceito puro do entendimento, o qual não se localiza na percepção; e aqui ele é o conceito da **relação de causa e efeito**, pelo qual o primeiro determina o último como consequência, e não como algo que simplesmente pudesse vir antes na imaginação (ou mesmo como algo que não pudesse ser percebido em parte alguma). A própria experiência, portanto, i. e., o conhecimento empírico da mesma, só é possível porque nós subordinamos a sucessão dos fenômenos, portanto toda modificação, à lei da causalidade; mesmo eles, portanto, só são possíveis, como objetos da experiência, segundo essa mesma lei". KANT, I., *Crítica da razão pura*. Trad. F. C. Mattos. Petrópolis: Vozes; Bragança Paulista: Editora Universitária São Francisco, 2015, p. 207. No original alemão: "*Der Begriff aber, der eine Notwendigkeit der synthetischen Einheil bei sich führt, kann nur ein reiner Verstandesbegriff sein, [...], und das ist hier der Begriff des **Verhältnisses der Ursache und Wirkung**, wovon die erstere die letztere in der Zeit, als die Folge [...] bestimmt. Also ist nur dadurch, daß wir die Folge der Erscheinungen, mithin alle Veränderung dem Gesetze der Kausalität unterwerfen, selbst Erfahrung, d.i. empirisches Erkenntnis von denselben möglich.*" KANT, I., *Kritik der reinen Vernunft*. Frankfurt am Main: Suhrkamp Verlag, 1974, B 234 (grifo de Kant). (N. do E.).

como proposições universais, são privadas de sentido, porque não podem ser verificadas e devem ser consideradas muito mais proposições incompletas e indeterminadas (**funções proposicionais**), que podem ser úteis para a transformação tautológica de uma proposição protocolar em outra semelhante ou para a construção de proposições protocolares dotadas de sentido.

Também alguns filósofos **neoescolásticos** aceitam (como resultado definitivo da crítica kantiana e pós-kantiana) que as leis físicas não são outra coisa senão criações do espírito postas pela razão, e não impostas pela realidade, juízos sintéticos *a priori*, convenções cômodas para a previsão dos fenômenos, etc.

c) Valor ontológico das leis físicas

Como já dissemos, não tratamos do problema lógico da indução. De fato, uma vez já resolvido o problema de obter, partindo da experiência concreta e particular, juízos universais e necessários, as dificuldades principais do empirismo e do criticismo são resolvidas.

A crítica contra o realismo das leis físicas é, em parte, justificada, porque na física clássica e no positivismo clássico, de Galileu a Comte, há uma espécie de realismo exagerado de tipo platônico, que não tem suficientemente em conta o **modo subjetivo** do nosso conhecimento abstrato e universal. A **forma** das leis abstratas e matemáticas existe só na mente (e, portanto, pode-se dizer que a lei **formalmente** não existia antes de sua formulação por parte da ciência, senão eminentemente na mente divina como **lei eterna**, à qual se conformam todas as criaturas). Existe, porém, na realidade física, o **conteúdo** expresso pela lei, isto é, o modo de agir regular e constante na sucessão e nas proporções dos fenômenos concretos e particulares. Toda a experiência, tanto natural como científica, faz-nos **constatar este fato**.

Mas, **do fato da sucessão regular e constante** dos fenômenos, devemos ressaltar a **razão ontológica** dele.

Para isso, ajuda analisar a analogia das leis positivas humanas, que são o *analogatum princeps*. Neste, devemos distinguir três fases:
1) A lei **formalmente**, tomada no seu princípio e origem, é a expressão (oral ou escrita) de uma ordem racional querida pelo legislador, contida em um código ou jornal oficial.

2) Essa lei é **participada** pelo súdito, isto é, conhecida e voluntariamente aceita como regra dos próprios atos, pronta para entrar em ação (em ato primeiro, em atuação potencial).

3) Enfim, tem-se a **execução** da lei, a lei no seu termo ou em **ato segundo** (atual atuação), isto é, o próprio modo de proceder do súdito, regular e uniforme.

A análise pode começar ou da primeira fase, descendo gradativamente às outras, que são seus efeitos, ou da última fase, ascendendo às suas causas, a vontade do súdito e a ordem do legislador.

Nas **leis físicas**, começamos da última fase: a observação do modo de proceder regular e constante dos fenômenos (lei terminativa em ato segundo); acenamos já à **primeira fase**: a lei divina como ordem de sabedoria criadora; normativa de todas as ações e movimentos das criaturas (objeto da teologia natural: lei formal principiativa).

Mas devemos reconhecer, também, uma segunda **fase intermediária**, análoga à participação da lei no intelecto e vontade do súdito. Nos agentes naturais, esta participação da lei divina consiste em uma determinação da natureza, em uma **capacidade e inclinação natural**, a uma determinada ação, isto é, a produzir um determinado efeito em determinadas circunstancias: a natureza dos agentes físicos, antecedentemente à ação, é **intrinsecamente** determinada e destinada a produzir aquela ação, como uma máquina é construída pelo engenheiro segundo uma estrutura e determinação interna que é capaz de agir de modo determinado (na máquina, o esquema construtivo do engenheiro é a lei formal principiativa, a estrutura interna da máquina é a lei materialmente terminativa em ato primeiro, o funcionamento regular é a lei terminativa em ato segundo).

A **determinação da natureza pelo agir** de um modo determinado, que é expressa inteligivelmente pela analogia indicada, é **demonstrada** por Santo Tomás com a consideração que um agente indeterminado não poderia agir, já que todos os efeitos lhe seriam indiferentes e, portanto, não poderia produzir um em vez de outro, isto é, não produziria nenhum, se não fosse determinado a algum. Por isso, cada agente deve ser determinado, pela sua natureza, a produzir uma determinada ação (*Suma contra os gentios*, III, 2).

A participação da lei divina ou da ideia criadora se dá nas criaturas materiais por meio da **forma**, que é o princípio intrínseco de perfeição e de ação, forma substancial da qual emanam (ou resultam naturalmente) as formas acidentais ou forças e energias físicas, que são o princípio próximo da ação, como será demonstrado na parte seguinte de nosso curso.

IV.7. O indeterminismo físico

IV.7.1. Do determinismo absoluto ao indeterminismo

Na física clássica, sob o influxo do racionalismo e do mecanicismo, o princípio da constância das leis da natureza era entendido no sentido de um **determinismo rígido absoluto**: todos os fenômenos físicos são predeterminados nos seus antecedentes, na sua causa. Conhecendo exatamente todas as leis físicas e conhecendo igualmente o estado da matéria em um determinado instante, seria conhecido também todo o futuro, como também se poderia reconstruir toda a história passada.

Na filosofia materialista, esse determinismo se estende também ao ser humano, negando a sua liberdade de escolha voluntária e até a negação de possibilidade do **milagre**, como intervenção divina que suspende o curso das leis da natureza.

Essa interpretação materialista é rejeitada por todos os filósofos **espiritualistas**, como os filósofos **escolásticos**. Mas o determinismo **físico** foi geralmente aceito, também, pelos filósofos escolásticos, a começar de Suárez, como rigoroso e absoluto.

A essa concepção determinística, ainda que restrita só ao campo da natureza física, **se opuseram** alguns filósofos, como **Boutroux** e **Bergson**, que queriam estender a liberdade também à realidade material; mas de maior importância para nossa questão é a reação surgida no campo da própria **ciência física**.

1. O primeiro passo desta reação foi a criação do **cálculo de probabilidade** e do **cálculo estatístico**, seja no campo da matemática pura (por obra dos Bernoulli, vários membros de uma mesma família da Basiléia, nos séculos XVII e XVIII), seja nas aplicações à previsão dos fenômenos sociais, econômicos, de interesse político, e nos jogos de azar. Esse cálculo permite tratar, de modo científico e matemático, também os fenômenos casuais e indeterminados, ou indetermináveis em suas causas. Tornava-se, portanto, espontâneo aplicar esse mesmo cálculo e os conceitos em que

está baseado, também à **natureza física**, pelo menos nos casos em que a **grande complexidade** do fenômeno não permitia conhecer as leis rigorosamente determinadas ou permanecia impossível a aplicação prática dessas leis: por exemplo, os fenômenos atmosféricos e a previsão do tempo, o comportamento de um gás deduzido do comportamento de cada molécula de que é composto.

Segundo a mentalidade da física clássica, nesses casos, em princípio, seria possível aplicar as leis determinísticas e calcular, em cada caso, o acontecimento futuro (na roleta, no jogo de dados); o cálculo estatístico e probabilístico é unicamente um **remédio** para nossa incapacidade e para nossa ignorância (Poincaré).

2. Um segundo passo se deu com a descoberta das **leis estatísticas**, também para os fenômenos físicos elementares, como são as leis (experimentais) de desintegração radioativa; não é possível saber quando um átomo se desintegrará, depois de poucos segundos ou depois de uma centena de anos; mas dada uma massa de muitíssimos átomos (como acontece em um décimo de grama), pode-se conhecer com muita precisão o período de tempo necessário para que a quantidade de substância radioativa se reduza à metade, período que pode variar de uma fração de segundo a milhares de anos, segundo as várias espécies de corpos radioativos.

3. Enfim, um passo mais importante foi dado com a aparição da **teoria dos *quanta*[46]**. Já a primeira fórmula de **Planck**, em que foi introduzida a constante *h*, chamada *quantum* de ação, fora deduzida mediante cálculos de probabilidade sobre o conjunto de partículas de um gás contido em um forno. Com a aplicação da teoria dos *quanta* à luz, fótons (**Einstein**), a intensidade da onda calculada segundo a teoria eletromagnética devia ser interpretada como a medida da probabilidade de encontrar um fóton em um ponto. Na nova mecânica quântica[47], a mecânica ondulatória (**De Broglie** e **Schrödinger**), a única interpretação aceita pelos físicos é a probabilística (**Born**). Enfim, a mecânica quântica tem como consequência o **princípio de indeterminação** de **Heisenberg**, que desempenha um papel importantíssimo na física hodierna.

---

[46] TD: teoria dos quantos. (N. do E.)
[47] TD: quantística. (N. do E.)

IV.7.2. O princípio de indeterminação de Heisenberg

O princípio de indeterminação ou de incerteza, enunciado por Heisenberg em 1927, afirma que "é impossível não só praticamente, mas mesmo em princípio, obter simultaneamente todas as medidas necessárias para determinar a posição e o estado de movimento de uma partícula dentro de uma margem de incerteza menor do que o *quantum* de ação de Planck".

O primeiro motivo dessa impossibilidade, que se deduz matematicamente dos princípios da mecânica quântica, é a **perturbação** que o ato de medida produz sobre o objeto observado. Para observar um elétron, é preciso iluminá-lo, ao menos com um *quantum* de luz; mas o fóton é como um projétil que confere um impulso ao elétron, alterando a sua posição e quantidade de movimento, e não é possível calcular, *a priori*, essa perturbação, de modo a corrigir as medidas obtidas. Usando uma luz de pequena frequência e grande comprimento de onda, diminui-se o impulso do fóton, mas permanece ainda indeterminada a posição, dado que não é possível determinar a posição com uma precisão maior que o comprimento de onda da luz usada. Diminuindo o comprimento de onda, aumenta a precisão de posição determinável, mas aumenta também a frequência e a energia do fóton e, portanto, o impulso causado sobre o elétron.

Mas o indeterminismo quântico não se reduz **unicamente** à impossibilidade de observar com meios físicos, mas é fundado também na natureza intrínseca das partículas elementares, e no dualismo corpúsculo-onda que acompanha todas as partículas — seja materiais (elétron, próton, nêutron, etc.), seja energéticas (fótons). Com base nesse dualismo, a posição e a energia de um corpúsculo dependem do comprimento da onda e da sua frequência. Uma onda monocromática tem uma frequência bem determinada e, portanto, a ela corresponde uma energia bem determinada no corpúsculo; mas uma onda monocromática se difunde com comprimento constante em todo o espaço e, portanto, permanece absolutamente indeterminada a posição do corpúsculo. Para restringir o comprimento da onda a uma região restrita, é necessário tomar um feixe de ondas com comprimentos e frequências diferentes; assim, torna-se mais determinada a posição do corpúsculo, mas se torna mais indeterminada a energia do mesmo.

A função de onda do corpúsculo é uma das propriedades mais fundamentais da matéria física quântica; mas essa onda, segundo a interpretação aceita pelos físicos e que não parece poder ser evitada, é a expressão de uma **probabilidade**. Portanto, o conceito de probabilidade está no coração mesmo da matéria e causa o essencial indeterminismo de todo devir físico.

Acrescente-se que, segundo um teorema demonstrado por Von Neumann (1932), o indeterminismo da mecânica quântica é **incomparável** com a hipótese dos **parâmetros físicos ocultos** que determinam objetivamente a realidade física em si e reduzem a indeterminação unicamente ao observável. Portanto, é necessário admitir certa **indeterminação na mesma realidade física objetiva**. Sob esse ponto de vista, não estão de acordo os próprios fundadores da física quântica: Planck, Einstein, Schrödinger, De Broglie, que esperam que, com o progresso da física, o indeterminismo quântico poderá ser eliminado, com uma volta à física determinística, segundo o ideal da física clássica; mas a maioria dos físicos, como Bohr, Born, Heisenberg, Pauli, Dirac e quase todos os físicos mais recentes negam essa possibilidade. É provável que o indeterminismo quântico possa ser parcialmente reduzido, mas não parece provável que possa ser eliminado totalmente.

Interpretação filosófica do indeterminismo quântico

Não pretendemos exaurir o argumento, mas apresentamos somente algumas considerações mais importantes.

1. O indeterminismo quântico é diretamente **contrário ao determinismo** da física clássica, mostrando a impossibilidade — não só de fato, mas de princípio — de conseguir o ideal de um conhecimento perfeito da natureza e da previsão certa e infalível dos fenômenos; exclui igualmente toda a possibilidade de uma **interpretação mecanicista** dos últimos elementos da matéria.

2. Não é, porém, contra o **princípio filosófico de causalidade**, que afirma que todo fenômeno físico deve ter uma causa; este fato não é, de maneira alguma, negado pela física quântica; antes, pelo contrário, ele "permite sempre enumerar, *a posteriori*, as razões por que uma coisa aconteceu, ainda que não torne possível a previsão do futuro" (Heisenberg).

3. **Não é um indeterminismo absoluto**, uma vez que, também na física quântica, muitos valores são exatamente determinados: todas as cons-

tantes universais, como a massa e carga do elétron e do próton, o *quantum* de ação, a velocidade da luz, o movimento mecânico e magnético do elétron, etc., são grandezas absolutas, fixas e imutáveis (Planck); do mesmo modo, têm valor absoluto todos os **princípios** de mínimo e de máximo, de conservação; têm valor absoluto as **estruturas** próprias de cada átomo com os vários níveis energéticos, estados estacionários, etc.; por isso, são possíveis também **previsões certas** em alguns casos, se bem que não em todos os casos em geral; a própria **função de probabilidade** se desenvolve no tempo de um modo determinístico, ainda que as previsões que se podem obter dela sejam probabilísticas; a vida média dos átomos radioativos pode ser determinada com a máxima precisão, etc. Em resumo, podemos dizer que se trata de um indeterminismo fundamental, mas limitado dentro de uma margem de indeterminação.

4. Por outra parte, nada autoriza a falar de uma verdadeira **liberdade** de partículas físicas, de um poder ativo de autodeterminação, como se as partículas fossem padrões de escolha para as diversas possibilidades; importa muito mais dizer que se trata de um indeterminismo passivo, cego, casual, dentro de certos limites e certas leis estatísticas[48].

5. O indeterminismo físico, como parcial indeterminação e contingência no agir do ente material, pode ser **justificado** filosoficamente pela doutrina aristotélica do **hilemorfismo**, uma vez que os corpos, compostos de matéria e forma, têm na **forma** o princípio de determinação específica e de ação e, na **matéria**, o princípio de indeterminação e contingência, tanto no ser quanto no agir, pelo que o agente natural, tendendo pela natureza de sua forma a um fim determinado, pode conter em si uma certa margem de indeterminação.

---

[48] Ver uma crítica à tentativa de recusa do determinismo com base na física quântica em Hösle, V., Rationalism, Determinism, Freedom, in: Hösle, V., *God as Reason: Essays in Philosophical Theology*, Notre Dame: University of Notre Dame Press, 2013, 75-100. (N. do E.)

Quinta Parte
A SUBSTÂNCIA NO MUNDO FÍSICO[49]

V.1. A substância na física hodierna

a) As negações da existência da substância

Muitos físicos e filósofos afirmam que o conceito de substância não é compatível com os resultados da física hodierna. Com efeito, dizem eles, a física hodierna não reconhece nenhum substrato **inerte e imutável** que permaneça sob os fenômenos diretamente observáveis. Esta, sobretudo com a teoria da relatividade geral e com a mecânica ondulatória, divide a matéria em campos energéticos e em funções e relações, que subsistem por si, estados e processos que não se referem a algo escondido sob eles, mas exaurem toda a realidade observável. Por outro lado, toda realidade física, tanto a energia quanto as partículas materiais, são essencialmente mutáveis, transformáveis, podem ser criadas e anuladas, não têm uma individualidade permanente.

Ora, a substância na física e na filosofia clássica é concebida como a categoria do permanente, imutável, inerte (**Descartes, Kant**).

Portanto, o conceito mesmo de substância deve ser eliminado. Estas afirmações são fundadas sobre um **conceito errôneo da substância: a substância parmenidiana e mecanicista**, como pura extensão, por si mesma inerte e imutável. Tal conceito é verdadeiramente incompatível com os resultados da física atual.

Mas a substância enquanto tal diz simplesmente e **ente em si** e por si existente, **a realidade enquanto tal**, diretamente afirmada em cada juízo categórico real; essa não pode ser negada senão verbalmente, pois, pelo fato mesmo de afirmar a existência de algo real, já se afirma a existência da substância. De fato, estes autores substancializaram, implicitamente, e às vezes também explicitamente, os campos, a energia, os estados, as funções. Com[50] isto não negam (e não podem negar) a existência da substância, mas só lhe atribuem uma essência diversa daquela que lhe é atribuída pela física e pela filosofia mecanicista.

---

[49] Cf. SELVAGGI, F., *Filosofia del mondo. Cosmologia filosofica*, 435-490. (N. do E.)
[50] Com = acréscimo ao TD. (N. do E.)

Por outra parte, Aristóteles e toda a filosofia escolástica admitiram, sempre, um conceito de **substância ativa**, intrinsecamente **mutável** acidentalmente e substancialmente, justificando esse conceito mediante a composição de ato e potência, matéria prima e forma substancial, na doutrina do hilemorfismo, que é diretamente proposta para resolver as dificuldades da metafísica de Parmênides e do consequente mecanicismo, como veremos na parte seguinte.

b) As negações da cognoscibilidade da substância

Outros físicos e filósofos não negam a existência da substância, mas só sua cognoscibilidade. Já os nominalistas do século XIV (por exemplo, Nicolau de Altricuria) dizem que a substância é algo que se subtrai a toda sensação, percepção e intuição, **uma realidade por si incognoscível**, que é simplesmente postulada ou, também, demonstrada pelo raciocínio metafísico, como um substrato permanente escondido sob as aparências ou acidentes sensíveis, uma realidade coberta por outra realidade, tal como, no fruto, o caroço é coberto pela polpa, considerando, portanto, a distinção entre substância e acidente como uma distinção entre duas coisas que poderiam existir separadamente.

Essa concepção nominalista da substância foi assumida e divulgada pelo pensamento moderno, sobretudo de **Locke**, e conduziu logicamente **Hume** à negação da própria substância.

Alguns filósofos escolásticos aceitam, ao menos, em parte essa concepção e afirmam que a substância **não é cognoscível** mediante a experiência e a **ciência**; que se limitam só aos acidentes e aos fenômenos, enquanto a substância seria objeto somente da metafísica.

Também essas afirmações são fundadas sobre um conceito errôneo da substância. A substância é o **primeiro objeto de conhecimento e de afirmação** no nosso conhecimento intelectual, ao menos na sua noção genérica, mas, ao mesmo tempo, precisa e clara de ente simplesmente e absolutamente existente. E é falso também que a nossa percepção sensível não conheça a substância concreta individual: nós, com efeito, não sentimos somente as cores, sons, dureza, extensão, mas conectando e coordenando as sensações externas no sentido interno, percebemos o indivíduo concreto existente, isto é, a própria substância. Por outro lado, as **propriedades** sensíveis naturais dos corpos não escondem ou ocultam a substância, qualidades mediante as quais a própria substância age no exterior e, portanto, também em nossos sentidos e nos instrumentos científicos.

Também a **ciência física**, enquanto tal, se bem que seja limitada ao primeiro grau de abstração, isto é, ao ente sensível, não pode abstrair ou prescindir da substância dos corpos. As afirmações e os conceitos da ciência se referem à **realidade concreta existente**, que é composta de substância e acidentes como um todo. A ciência, com efeito, por meio da determinação exata das propriedades e das leis das diversas espécies de corpos, permite definir com mais exatidão as várias espécies de substâncias materiais, as substâncias compostas e as substâncias elementares, distinguindo as diferenças mais superficiais (como os vários estados: gasoso, líquido e sólido, que não constituem uma diferença profunda de natureza) e as verdadeiras diferenças radicais, que correspondem às diferenças específicas entre as várias substâncias.

c) A distinção de acidentes

Embora tenhamos afirmado a unidade concreta da substância e propriedades ou qualidades sensíveis, que não constituem duas "coisas", dois entes reais simplesmente existentes, um escondido sobre o outro, devemos, contudo, afirmar a **distinção real** entre a substância e suas qualidades sensíveis como os **dois princípios reais**, "*entia quibus*", potência e ato, pelos quais a realidade concreta existe enquanto tal. A substância é princípio de existência e de determinação específica radical, que existe por si e faz existir suas propriedades; as propriedades, ao invés, são determinações secundárias, que não existem por si, mas só na substância e por ela, isto é, são **acidentes** da substância.

Essa **distinção** não pode ser vista ou percebida pelos sentidos, porque a substância com seus acidentes constitui uma única coisa, um único princípio concreto de ação que age sobre os nossos sentidos, mas pode ser **conhecida pelo intelecto** que, mediante o raciocínio (espontâneo ou filosófico), reconhece essa distinção como real, isto é, independentemente do nosso modo de conhecer e existente na "coisa". Essa posição média entre o nominalismo e o realismo exagerado é possível só mediante a **analogia do ser**, que permite conhecer os "princípios" do ente (*"entia quibus"*) como intermédios entre o ente simplesmente existente e o nada. Por isso, Descartes não pode admitir o conceito de acidente real e, portanto, a distinção real entre substância e acidente: para ele, tudo que é real é substância.

Os argumentos para se admitir a distinção real entre substância e acidente podem se reduzir a três, que correspondem às três funções da substância enquanto ente, simplesmente e absolutamente por si existente:

1 – A substância é o **princípio da unidade** do ente (*"omne ens est unum"*). Mas as propriedades são múltiplas, realmente distintas entre si (extensão, massa, carga elétrica, etc.). Portanto, as propriedades devem se distinguir realmente das substâncias.

2 – A substância é **relativamente permanente** (*"omne ens est, seu durat in esse"*). Mas as propriedades variam, mudam de intensidade e de espécie, sem que essas mutações alterem sempre radicalmente o ente. Portanto, as propriedades devem se distinguir realmente da substância.

3 – A substância é o **princípio radical da ação** (*"agere sequitur esse"*). Mas nenhuma substância finita, material, pode se identificar com o princípio imediato da ação, porque, de outra maneira, agiria sempre e seu agir se identificaria com seu ser (o que se pode verificar na substância infinita, o ser subsistente). Portanto, as propriedades ou qualidades ativas, princípio imediato da ação, devem ser realmente distintas da substância.

Nota: esse último argumento mostra a razão ontológica em virtude da qual a substância sensível não é sensível *per se*, mas só sensível *per accidens* (mediante seus acidentes). Com efeito, a *sensação* é reação consciente imediata à ação do estímulo externo. Mas as ações físicas não procedem das substâncias materiais diretamente, mas sim através das qualidades ativas, isto é, dos acidentes. Portanto, a substância material não é sensível por si, mas só através de seus acidentes, enquanto à sensação dos sentidos externos, segue imediatamente a **percepção** do sentido interno, a *vis cogitativa* de Santo Tomás, que conhece não só a ação imediata, mas também o agente individual concreto que está presente e se manifesta na sua ação e nas suas propriedades, isto é, a **substância material concreta**. À percepção, segue-se o **conhecimento intelectual**, que, do dado concreto percebido, abstrai o conceito universal, isto é, conhece a **essência ou quididade** da substância material.

Deste modo, a doutrina da distinção entre substância e acidentes e as doutrinas das várias faculdades cognoscitivas humanas são coerentemente conexas em um sistema filosófico, no qual cada uma das várias articulações está diretamente fundada na análise filosófica do dado da experiência externa e interna e se confirma e completa mutuamente[51].

V.2. A multiplicidade substancial do mundo

a) O problema conforme os dados da física atual

A experiência comum e a nossa própria consciência atestam que o mundo é composto de uma **multiplicidade de substâncias individuais**: homens, animais, plantas, minerais... A negação desse dado, na antiguidade e na física moderna, houve só na base do raciocínio metafísico, como no monismo eleático de Parmênides e nas várias formas de panteísmo imanentístico[52].

A ciência clássica (física e química) e o pensamento filosófico baseado nela, com toda a concepção dominante mecanicista e atomista, tendia a dissolver também toda a unidade intermédia das substâncias compostas em uma absoluta multiplicidade de substâncias elementares, que permanecem sempre essencialmente imutáveis e múltiplas através de todas as mudanças e composições, que seriam, portanto, só mudanças e composições acidentais.

A física de hoje, a relatividade geral e a mecânica quântica, tendem, ao invés, na direção oposta, à **unidade e continuidade** da substância material de todo o universo. O problema é real e sério, porque, se verdadeiramente a física demonstrasse a unidade substancial do universo físico, deveria ser rejeitada toda doutrina da substância, como foi concebida não só na filosofia e na ciência atomística, mas também na filosofia aristotélica e escolástica, e na persuasão fundamental da vida cotidiana.

Quais os dados da física atual a favor da unidade substancial?

Em geral, podemos responder que se resume na substituição do conceito de **partícula** pelo de **campo**. Mas o conceito de campo teve uma profunda evolução na física moderna.

---

[51] Cf. o artigo de Ernesto Rüppel, "A *vis cogitativa* de Santo Tomás", na *Revista portuguesa de filosofia*, 1969, pp. 127-157; SELVAGGI, F., *Cosmologia*, 1969, pp. 241-240.
[52] Spinoza e o jovem Schelling, por exemplo. (N. do E.)

Já na física clássica fora introduzindo o conceito de campo: gravitacional, magnético, eletroestático, eletromagnético. O campo é uma realidade extensa e contínua, não observável diretamente, mas só mediante os efeitos que produz sobre as partículas imersas no campo. A partícula conservava a sua individualidade substancial e produzia no campo, concebido como substrato substancial independente da partícula, modificação de estado, movimento, alteração de intensidade de força, etc., que se propagavam no substrato substancial imóvel até o infinito.

A relatividade, tanto a especial como mais ainda a geral, pelas dificuldades encontradas para explicar a velocidade de propagação da luz no éter, tende a negar, seja a **distinção** entre campo e seu substrato substancial (negação do éter), seja a distinção entre as partículas (fonte do campo) e o próprio campo: o campo é gerado pela partícula, que de algum modo se estende no campo gerado e cria o espaço, determinando sua geometria.

A mecânica quântica, com o dualismo corpúsculo-onda, **liga** indissoluvelmente **partícula e campo**, estendendo esse dualismo a toda a matéria. Tanto os fótons como os corpúsculos materiais (elétrons, prótons, nêutrons) têm um aspecto corpuscular (descontínuo) e, ao mesmo tempo, ondulatório (contínuo); e esse aspecto ondulatório contínuo se estende indefinidamente no espaço, sem limites definidos; a onda de um corpúsculo se sobrepõe, compenetra-se com a onda de outro e se constitui, assim, um campo único e contínuo, resultante da soma dos vários campos particulares.

A segunda quantização ou teoria quântica dos campos estende e generaliza ulteriormente essa ideia, introduz os operadores de criação e destruição das partículas, pelo que não somente a partícula gera o campo, mas também o campo gera partículas: partículas não são senão *quanta* dos **campos materiais** expressos pela equação Klein-Gordon. Além disso, explica todas as **interações** da matéria mediante a emissão e absorção de *quanta* = partículas = campos, que em uma concepção que conserve a individualidade substancial, viria a construir uma espécie de "ponte substancial" que une entre si duas partículas integrantes.

Um último conceito que vai na mesma direção, é o da **indiscernibilidade das partículas** da mesma espécie. Na física clássica atomista, admitia-se que toda partícula fosse um corpúsculo, **uma substância individual distinta de outra**, que conservava a sua individualidade também quando esta individualidade permanente não era observada nem praticamente observável. Nesta suposição, estão baseados os cálculos e as leis na **estatística dos gases** (Boltzmann): nesta estatística clássica, tem sentido falar de permuta de duas partículas da mesma espécie e diferem entre si da configuração em que a partícula A está no estado X e a partícula B no estado Y, e a configuração em que a partícula A está no estado Y e a partícula B, no estado X. A mecânica quântica não admite essa suposição da permanência da substância individual distinta, mas admite a **indiscernibilidade** das partículas individuais da mesma espécie; desta hipótese, derivaram-se **novas estatísticas**: a de Bose-Einstein para os fótons e a de Fermi-Dirac para os férmions (elétrons, prótons, nêutrons e núcleos atômicos com número ímpar de núcleons). A experiência confirma as novas estatísticas sempre que é possível deduzir consequências experimentais das hipóteses opostas.

b) As diversas interpretações da mecânica quântica

Daquilo que expusemos, resulta que a negação da multiplicidade substancial do mundo físico não é um fato diretamente provado pela ciência física hodierna, mas é unicamente uma **interpretação** de fatos e teorias, que realmente tendem para uma **atenuação e diminuição** da individualidade substancial dos últimos elementos da matéria.

Todavia, sobre essa interpretação do **significado ontológico** da física quântica, **os físicos não estão de acordo**. Podemos distinguir ao menos três tendências fundamentais.

1. **Tendência positivista** (a mais difundida, tendo à frente Heisenberg): a ciência deve se reduzir unicamente à enunciação dos fenômenos diretamente observáveis e ao uso de algoritmos ou expressões matemáticas para reunir entre si as medidas experimentais e, assim, prever o êxito da medida futura; mas não é lícito dar uma interpretação ontológica a essas expressões matemáticas, construir modelos intuitivos, supor entidades físicas reais que seriam a causa dos fenômenos observáveis. Com efeito, não é possível integrar os fenômenos observáveis com hipóteses de entidades reais (partículas, ondas...) sem cair em antinomias insolúveis e em anomalias causais, contradições lógicas ou em contraste com outras leis virtualmente verificadas.

2. **Tendência atomística** (a mais difundida entre os físicos não positivistas, tendo à frente Born): toda realidade física objetiva é constituída de **corpúsculos** indivisíveis, partículas mínimas substanciais, essencialmente descontínuas entre si, relativamente **permanentes**, enquanto podem ser emitidas e absorvidas, criadas e aniquiladas, mas no intervalo têm uma duração e uma existência individual; a onda e o campo não têm experiência objetiva igualmente real, mas são uma simples **função ideal de probabilidade**, símbolos matemáticos ideais, isto é, de probabilidade de encontrar em uma medida experimental um corpúsculo em um ponto determinado e como energia determinada.

3. **Tendência realística da onda** (menos difundida entre os físicos; o principal representante é Schrödinger): toda a realidade física consiste em um **campo ondulatório contínuo**, indefinidamente extenso, pura energia difusa; os corpúsculos elementares, os átomos, moléculas, os próprios corpos macroscópicos, não são mais que **concentrações de energia** no campo, pacotes de onda, como a crista da onda sobre a superfície contínua do mar; o movimento dos corpúsculos não é um deslocamento de "substância", mas simples deslocamento de onda no campo, sempre imóvel na sua totalidade; essas cristas ou pacotes de onda podem se dissolver (se há absorção ou aniquilamento de partícula) e se recompor (se houver emissão ou a criação de uma partícula); por isso, aquelas coisas que, na física atomística, eram consideradas substâncias individuais, não são mais que acidentes, modificações acidentais móveis de uma única substância universal.

A **primeira tendência tem razão** ao rejeitar os modelos mecanicistas e intuitivos e ao negar a possibilidade de se estender univocamente as propriedades dos corpos macroscópicos também à realidade microfísica elementar; mas parece **muito negativa** quanto ao valor objetivo e ontológico dos "entes físicos", isto é, das construções da física teórica; é impossível negar seriamente o valor objetivo ontológico a conceitos como o de átomo, elétron, próton, carga elétrica, campos energéticos, etc. Ainda que, a respeito dessas realidades, não possamos formar uma imagem intuitiva do tipo mecanicista e não possamos ter um conhecimento próprio e unívoco, podemos conhecê-las intelectualmente à base dos experimentos e dos raciocínios científicos, ter delas um conceito análogo como causa natural e própria de determinados efeitos sensíveis; só quem confunde o inteligível com o imaginável pode negar o valor deste conhecimento.

A **segunda tendência tem razão** ao afirmar a realidade do aspecto corpuscular da matéria e ao negar que a função de onda da atual mecânica quântica represente diretamente uma realidade objetiva; com efeito esta função matemática é representada em um espaço ideal pluridimensional e implica números imaginários, não podendo corresponder diretamente a uma realidade física no espaço real. Mas é **demasiado negativa** em relação ao aspecto contínuo ondulatório da matéria; a onda, com efeito, determina (dentro de certos limites) o desenvolvimento real do mundo físico, o percurso das partículas, os fenômenos de difração e interferência; não pode, portanto, reduzir-se a uma simples função cognoscitiva. Ao mesmo tempo, esses físicos permanecem **muito apegados** à imagem intuitiva (atomista e mecanicista) dos corpúsculos.

A **terceira tendência tem razão** ao afirmar o aspecto ondulatório contínuo da matéria, mas **não consegue explicar** (nem matematicamente, nem fisicamente) a relativa permanência dos pacotes de onda, que constituiriam toda a realidade dos corpúsculos, Ora, mesmo permanecendo no âmbito unicamente da física das partículas elementares, o aspecto corpuscular, as propriedades e os efeitos de natureza corpuscular são muito evidentes e não podem ser reduzidos a uma simples aparência.

Concluindo: é necessário reconhecer a realidade objetiva de ambos os aspectos da matéria: corpuscular e ondulatório, descontínuo e contínuo, embora não seja possível construir um modelo intuitivo e mecânico, principalmente com conceitos unívocos, tirados da experiência macroscópica. Mas, para dar ao problema da unidade ou multiplicidade substancial do universo físico uma resposta ao menos parcial e genérica, é necessário partir de um outro dado mais fundamental da experiência radical do nosso ser no mundo.

V.3. O dado fundamental da nossa experiência

O primeiro dado fundamental da nossa experiência no mundo é o do **próprio eu**, como **indivíduo substancial** distinto, embora não separado, do restante do mundo. O homem, que adquiriu a maturidade da consciência e da reflexão intelectual, conhece não só o seu ser e o seu agir, mas também a natureza das suas faculdades cognoscitivas e a si mesmo como princípio último e autônomo de suas operações; ele percebe o influxo do mundo circundante e a permuta contínua de ações e reações entre o ambiente e o próprio eu, reconhece o seu condicionamento externo e, portanto, a sua parcial dependência; porém, esse condicionamento e essa dependência não destroem a sua individualidade e personalidade; ele não é simples parte integrante de um todo, em que seu próprio ser fica absorvido; mas é existente por si mesmo, na própria unidade interna e na distinção de todo o resto; isto é, é um indivíduo substancial ou uma substância individual, no sentido pleno e perfeito da palavra.

Nessa unidade individual substancial do próprio homem, ele se percebe não como uma unidade puramente psíquica e material, mas como uma **realidade orgânica em uma unidade psíquica, biológica e física**: são operações do homem enquanto indivíduo substancial único não só o pensar e o querer, mas também o ver, sentir, nutrir-se, o movimento dos próprios membros. O homem é uma substância material, vivente, sensível e inteligente; é um corpo que, como indivíduo material substancial, tem uma certa natural coerência indivisa no espaço e no tempo, permanente no meio dos outros corpos do mundo.

O mundo, portanto, na sua totalidade não pode ser uma substância única universal, mas é substancialmente composto por muitos indivíduos substanciais humanos e pelo resto do mundo.

Mas, também, esse resto do mundo não humano não tem uma unidade substancial total: os **animais**, na unidade biológica de sua vida e na coerência indivisa no espaço e no tempo, mostram-se à nossa análise científica e filosófica como unidades análogas, substâncias individuais, indivisas em si e distintas do resto do mundo; a sua individualidade (que não atinge a personalidade) é muito débil, são menos indivisíveis e menos distintos, mas conservam, também, ao menos por algum tempo, a sua verdadeira e própria individualidade substancial. O mesmo se pode dizer, em um grau menor, mas proporcional, com respeito às **plantas**.

Passando a um grau ainda inferior do ser, os **corpos inanimados**, devemos esperar que a sua individualidade seja ainda mais débil, menos indivisa em si e menos distinta do resto; todavia, ao menos os corpos macroscópicos e macroscopicamente separados entre si (como dois corpos sólidos) têm uma coerência interna no espaço e no tempo e uma distinção externa do resto do mundo não menor e (se considerados sob este único aspecto) até maior que o corpo do homem ou dos animais e plantas. Portanto, também neles deve ser reconhecida uma individualidade substancial distinta, não obstante a permuta de ações e reações com o ambiente circundante, pelo menos enquanto essa comunicação não é tal que supere a barreira individual que os distingue do resto e os funde[53] em uma única individualidade substancial, com outras partículas do mundo circundante.

Concluindo: o mundo da nossa experiência é composto de muitas substâncias individuais distintas, viventes e não viventes, embora essas individualidades no mundo não humano não sejam tão individuais a ponto de não poderem ser absorvidas em uma unidade substancial superior.

A **ulterior pesquisa científica** e filosófica procurará estabelecer mais exatamente estas individualidades substanciais, partindo dos elementos últimos do mundo, isto é, das substâncias materiais mais simples, das quais todas as substâncias superiores mais completas devem ser compostas.

V.4. Ulteriores determinações da unidade e multiplicidade substancial

a) Multiplicidade dos elementos últimos da matéria

A investigação dos **elementos** últimos da matéria, isto é, dos corpos simples que não podem ser decompostos em corpos diversos e dos quais são compostos todos os corpos naturais do nosso mundo, interessou à humanidade desde o início da filosofia grega. Além do desejo geral de conhecer, tal busca era guiada pela necessidade de uma unidade na variedade quase infinita, de uma ordem natural na multiplicidade aparentemente desordenada e confusa.

Os primeiros filósofos jônicos indicaram um único corpo como a origem de tudo: **Tales**, a água; **Anaxímenes**, o ar; **Heráclito**, o fogo; **Anaximandro**, um corpo indeterminado (ápeiron), **Demócrito**, os átomos homogêneos e infinitos. Mas tal redução pareceu excessiva, e os filósofos sucessivos puseram uma pluralidade de espécies diversas: **Anaxágoras** admi-

---

[53] TD: funda. (N. do E.)

te uma infinidade de naturezas simples, especificamente diversas; **Empédocles** as reduz a quatro naturezas elementares (fogo, ar, água, terra).

Aristóteles aceitou a teoria dos quatro elementos de Empédocles, justificando-a *in genere* contra a teoria da unidade, com a consideração que as propriedades e os fenômenos diversos e opostos não podem ter uma explicação mediante um único princípio; é necessário, portanto, admitir uma diversidade e oposição fundamental entre os princípios para que se possa ter a diversidade e oposição entre os corpos compostos. Em particular, tratou de justificar, depois, os quatro elementos, reduzindo as propriedades diversas a algumas poucas propriedades fundamentais, opostas entre si par a par: quente e frio, leve e pesado.

A teoria dos quatro elementos proposta por Empédocles e elaborada por Aristóteles permaneceu na Antiguidade e na Idade Média, até a época moderna. Mas essa teoria era grosseiramente empírica e puramente qualitativa.

A pesquisa científica dos elementos da matéria teve início só no século XVIII, com a aplicação do método propriamente experimental (o método hipotético-dedutivo de Galileu) e a introdução da medida quantitativa, com a definição quantitativa dos elementos dada por **Lavoisier**: o elemento é o corpo do peso menor que se pode obter nas transformações químicas operadas em laboratório. Com esse método, durante o século XIX, foram determinadas as espécies dos **elementos químicos**, isto é, dos átomos diversos, ordenados segundo o peso crescente em uma classificação natural pelo químico russo **Mendeleiev** (1869).

Todavia, o grande número de espécies diversas dos elementos (92 segundo os últimos progressos da química) não podia, certamente, satisfazer a aspiração de unidade e simplicidade, embora a diversidade dos elementos e sua classificação fossem um dado puramente experimental que não tinha nenhuma explicação teórica. O médico inglês **Prout** (1815) propusera que todos os elementos químicos fossem compostos de um único elemento primeiro (**Prótilo**), que identificou como o átomo mais leve, o átomo de hidrogênio. Mas essa hipótese não só não tinha nenhuma prova experimental, mas também estava em contraste com o fato experimentalmente comprovado de que o peso dos átomos químicos não era múltiplo inteiro do átomo de hidrogênio, como era postulado pela hipótese de Prout.

Uma nova fase na procura dos elementos últimos da matéria foi aberta no fim do século XIX, após a descoberta dos vários fenômenos *elétricos* (raios catódicos, raios canais, efeito termoiônico e fotoelétrico) que mostravam a possibilidade de obter, da matéria ordinária, alguns corpúsculos eletrizados com carga oposta, negativa e positiva, e o fenômeno da **radioatividade** (Becquerel, 1986), o qual mostrava a possibilidade de transformar um átomo químico (urânio) em outros átomos químicos (rádio e hélio). Foi, portanto, proposta a hipótese segundo a qual a matéria ordinária, eletricamente neutra, fosse composta de partículas elétricas de carga oposta, que se neutralizavam entre si: íons positivos diferentes entre si e **elétrons negativos** todos iguais. A hipótese foi elaborada por **Rutherford** (1911) segundo o modelo planetário, no qual o átomo químico é composto por um núcleo central com carga elétrica positiva, diferente nas várias espécies químicas, e de **elétrons** negativos que giram em torno do núcleo em número tal que neutraliza a carga positiva do núcleo.

Demonstrou-se que o **número** das cargas positivas do núcleo e, portanto, dos elétrons periféricos, é igual ao número atômico, isto é, o número de ordem que os átomos têm no sistema periódico natural, ordenado segundo o peso atômico crescente. Esse número foi estabelecido com maior precisão por **Moseley** (1913).

Rutherford determinou também, com experiências sobre o desvio dos raios alfa através de lâminas metálicas, a ordem de grandeza do raio do número 10-13cm, dando ao raio da órbita eletrônica a dimensão do átomo: 10-10cm. **Bohr** (1913) determinou, posteriormente, estas órbitas, introduzindo a hipótese dos *quanta*.

O passo ulterior para a determinação dos elementos últimos da matéria foi dado com o estudo da composição dos núcleos atômicos e se tornou possível com a descoberta dos **isótopos**. Estes são os átomos que pertencem à mesma espécie química e, portanto, dotados das mesmas propriedades químicas, mas diferentes quanto ao peso. Medidas apuradas mostram que os pesos atômicos, correspondentes a cada um dos isótopos, são exatamente múltiplos inteiros do peso do átomo de hidrogênio.

Foi, assim, retomada (um tanto modificada) a hipótese de Prout: todos os núcleos atômicos são compostos por certo número de[54] um único núcleo originário, o núcleo do átomo de hidrogênio, que se chamou **próton**.

---

[54] certo número de = acréscimo ao TD. (N. do E.)

Entrementes, foi descoberta experimentalmente (1932) uma nova partícula, já proposta hipoteticamente por Rutherford, o **nêutron**, que permitia resolver definitivamente a questão da composição dos núcleos atômicos: um núcleo atômico é composto por tantos prótons quanto é o número atômico do elemento químico e por tantos nêutrons quantos são necessários para completar o peso atômico de cada isótopo.

Em conclusão: no estado atual da ciência, os elementos últimos da matéria são três: *elétron*, *próton* e *nêutron*, dois com eletricidade oposta e um neutro, um leve e dois pesados. A esses, é necessário adicionar o *fóton*, o *quantum* de luz.

Todavia, esse quadro bastante simples e racional se complicou com a descoberta de outras partículas elementares: os **mésons** (*muon, pion, kaon*), com massas intermediárias entre o elétron e o próton, e os **iperons**, com massa superior às partículas nucleares. Entre esses, o mais importante é o *pion*, que é considerado como o *quanto* do campo nuclear; os outros parece que devam ser considerados, antes, como estados excitados de outros elementos.

Por ora, não há uma teoria satisfatória das partículas elementares; estamos ainda em um estado prevalentemente empírico. Mas tudo leva a considerar como necessário o reconhecimento de uma certa pluralidade de elementos últimos, com propriedades opostas e com massas claramente diferentes.

b) Mutabilidade das partículas elementares

A filosofia atomística e mecanicista sempre afirmou a intrínseca **imutabilidade** dos elementos últimos da matéria, e a mesma afirmação foi retomada pela teoria atômica do século XIX. Ao contrário, Aristóteles defende explicitamente a possibilidade de **transformabilidade** recíproca de todos os elementos da matéria. Essa transformabilidade mútua era admitida por Aristóteles como um fato experimental, e não por razões filosóficas; é, porém, um dado de grande importância na sua filosofia, porque é o fundamento do hilemorfismo e da afirmação de uma matéria prima comum a todos os corpos. Eram exceção à mútua transformabilidade os céus — que, por isso, eram compostos de uma matéria diversa, a quinta essência.

A física hodierna, como já dissemos, rejeita a imutabilidade e permanência da matéria, mesmo nos seus elementos últimos. Todos os elementos podem **transformar-se uns nos outros**, não pela separação dos elementos preexistentes, nem por uma verdadeira e própria criação, mas por uma verdadeira transformação substancial de um no outro. Alguns se transformam em tempo mais ou menos breve, como os mésons, os íperons e também os nêutrons livres; outros, ao contrário, são de natureza estável (fótons, elétrons e prótons), mas, em circunstâncias determinadas, mesmo esses podem se transformar em grande número de antipartículas e vice-versa. Prótons de núcleos radioativos artificiais se transformam em um nêutron e um elétron positivo, de modo que a lei da transformabilidade não admite exceções. É importante notar que os fenômenos não podem ser explicados como separação de partículas preexistentes, tanto que os físicos falam de **criação** (não, porém, no sentido metafísico de criação divina).

c) Os compostos substanciais

Do mesmo modo, a filosofia atomista e mecanicista considera todos os compostos como simples **agregados acidentais**, nos quais os elementos conservam a sua individualidade permanente. Também a química do século XIX considerava todos os elementos químicos (as moléculas) como simples agregados dos átomos componentes e as primeiras teorias de Rutherford e Bohr consideravam, igualmente, os átomos como agregados de um núcleo e de elétrons periféricos.

De um ponto de vista experimental, a diferença entre um composto substancial e um agregado acidental é que as propriedades deste se reduzem à soma das propriedades dos componentes e à resultante interação delas, enquanto o composto substancial tem **propriedades verdadeiramente novas**. O critério da continuidade ou descontinuidade espacial não é, ao invés, aplicável nas dimensões microfísicas, especialmente se se tem em conta os campos e o aspecto ondulatório de todas as partículas materiais, segundo a mecânica quântica.

De fato, a física e a **química** modernas, explicaram muitas das propriedades dos compostos mediante as propriedades dos componentes e da sua interpretação, o que reforçava a tese mecanicista e atomista, se bem que a explicação total não tenha sido, jamais, conseguida.

Um dos casos de maior sucesso inicial foi a teoria de Rutherford e Bohr sobre a **composição interna do átomo**. Bohr, aplicando algumas regras quânticas ao sistema planetário de Rutherford, conseguiu explicar o espectro dos átomos químicos mediante a passagem de um elétron de uma órbita a outra, portanto, mediante um modelo atômico.

Todavia, justamente nesse caso, no qual eram melhor conhecidos os componentes, e as suas propriedades e interações, um estudo crítico mostra o contrário, isto é, a impossibilidade de considerar o átomo como um simples agregado dinâmico de núcleo e elétrons. De fato, segundo as leis do eletromagnetismo, muito bem conhecidas também na aplicação ao caso de um único elétron e um único próton (como no átomo de hidrogênio), o agregado dinâmico formado por eles seria instável, irradiaria continuamente energia eletromagnética e essa teria uma frequência continuamente variável, isto é, daria um espectro contínuo. Pelo contrário, o átomo de hidrogênio é estável, não emite continuamente energia eletromagnética, mas só quando é excitado e a energia emitida varia com descontinuidade, isto é, fornece um espectro de linhas. Portanto, há uma oposição clara entre as propriedades de um agregado de próton e elétron e o átomo de hidrogênio. Este é, portanto, uma substância nova, uma totalidade, com propriedades características irredutíveis às propriedades dos componentes.

Também a ligação química da valência, mediante a qual os átomos se unem para formar uma molécula, resistiu a todas as tentações de explicação mecanicista e, agora, é explicado na mecânica quântica mediante os campos, forças de permuta (*exchange forces*) que excluem a permanência da individualidade substancial dos componentes, que são absorvidos em uma totalidade superior. O mesmo argumento se aplica aos cristais naturais (que são o estado sólido propriamente dito da matéria).

Mesmo nos gases de partículas elementares, ao menos quando as partículas são suficientemente comprimidas, de modo a dar lugar a interações mútuas, as partículas sozinhas não conservam sua individualidade.

Do contrário, os gases moleculares e ordinários e os líquidos, ao menos em parte, devem ser considerados como simples agregados de moléculas individuais distintas, como provam os sucessos da teoria cinética dos gases.

Conclusão: segundo o estado atual da ciência física e química, a matéria toda do nosso mundo deve ser considerada composta por muitíssimas substâncias individuais, numérica e especificamente diversas. Os elementos últimos são constituídos por poucas espécies diversas e opostas, mas são transformáveis entre si e não têm permanência absoluta; podem, também, transformar-se substancialmente quando começam a fazer parte dos compostos naturais, como o átomo, a molécula e, em alguns casos, também corpos macroscópicos.

Multiplicidade e mutabilidade substancial são as características mais profundas e gerais dos corpos. E, na análise dessas propriedades, dever-se-á fundar (na parte seguinte) a determinação da *essência metafísica dos corpos*.

Sexta Parte
O HILEMORFISMO (ESQUEMA)

Cf. SELVAGGI, *Cosmologia*, Roma: Apud Aedes Universitatis Gregorianae, 1959, 317-364[55].

CAROSI, *Somatologia*. Roma: Edizione Paoline, 1960, 113-139. Trad. bras.: *Curso de filosofia: somatologia, psicologia, ética*. São Paulo: Paulinas, 1963.

VI.1. O problema da essência metafísica dos corpos

Na parte precedente, tratamos da **essência física** dos corpos, isto é, das propriedades gerais dos corpos enquanto podem ser determinados experimentalmente, ou definidas operativamente.

Agora, devemos procurar a **essência metafísica**, isto é, as razões últimas intrínsecas da inteligibilidade dos corpos **enquanto entes**.

Quais são os princípios intrínsecos que tornam possível o corpo enquanto ente?

Não se trata, portanto, de elementos físicos, nem de partes integrantes. O método pode ser dito **analítico transcendental**, enquanto devemos subir da análise das propriedades experimentais às últimas razões de sua existência e inteligibilidade, transcender a experiência com o intelecto metafísico.

---

[55] Ver também SELVAGGI, F., *Filosofia del mondo. Cosmologia filosofica*, pp. 500-540. (N. do E.)

VI.2. A demonstração fundamental do hilemorfismo pelas transformações substanciais

O fato: pela parte precedente, sabemos que os últimos elementos dos corpos não são imutáveis e eternos, mas mudam substancialmente. Ora um elemento se transforma em outro, ora muitos elementos se combinam para formar compostos substanciais. Esse fato é ainda mais evidente caso se considere a passagem da matéria inanimada para o vivente (por exemplo, a nutrição) e vice-versa (por exemplo, na morte de um vivente).

A análise metafísica: para que haja mudança de uma coisa em outra, e não simples sucessão (aniquilação de precedente e criação da seguinte), é necessário **algo de permanente** comum aos dois termos.

Este algo de permanente não pode ser simplesmente **ente**, porque (pela razão de Parmênides) do ente não pode provir o ente, pois o ente já é. Portanto, deve ser um **princípio potencial de ente**, isto é, capaz de devir, indeterminado e imperfeito, mas determinável e perfectível, pura potência na ordem do ser simplesmente.

Além disso, em ambos os termos da mudança, deve haver outro **princípio próprio e especificativo**, determinante e perficiente, que torne a potência do ente — ente em ato.

Pela mesma razão, este princípio atuante não pode ser **ente** simplesmente, mas só **princípio atual do ente**.

O princípio potencial é chamado **matéria prima**, o princípio atual, **forma substancial**.

VI.3. As outras demonstrações do hilemorfismo

Uma vez que o hilemorfismo é o centro de toda a filosofia dos corpos (porque lhes determina a essência metafísica), ou melhor, **de toda a filosofia de Aristóteles** (da **psicologia**, com as relações entre alma e corpo; da **lógica**, na doutrina da abstração da forma a partir da matéria, no que consiste a intelecção e que explica a origem das ideias; da **metafísica**, porque nessa doutrina se funda a teoria do ato e da potência e das quatro causas do ente, etc.), é conveniente ver também as **outras demonstrações** do hilemorfismo, nas quais, partindo de todas as diferentes **propriedades do ente corpóreo** (que temos considerado nas partes precedentes), conclui-se a mesma doutrina, como explicação intrínseca última do corpo natural.

a) O ente corpóreo, pela sua extensão, é **divisível**. Mas a divisibilidade exige a composição essencial de potência e ato na ordem do ente simplesmente, isto é, da matéria prima e forma substancial.

Nota: na primeira questão, tratava-se do corpo extenso, abstraindo-se de todas as propriedades sensíveis e, portanto, das várias espécies de corpos. Na essência do corpo enquanto tal, está incluída a divisibilidade sem limite. Tratando-se, agora, de corpos concretos, que são de determinadas espécies, com propriedades específicas determinadas, a divisibilidade tem limites e não pode ser levada ao infinito, mas só até certos **mínimos** específicos para os vários elementos e os vários compostos substanciais. Mas essa indivisibilidade não exclui a divisibilidade do princípio de todo corpo enquanto tal; é requerida, pois, em todo corpo enquanto tal, a razão metafísica da possibilidade de divisibilidade.

b) O ente corpóreo enquanto tal é **numericamente multiplicável** na mesma espécie. Mas essa multiplicidade exige que o princípio específico determinante e perficiente (a **forma substancial**) seja limitado na sua ordem; e isto não pode acontecer se não é recebido em um princípio de limitação, imperfeito e potencial (a *matéria prima*).

c) O ente corpóreo é **móvel** não só na ordem acidental (o que supõe composição de potência e ato como substância e acidentes), mas também na **ordem substancial**; e isto exige a composição de potência e ato na própria substância: matéria prima e forma substancial.

d) O ente corpóreo é **temporal** não só no seu agir e nas mudanças acidentais, mas também no seu **ser** e na sua permanência no ser. Mas tudo que é temporal, enquanto temporal, não é tudo o que é e pode ser, e seu ser está como que **distendido no tempo**. Portanto, não é ato puro, pura forma, pura perfeição, mas é **composto de potencialidade e atualidade**, matéria e forma na própria ordem substancial.

e) O ente corpóreo é *ativo*, mas não de uma atividade pura, porque tudo que age no mundo corpóreo **sofre juntamente a reação** por parte daquilo sobre o que age. Portanto, não é ato puro, mas composto de potência e ato. Esta potência deve ser um **sujeito comum** a toda a matéria, deve ser **potência** relativamente a todas as formas materiais, portanto, uma potência na ordem do ente simplesmente: **matéria prima**.

VI.4. A natureza da matéria prima

A matéria prima e a forma substancial não são dois conceitos *a priori*, ou definidos arbitrária ou convencionalmente, mas são aquilo cuja necessidade é estabelecida nas demonstrações do hilemorfismo e, em particular, na demonstração fundamental, isto é, matéria e forma têm, nas demonstrações, uma "definição operativa". Tudo o que se pode dizer da matéria prima e da forma substancial deve ser deduzido das mesmas demonstrações.

A primeira observação é que tanto a matéria quanto a forma *não são entes*, coisas, realidades físicas observáveis, mas **princípios do ente**, metafísicos e puramente inteligíveis. Eles não podem ser conhecidos e concebidos, a não ser que se compreenda e aceite a **analogia do ente**.

A matéria prima, como sujeito de mudanças substanciais, deve ser **pura potência** na ordem do ente simplesmente. Portanto, não pode ter por si nenhuma atualidade, nenhum ato entitativo (como quer Suárez), porque, se tivesse qualquer atualidade na ordem do ser, já seria ente simplesmente e, portanto, não poderia ser o sujeito permanente que possibilita a mudança do ente.

Por isto, Aristóteles diz que a matéria prima como sujeito da mudança substancial não pode ser substância, nem muito menos acidente, quantidade, qualidade ou qualquer outro gênero de ente.

A matéria prima não pode ser imaginada, mas simplesmente pensada. Ela é nada mais, nada menos que a causa do poder-ser-outro (substancialmente) inerente a qualquer corpo natural. Toda substância composta é ela mesma (tem tal espécie e determinação) pela sua forma substancial e, ao mesmo tempo, pode ser outra (mudar-se substancialmente) em virtude da matéria prima.

A matéria prima como condição de possibilidade da multiplicidade numérica é, também, o **princípio de individuação** nas substâncias materiais.

Por fim, a *unidade* da matéria em todas as mudanças substanciais não deve ser concebida como unidade positiva do ser, mas como simples unidade negativa, como simples indistinção.

VI.5. A natureza da forma substancial

A forma substancial é o **ato primo do corpo** que, informando a matéria prima, torna-a ente simplesmente. Distingue-se da **forma acidental**, que informa uma potência já atuada na ordem do ente simplesmente e lhe dá um ser segundo, uma ulterior determinação de ente tal.

A forma substancial **material** é o que depende totalmente no ser e no operar da matéria; distingue-se da forma **imaterial** ou espiritual que, embora sendo recebida na matéria como seu ato, não depende totalmente da matéria nas suas operações (intelecto e vontade) e, portanto, nem no seu ser (a forma imaterial, sendo independente da matéria no ser, o é também no devir e, portanto, deve ser criada por Deus e é imortal).

A forma substancial não pode ser senão **uma só** no ente simplesmente uno, isto é, na substância, pois se o **ente é uno**, isto é, tem um só ser substancial; a forma, que dá o ser substancial, só pode ser uma. É preciso, pois, rejeitar como metafisicamente impossível a doutrina da **pluralidade** das formas substanciais no ente uno, seja ela proposta por razões lógicas (realismo exagerado: árabes, Duns Scotus, Pietro Olivi), ou então por razões físicas (presença de propriedades dos componentes nos compostos e, portanto, das formas substanciais dos elementos: árabes, Alberto Magno, muitos neoescolásticos).

As razões aduzidas pelos defensores da pluralidade das formas substanciais se resolvem observando que a forma superior pode, por si, dar as propriedades das formas inferiores, e outras mais.

Como a forma não é o ente, mas princípio do ente, assim também a forma não devém, não se faz, mas só o composto, que é ente, devém pela situação da potência ou informação da matéria. Cai, pois, o pressuposto da dificuldade de Descartes que, concebendo a forma como ente, como uma substância, afirma que a forma deve ser feita, deve devir e, portanto, a doutrina hilemórfica implicaria um processo ao infinito.

A forma não devém, mas na geração do composto é **eduzida**, extraída, tirada da potência, em que era contida não atual, mas só potencialmente. Sob a ação das causas eficientes e das circunstâncias internas e externas, que determinam a mudança substancial, a **potencialidade da matéria é atuada**, isto é, recebe a nova forma não do exterior (a menos que se trate de uma forma imaterial), mas do próprio interior como **expressão, educão, atuação** da própria potencialidade. Esse conceito pode ser ilustrado como analogia de forma ou figura de uma estátua modelada pelo artista na cera ou na argila.

VI.6. A virtualidade da forma substancial e da matéria prima

A noção de virtualidade serve para completar a explicação da mudança substancial. A virtualidade é **intermédia** entre a potência e o ato, entre a matéria e a forma. Não deve ser concebida, porém, como um **terceiro princípio**, distinto dos outros dois, mas **se identifica realmente** como um ou como outro, segundo os diferentes modos de considerar.

A **virtualidade da forma** consiste na capacidade de uma forma superior produzir os objetos de forma inferior: assim, Deus contém, virtual e eminentemente, todas as perfeições das criaturas; a alma humana contém virtualmente a alma sensitiva e vegetativa e, também, as formas dos elementos químicos, dos quais se acha composto o corpo, no sentido que a alma material como forma do corpo lhe dá todas as propriedades e qualidades que correspondem a outras formas de ser.

A **virtualidade da matéria** consiste na disposição mais ou menos próxima da matéria para a edução da nova forma. A virtualidade, neste sentido, é uma disposição da matéria: a matéria, por si, é uma disposição puramente remota para todas as formas substanciais; mas quando a matéria é atuada por uma determinada forma substancial, com determinadas propriedades e qualidades, está mais proximamente disposta para uma forma do que para outra, e essa disposição pode ser ulteriormente aumentada pelas alterações qualitativas que o corpo pode receber do exterior (por exemplo, aquecendo-se ou esfriando-se). Quando a disposição, sob a ação das forças e circunstâncias externas ou internas, chega ao ponto de não ser mais compatível com a forma substancial precedente, mas exige nova forma substancial, então a forma precedente se transforma diretamente na nova forma, ficando como sujeito comum das duas formas sucessivas a única matéria prima (com a nova forma substancial, com efeito, haverá também novas formas acidentais, que serão, em parte, semelhantes às formas acidentais precedentes, em parte próprias da nova forma).

Conclusão. Repetimos que toda a doutrina do hilemorfismo como explicação das mudanças substanciais e das outras propriedades dos corpos é uma **doutrina metafísica**, puramente inteligível e não imaginável, sensível ou experimentável. A sua verdade é **demonstrada** por argumentos sobre os princípios fundamentais do ente enquanto tal e pode ser ilustrada, esclarecida, mediante a **analogia** com os compostos acidentais que são diretamente acessíveis aos sentidos.

O **erro fundamental** de todos os adversários do hilemorfismo[56] é o de conhecer tudo como ente simplesmente, como substância, e de não ter um conceito análogo do ente.

Sétima Parte
O MUNDO UNIVERSO (ESQUEMA)

Cf. SELVAGGI, *Cosmologia*, pp. 365-400[57]; e *Complementa Cosmologiae*, pp. 53-90; AUBERT, *Philosophie de la nature*, pp. 229-321.

VII.1. A unidade e a ordem do mundo

a) Não é uma unidade substancial, porque o mundo é composto de muitas substâncias individuais.

b) É uma unidade de **contiguidade, interação, de natureza específica** dos compostos naturais (átomos e moléculas), e dos últimos elementos.

c) Principalmente, é uma **unidade de ordem** estática e dinâmica, no ser e no agir, na proporção hierárquica das diversas naturezas (elementos, átomos, moléculas, cristais, compostos inorgânicos e orgânicos, plantas, animais, ser humano), dispostos com número e medida, e nas **leis gerais** de ação e interação, na constância e regularidade de todos os acontecimentos.

VII.2. A finalidade no mundo físico

Não só no mundo dos viventes, onde é mais evidente e manifesta, mas também no mundo físico, existe uma **finalidade intrínseca natural**:

a) **Em toda ação**, enquanto toda ação deve, necessariamente, tender para um fim, isto é, ser intencionalmente ordenada a um termo, o qual, se na ordem efetiva, se segue à ação; na ordem intencional, a precede, enquanto a determina e a especifica.

---

[56] hilemorfismo = acréscimo ao TD. (N. do E.)
[57] Ver também SELVAGGI, F., *Filosofia del mondo. Cosmologia filosofica*, pp. 541-585. (N. do E.)

b) **No conjunto** dos entes materiais, porque não pode haver ordem hierárquica sem finalidade[58], uma vez que a finalidade é o elemento formal da ordem.

VII.2.1. A evolução natural do universo

a) O universo não tem uma ordem somente **estática e imutável**, mas, sendo dotado de forças e energias, está em contínua **mudança e evolução**, evolução sintrópica em partes limitadas (formação de cristais, compostos químicos, viventes, a custo do ambiente) e entrópica no seu complexo.

b) Esta evolução deve ter sua **explicação** próxima nas forças internas da **natureza**, porque, sendo um **fenômeno natural**, universal e constante, que se prolonga nas épocas sucessivas do mundo, deve ter a causa próxima na mesma natureza, e não pode ser atribuída só a causas sobrenaturais e criadoras.

c) A evolução, porém, exige como **causa última** o próprio Deus, seja como **criador** da matéria, de suas forças e de suas leis, seja como princípio primeiro que age continuamente em toda ação e todo devir finitos, seja em particular como **causa adequada** do aumento da perfeição, que é implícito em todo verdadeiro devir em toda passagem da potência ao ato e, particularmente, no devir evolutivo.

d) O **fim interno natural** da evolução do universo e de toda geração natural é o **homem**, ao qual, como à forma suprema do ser na matéria, toda a natureza tende (Santo Tomás, *Suma contra os gentios*, III, 22).

e) Não se afirma e nem se nega a **existência do homem**, como ser material inteligente, também em outros lugares do universo; mas o homem deve existir ao menos em algum lugar e em algum tempo, para que o universo tenha sua finalidade hierárquica adequada na tendência à participação do próprio ser de Deus.

VII.3. O valor do mundo físico

a) O mundo físico como ente é **bom**, de uma bondade ontológica, participação finita de Deus, bondade suprema e primeiro princípio de todo ser.

---

[58] sem finalidade = acréscimo ao TD. (N. do E.)

b) O mundo físico é **bom também para o homem**, isto é, não só tem uma bondade ontológica, mas também um **valor humano**, enquanto o mundo é ordenado ao homem como fim último da geração natural, serve ao homem como sustentáculo físico e biológico, e como instrumento de conhecimento, enquanto todo conhecimento humano começa pelos sentidos, que são excitados pelas ações físicas de todos os corpos do universo; e assim, serve ao homem para sua perfeição suprema, e conhecimento divino, enquanto o homem ascende a Deus invisível pelas criaturas visíveis.

c) O mundo, porém, não sendo o fim do homem, não é seu bem supremo; antes, sendo o homem o fim do universo, todo o mundo físico só tem valor, na medida em que é **instrumento** e é usado como tal para o fim último do mesmo homem e para sua maior perfeição pessoal, que consiste no conhecimento e amor de Deus, bem supremo. Caso contrário, o mundo se converteria em obstáculo à perfeição específica do homem pelo mau uso que o homem faria dele.

VII.3.1. O valor da ciência

A ciência (não só as ciências humanas: antropologia, sociologia, psicologia, etc., mas também as ciências naturais, físicas, matemáticas) têm um **valor positivo** para o homem:

a) Enquanto são o meio mais aperfeiçoado para o **conhecimento** da natureza e do universo inteiro, isto é, tem um valor teorético ontológico objetivo e não são um formalismo cômodo para a ação.

b) Enquanto são o **meio para a ação** e o domínio do homem sobre a natureza (valor prático das ciências).

c) Enquanto concorrem para a **cultura** geral e civilização da humanidade, embora não sendo o meio único e exclusivo.

d) Enquanto concorrem para a **formação espiritual** do homem, fomentando o amor da verdade e da sua investigação rigorosa, o amor da natureza, a humildade do homem perante a grandeza do universo e dos desígnios de Deus na sua criação, não suprimindo a religião, mas antes, mostrando-a como termo supremo do conhecimento e da explicação do mundo[59].

---

[59] Cf. LIMA VAZ, H. C. de, *Antropologia filosófica* II, pp. 25 ss. (N. do E.)

VII.3.2. O valor da técnica

a) A técnica é "o ordenamento da razão diretivo da ação exterior para o uso e transformação das coisas e das forças da natureza, mediante a **aplicação racional e sistemática dos conhecimentos científicos**". Este último elemento distingue a técnica em sentido moderno da **arte** espontânea e empírica dos antigos.

b) A arte em geral, como ordenamento da operação humana sobre a matéria, distingue-se da ação instintiva dos animais pelo **uso sistemático de "instrumentos"** para a consecução do fim. Sob esse aspecto, a diferença principal entre a arte antiga e a técnica moderna consiste no uso, por parte desta, não só de meios naturais artificialmente aplicados (o uso do vento para o movimento do moinho), nem só de instrumentos artificiais, mas dotados só de inércia e propriedades passivas (o martelo e a serra), mas também de máquinas dotadas de um **princípio energético interno**, geradoras de energia (máquinas à vapor, explosão, eletricidade).

c) O último progresso da técnica se tem na automação, isto é, em se dotar as máquinas de dispositivos internos de regulação, que entram em ação estimulados pela própria atividade da máquina. Existem instrumentos autorreguladores mecânicos, mas os principais e mais importantes são os eletrônicos.

d) O **valor humano** da técnica consiste na possibilidade oferecida ao homem de um **maior domínio da matéria e de suas forças**, com todas as aplicações que isso pode ter para as necessidades materiais e biológicas do homem, tanto individuais como sociais, conforme o mandamento dado por Deus ao primeiro homem.

Mas a técnica pode e deve ajudar o homem também no seu progresso **intelectual, moral e religioso**.

e) Contudo, o progresso técnico pode ser também **fonte de males materiais** e, sobretudo, **morais e religiosos**, quando seu uso não seja regulado segundo os princípios da razão, da moral e da religião.

Por isso, é necessário que, paralelamente aos progressos da técnica, que fazem crescer as possibilidades materiais da humanidade, haja também um progresso do espírito, para que o homem não seja transformado de senhor em escravo e vítima do seu próprio progresso[60].

---

[60] Cf. LIMA VAZ, H. C. de, "Análise categorial e síntese dialética em filosofia da natureza", p. 31; *Antropologia filosófica* II, pp. 27 ss. (N. do E.)

CURSO 3
Curso de Filosofia da Natureza
de 1965

Anotações de Armando Lopes de Oliveira

A Matéria, por um lado, é o fardo, a cadeia, a dor, o pecado, a ameaça das nossas vidas. É o que faz peso, é o que sofre, o que fere, o que tenta, o que envelhece. Pela Matéria ficaremos pesados, paralisados, culpados. Quem nos livrará desse corpo de morte? Mas a Matéria é também a alegria física, o contato entusiasta, o esforço virilizante, a alegria de crescer. É o que atrai, o que renova, o que une, o que floresce. Pela Matéria somos alimentados, movemo-nos, ligamo-nos ao Mundo e sentimo-nos. É-nos intolerável ser delas despojados. "Non exui volumus sed superindui" (2Cor 5,4). Quem nos dará um corpo imortal?[1]

---

[1] TEILHARD DE CHARDIN, P., *O meio divino: ensaio de vida interior*. São Paulo: Cultrix, 1981, pp. 218-219. No TD, a citação está no texto original, em francês: "*La Matière, d'une part, c'est le fardeau, le péché, la menace de nos vies. C'est ce qui alourdit, ce qui souffre, ce qui blesse, ce qui tente, ce qui vieillit. Par la Matière, nous sommes pesants, paralysés, vulnerables, coupables. Qui nous délivra de ce corps de mort? Mais la Matière, en même temps, c'est l'allegresse physique, le contact exaltant, l'effort virilisant, la joie de grandir. 'est ce qui atttire, ce qui renouvelle, ce qui unit, ce qui fleurit. Par la matière, nous sommes alimentés, soulevés, reliés au reste, envahis par la vie. En être dépouillés nous est intolérable. 'Non exui volumus sed superindui*' (2Cor 5,4); *Qui nous donnera un corps immortel?*" TEILHARD DE CHARDIN, P., *Le Milieu Divin*. Paris: Seuil, 1957, p. 122 (N. do E.)

Agradecimento[2]

Ao mestre Velloso, incentivador incansável e compreensivo de nossos estudos e trabalhos;

Ao professor Magalhães Gomes, que gentil e eficientemente reviu a parte histórica referente às teorias físicas;

Aos técnicos de mimeografia, que eficientemente deram forma e cor a essa primeira apostila de nosso curso.

I. Introdução Geral

I.1. Situação Epistemológica da Filosofia da Natureza

I.1.1. O nome

Wolff, sistematizando os tratados de Leibniz, introduziu a denominação "cosmologia", para significar aquele setor da filosofia que estuda o ser móvel em geral. De dia para dia, sobretudo entre os ingleses, reserva-se a designação "cosmologia" para indicar aquela parte da Astrofísica que trata da formação do Universo, etc., antigamente denominada cosmogonia.

Para Aristóteles, cosmologia significava "descrição do céu visível". Quando trata do objeto de estudo com que nos ocuparemos, emprega a expressão *physikè akróasis*, no sentido de preleções sobre a natureza.

Preferimos a denominação "Filosofia da Natureza", tomando o cuidado de ressaltar que, para os ingleses, por influência de Newton, a "Filosofia Natural" é o mesmo que a nossa Física.

I.1.2. O objeto

Averiguação Primeira: existe uma oposição fundamental, de contrariedade, que pode ser descrita em termos de **interioridade-externalidade**. Por interioridade, entendemos aqui a identificação dinâmica do pensamento consigo mesmo. A oposição fundamental é aquela tensão dialé-

---

[2] Como o material consta como coautoria no *Apêndice 1* do presente volume, os agradecimentos são tanto de Lima Vaz quanto de Armando Lopes. (N. do E.)

tica que, aflorando ao campo consciente, lança dois polos ou centros de referência:

EU ←——→ NÃO EU
SUJEITO ←——→ OBJETO
CONSCIÊNCIA ←——→ MUNDO

Pressuposto primeiro: supomos, da Epistemologia, garantida a existência de direito do mundo sensível, como objeto possível de conhecimento. Não faremos um estudo crítico, mas uma **ontologia regional**.

Asserção primeira: a nossa ontologia regional é aquela que tem por objeto o mundo sensível, investigado sob a luz de conceitos "absolutamente afirmáveis". Mas esse objeto estará sempre "aí, assim, sem razão", como nota Sartre, quando fala da **faticidade** do mundo, a não ser que adotemos uma angulação acertada ou uma **perspectiva** válida e coerente. Daí a importância do sujeito **enquanto atitude** perante o objeto. Do sujeito, da sua **atitude**, de sua **perspectiva**, dependerá a mundividência autêntica, ou truncada, incoerente, infeliz.

I.1.3. O sujeito

Atitude primeira: natural ou empírica.

Existe um mundo que é o da percepção vulgar. Aquele mundo a que estamos diretamente ligados pela experiência imediata que temos dos homens e das coisas. É aquele mundo familiar, aquele universo da rua, do trabalho, com que estamos em contato *"face to face"*. Experimentamos, reagimos, vivemos enfim, na nossa espontaneidade natural ou no artificialismo de certos ritos e praxes, aceitos sem resistência e sem crítica, como normas comuns do comportamento humano.

Nessa atitude acrítica, primária e fundamental, o homem se abre para o mundo segundo as coordenadas naturais de sua **consciência empírica**[3], relacionando-se imediatamente com o seu contorno, segundo o mecanismo

---

[3] Ver LIMA VAZ, H. C. de, revista *"Verbum"*, fasc. 1, março de 1960, artigo: "Análise Categorial e Síntese Dialética".

dos estímulos-reações. Vive aquele universo cotidiano em que, às ilusões da percepção sensível se somam as oscilações da autorregulação biopsíquica. Mundo em que todos têm razão e ao mesmo tempo ninguém a tem. Cada qual é a medida de todas as coisas, no campo tanta vez desencontrado das apreciações e juízos pessoais. É a região de direito do subjetivo.

Atitude segunda: científica ou epistemológica.

Existe um mundo que é o da elaboração científica. Abrindo-se para o mundo, segundo as coordenadas artificiais de sua **consciência empiriológica**, o homem moderno se relaciona com o seu contorno através da mediatização dos instrumentos e aparelhos científicos. Movimenta-se e raciocina naquela ambiência criada por ele mesmo, o que Eddington denominou *"the world of pointer readings"*[4]. Mundo em que à construção de uma ciência objetiva, à medida do homem, soma-se a transformação do meio ambiente pela técnica, responsável pelos diversos matizes daquela passagem a que os sociólogos costumam chamar de humana. Assumindo atitude científica, a consciência do homem se coloca dentro de um âmbito epistemológico que implica na **neutralização** do próprio eu, perante as respostas oferecidas pela experimentação científica, confirmatórias ou não das hipóteses anteriormente elaboradas.

Atitude terceira: filosófica ou transcendental[5].

Existe um mundo que é o da "experiência metafísica"[6]. Visualizando o mundo, segundo as coordenadas absolutas de sua **consciência transcendental**, o homem tende à descoberta e à afirmação de categorias que sejam **necessárias** *a priori*, independentes, pois, das contingências do *hic et nunc*. Isso implica uma **idealização** do sujeito-filósofo, o que lhe permitirá exercer a **função totalizante** de sua consciência, ao se colocar acima das particularidades, quando vislumbra o essencial das coisas.

Em Aristóteles e até meados do século XVII, a segunda e a terceira atitude se confundiam: havia apenas filosofia (esforço de interpretação ab-

---

[4] Ver JOAD, C. E. M., *Philosophical aspects of modern science*. London: George Allen & Unwin, 1943, na parte sobre Eddington (pp. 186-225).
[5] Ver KANT, I., *"Crítica da razão pura"* — toda a introdução. Ver também MARÉCHAL, J., "Le point de départ de la Métaphysique", cahier III, liv. II, chap. III.
[6] Ver SIMON, Y., "Introduction à l'ontologie du connaître", Paris, 1934 — pp. 167-169.

soluta) do mundo. De fato, toda dificuldade consiste em distinguir claramente a segunda da terceira, e justificar a terceira. A distinção se fez com Galileu e Newton, quando as **ciências experimentais** definiram a real e específica dimensionalidade epistemológica da segunda atitude e, em um clima de revide, julgou-se desnecessária e mesmo improcedente uma interpretação metafísica do mundo.

Uma reta compreensão das três atitudes ou **níveis de consciência**, acima descritos, nos leva à rejeição dos **três graus de abstração** de Aristóteles, por não corresponderem mais ao estatuto epistemológico das ciências. Senão vejamos. A Filosofia da Natureza

- Não se situa no primeiro grau de abstração — exige grande generalização (o mundo simplesmente afirmável como ser).
- Não se situa no segundo grau de abstração — não pode prescindir do **sensível**, nem como ponto de partida, nem como termo.
- Não se situa no terceiro grau de abstração — pela mesma razão supra (na elaboração de nossa Filosofia da Natureza, deveremos sempre ter presentes os esquematismos da sensibilidade externa e interna).

II. Unidade primeira: Extraposição do mundo

"O pensamento é tudo aquilo que é interior a si mesmo, portanto é interioridade. Qual parentesco pode ter ele com aquilo que é a negação desta interioridade e que, propondo-se como a exterioridade pura, arruína a consciência?"[7]

A. Marc, *Psychologie réflexive: la connaissance*.
Paris: Desclée, 1948, p. 50.

---

[7] No TD, a citação está no original francês: *"La pensée est toute intérieure à soi, donc intériorité. Quelle parentée peut elle bien avoir avec ce qui est la négation de cette intériorité et qui, s'offrant comme l'extériorité pure, ruine la conscience?"*. A tradução foi feita pelo Dr. Diogo Porto Silva (UFMG), pesquisador com publicações em filosofia japonesa e francesa (N. do E.)

1. Perspectiva Histórica

Examinaremos brevemente a evolução filosófica do conceito de extensão, nas suas diversas formas (filosófica, física, matemática), a fim de tornar patente o aspecto quantitativo do mundo, como problema que se levanta continuamente ao espírito humano, com todas as características de um **fato filosófico** historicamente detectável.

Na Antiguidade grega

Quem primeiro colocou questões com respeito ao problema espaço ou extensão foi Zenão de Eleia. Em sua polêmica, provavelmente contra os Pitagóricos, expôs argumentos que se tornaram clássicos, nos quais mostrou as dificuldades lógicas de se conciliar a divisibilidade ao infinito do espaço ideal com a finitude do espaço real. Demócrito introduz em seu sistema atomístico a noção de vazio (*tó kenón*). Platão, no diálogo *Timeu*, também introduz o conceito de pura extensão como "receptáculo" (*khôra*). Aristóteles investigou *ex professo* o problema da extensão, tanto no seu tratado das *Categorias* (categoria de Quantidade, *tó posón*) como na sua física (*de loco et de finito*).

Na Idade Média

De uma parte, os problemas são filosóficos e científicos, e se originam de dificuldades de se aplicar o sistema aristotélico, por todos admitidos, ao mundo. De outra parte, são teológicos e se originam da dificuldade de se conciliarem as propriedades extensivas dos corpos com a presença real de Cristo na Eucaristia, admitida por fé.

Na Idade Moderna

Cria-se um novo tipo de ciência do mundo, a experimental. E a edificação dessa ciência, desde Galileu até Newton, baseia-se inteiramente na elaboração de uma nova noção de espaço (o espaço físico-matemático). Concomitantemente, Descartes começou sua filosofia, tendo como ponto de partida o problema da inteligibilidade do mundo extenso e renova de alguma maneira a concepção de Demócrito sobre o espaço. Questões atinentes ao espaço continuaram se agitando entre Leibniz e Clarke (discípulo de Newton) e Kant estabeleceu uma doutrina completa sobre o espaço, que constitui o fundamento de sua filosofia crítica. Por outro lado, a evolução da física e da matemática levaram a novas noções do espaço (teoria da relatividade) e do número (teoria dos conjuntos). Convém notar ainda que, nos sistemas filosóficos contemporâneos (idealismo, fenomenologia) como na filosofia das ciências, o problema da espacialidade do mundo ocupa lugar central.

2. Redução Crítica

Tem por finalidade detectar os aspectos fundamentais que estabeleçam a espacialidade do mundo como um fato filosófico criticamente estabelecido. Esta redução pode ser feita mediante os seguintes passos:
- A extensão como **externalidade** do mundo.
- O mundo se nos revela primeiramente como **exterior** a nós. Nessa oposição entre a identidade *tou ego* e a **exterioridade do mundo**, o próprio mundo enquanto tal se constitui.
- A externalidade do mundo se prova como objetiva (na Epistemologia).
- A externalidade do mundo aparece como **fato filosófico**, a respeito do mundo, anterior a todos os outros, que se deve submeter a uma **elaboração categorial**.

A elaboração categorial, último passo da redução crítica, deve-nos revelar a **essência** do espaço, como fato filosófico primitivo, mediante os esquemas **representativo** e **operativo**.
- O **esquema representativo** seja de superfície, seja de profundidade, surge da percepção para a qual concorrem os vários sentidos externos, mas principalmente o tato e a visão. Exprime-se mediante expressões vulgares como perto, longe, etc. audição parece bem importante também.
- **Esquema operativo**: o mundo nos aparece como extenso também mediante a operação (física ou mental) pela qual como que o dispomos em partes justapostas. Assim o mundo como extenso retamente se pode descrever *"quod habet partes extra partes"*.

Veremos, logo a seguir, que a categoria de externalidade do mundo pode se exprimir, segundo seus aspectos essenciais, mediante as seguintes notas próprias ou subdeterminações categoriais:
Continuidade
Numerabilidade
Dimensionalidade
Relatividade

a) O Problema do Contínuo

1. *Perspectiva Histórica*

Zenão de Eleia pode ser considerado como a última e mais evoluída expressão do intelectualismo pré-Socrático. Superando as posições pitagóricas, com as quais entra em conflito, toma as opiniões dos adversários de Parmênides, mostrando todas as contradições que se seguem ao fato de se admitir a "pluralidade", a "multiplicidade" e o "movimento".

• Aporia da multiplicidade:

A polêmica de Zenão de Eleia dirige-se, em primeiro lugar, contra uma certa concepção de unidade devida principalmente aos pitagóricos. Eudemo, na sua *Física*, lhe atribui as seguintes palavras: "Se alguém me disser o que é a unidade, eu seria capaz de dizer o que são as coisas". Se admitimos que a unidade não tem grandeza, então todas as coisas serão a igual título infinitamente pequenas, pois o que é múltiplo ou multiplicidade se compõe de partes ou unidades. E nenhuma coisa feita de unidades sem grandeza pode ter alguma grandeza. Por outro lado, se afirmamos que as unidades têm grandeza, então todas as coisas são a igual título infinitamente grandes. Isto porque não se pode por limite à divisibilidade, e a soma de um número infinito de parcelas que tenham alguma grandeza só pode ser um infinitamente grande[8].

---

[8] Ver BURNET, J., "L'aurore de la philosophie grecque", trad. Aug. Reymond, Paris: Payot, 1952, pp. 360-364.

• **Aporia do espaço:**
Aristóteles faz alusão ao argumento de Zenão que parece se dirigir contra a doutrina pitagórica do espaço[9], e Simplício também o cita[10]. Podemos formulá-lo nos seguintes termos: se todas as coisas que existem, existissem em algum espaço, então o espaço seria alguma coisa e por conseguinte estaria situado em algum outro espaço, e assim indefinidamente; eis por que não existe o espaço. Como muito bem o nota Burnet[11], esse argumento de Zenão se dirige contra a tentativa de distinguir o espaço do corpo que o ocupa. Se admitimos que todo corpo deve estar no espaço, então devemos ir mais longe e perguntar em que está o próprio espaço. É um reforço da negação parmenidiana do vazio. É que o argumento de que cada coisa deve estar em alguma coisa, ou deve ter alguma coisa que a contenha, está em oposição à teoria parmenidiana de uma esfera finita não contida em coisa alguma.

• **Aporias do movimento:**
O sistema de Parmênides tornava todo movimento impossível, e seus sucessores se viram obrigados a abandonar a hipótese monista, precisamente a fim de evitar esta consequência. Zenão não traz nenhuma prova nova sobre a impossibilidade do movimento; contenta-se em mostrar que uma teoria pluralista, como a dos Pitagóricos, por exemplo, é não menos incapaz de explicá-lo que a de Parmênides[12]. Considerados sob este aspecto, os argumentos de Zenão, longe de serem simples sofismas, trouxeram um grande progresso à concepção de espaço e da quantidade[13].

Um corpo não pode chegar a um determinado lugar — argumento da dicotomia. Para que um corpo possa ir de um lugar a outro, deve percorrer algum espaço. Ora, o espaço, mesmo o ínfimo, consta de infinitas partes. Ora, partes infinitas em número não podem ser percorridas em um tempo finito. Logo, nenhum corpo pode mover-se em um tempo finito, e mesmo que te ponhas a correr, "não podes chegar à extremidade de um

---

[9] Ver BURNET, J., o. c., *ibidem*; Aristóteles, Met B, 4, 1001b7.
[10] Ver BURNET, J., o. c., *ibidem*; Simplício, Phys, p. 562, 3.
[11] Ver BURNET, J., o. c., principalmente pp. 364-365.
[12] TD: ...é não menos incapaz de explicá-lo como o é a de Parmênides (N. do E.)
[13] Ver BURNET, J., o. c., *ibidem*.

estádio"[14]. Em outras palavras: o móvel, para atingir o fim do percurso, tem de atingir o meio, depois o meio do meio, e assim indefinidamente, pois a extensão é divisível ao infinito. Logo, sendo o espaço igual a 1 (um), teremos: $1 = ½ + (½)^2 + (½)^3 + \ldots$

Aquiles jamais poderá atingir uma tartaruga — se se admite a realidade do movimento local, Aquiles, o "de pés ligeiros", nunca conseguiria atingir uma tartaruga lentíssima. Isto porque, enquanto Aquiles chega ao lugar onde a tartaruga estava, esta já se terá movido algum tanto. Aquiles deverá, pois, atingir esse outro lugar. Mas quando chegar a este segundo ponto, a tartaruga já terá avançado um outro tanto e achar-se-á em uma terceira posição. Aquiles se aproximará indefinidamente da tartaruga sem nunca a atingir[15]. É o mesmo argumento da dicotomia, observa Aristóteles, só que a divisão não se faz mais segundo a razão ½.

A flecha lançada está parada — pois para mover-se, ela deveria percorrer espaços sucessivos em tempos sucessivos. Mas como os instantes (*tá nún*) do tempo são infinitos, a flecha nunca percorrerá o primeiro espaço, divisível dicotomicamente ao infinito, senão depois de um tempo infinito.

Todo tempo e todo espaço são iguais à sua metade — Disponham-se em um estádio três séries de móveis. A primeira, ou seja, A_1, A_2, A_3, A_4, imóvel. A segunda, B_1, B_2, B_3, B_4; e a terceira, C_1, C_2, C_3, C_4, movendo-se com a mesma rapidez, em direções paralelas e em sentido contrário, e considere-se o momento em que os móveis de mesmo índice estejam todos perfilados (mesma coluna). Teremos: B_4 terá percorrido simultaneamente o espaço total C_1, C_2, C_3, C_4, e sua metade A_3, A_4; tendo consumido simultaneamente o tempo inteiro (aquele que separa C_1 de C_4) e a sua metade (tempo que separa A_3 de A_4). Logo, o átomo de espaço é igual à sua metade; o átomo de tempo é igual à sua metade. Graficamente:

A_1 A_2 A_3 A_4 1º momento
B_1 B_2 B_3 B_4
        C_1 C_2 C_3 C_4

A_1 A_2 A_3 A_4 2º momento
B_1 B_2 B_3 B_4
C_1 C_2 C_3 C_4

---

[14] Ver ARISTÓTELES, Phys, Z, 9, 239, b11.
[15] Ver ARISTÓTELES, Phys, Z, 9, 239, b4.

Aristóteles procurou solucionar as antinomias propostas por Zenão de Eleia e, assim, esclarecer a continuidade do espaço. Na *Física* V, 3, 227a10-15, Aristóteles definirá a continuidade pela **unidade dos limites** (possíveis) de duas coisas: "a continuidade é uma propriedade das coisas que naturalmente formam uma unidade por seu contato uma com a outra"[16]. Como o mostra Santo Tomás (in VI *Phys* 1 lect 1ª), o filósofo tem o cuidado de distinguir a continuidade de **contiguidade** (*quorum ultima sunt simul*) e da **consecutividade** (*consequentia esse habentia dicuntur quorum nihil est medium sui generis*). No próprio livro quinto da *Física*, Aristóteles dá um princípio de solução às aporias de Zenão de Eleia, mostrando que o infinito, em todo e qualquer contínuo, se pode entender de duas maneiras: ou segundo a divisão ou segundo as partes atuais dos elementos infinitos. No livro VI (239b, 18-22) mostra que o argumento de Aquiles se reduz ao da dicotomia, já refutado no livro V. Finalmente, no livro VIII (263a), Aristóteles volta sobre as dificuldades de Zenão, para dar a elas uma resposta suficiente e "segundo a verdade das coisas". Esta resposta consiste em distinguir o infinito (ápeiron) em ato e potência, e em mostrar que a essência do contínuo não é ser divisível segundo uma razão determinada (no caso, dicotômica), mas isto lhe acontece (*sumbebeké*). Assim, a solução aristotélica consiste em excluir do contínuo uma multiplicidade de composição que implique a procedência das partes sobre o todo. Se o infinito na extensão é dado só em potência, a partir da divisibilidade do todo extenso, o infinito é mais "um processo" que "uma realidade", e este processo está ligado à operação mental da numeração.

Depois de Aristóteles, o problema da continuidade desenvolve-se tanto na linha matemática quanto na filosófica. Na matemática, com os problemas de infinidade numérica e incomensurabilidade de certas grandezas, cujo desenvolvimento é marcado pela teoria das proporções de Eudoxo, referida por Euclides no livro V dos *Elementos*, e pela obra de Arquimedes, último expoente na evolução do problema dos "infinitamente pequenos", entre os gregos. Todo o problema repousava, de resto, na formulação do "axioma da continuidade", que Platão expressa assim: "aquilo ao qual convém a grandeza e a pequenez, convém também a igualdade, que é intermediária entre elas".

---

[16] No material datilografado está a citação em latim: "*Continua dicuntur quorum extrema sunt unum*". (N. do E.)

A evolução do cálculo infinitesimal, a partir do século XVII, conduziu finalmente à definição moderna da continuidade matemática (trabalhos de Cauchy, para as funções; de Dedekind e Cantor, para os números). A noção de "passagem ao limite", posta em evidência pelos analistas do século XVIII e aperfeiçoada pelos trabalhos de Cauchy, marca uma importante etapa neste desenvolvimento. Modernamente, a noção de continuidade matemática se elabora a partir da noção de **conjunto**. Assim podemos definir **conjunto contínuo**, servindo-nos do Postulado da Continuidade de Dedekind: "Se, por um processo qualquer, praticarmos um corte (A, B) no conjunto de números reais, existirá um e um só número F, fronteira do corte, que será: ou o maior número da classe A (e nesse caso não haverá em B nenhum número menor que todos os outros[17]), ou o menor da classe B (e nesse caso não haverá em A nenhum número maior que todos os outros[18]). Esse número se indicará por F (A,B)"[19]. Com respeito às funções: "Uma função é contínua em um ponto quando a sua oscilação é nula nesse ponto". Portanto, se y = f (x) for contínua no ponto a, e na vizinhança *(a− ϵ, a+ ϵ)* de a os seus extremos forem *Eϵ e eϵ*, teremos:

$$\text{Lim}(E\epsilon - e\epsilon) = 0$$

$$\epsilon \to 0$$

Da definição resulta que, dado um número positivo ϵ, arbitrariamente pequeno, deverá existir um número positivo tal que, na vizinhança *(a− ϵ, a+ ϵ)* de a, se tenha $E\epsilon - e\epsilon < J''$[20].

O problema filosófico da continuidade, que Leibniz chama o "labirinto do contínuo", torna-se fundamental no idealismo moderno, e assume forma clássica na primeira e segunda antinomias de Kant, na *Crítica da razão pura*.

2. Elaboração categorial

Proposição Primeira: O MUNDO EXTRAPÕE-SE À CONSCIÊNCIA COMO EXTENSIVAMENTE CONTÍNUO.

---

[17] Entenda-se: maior do que todos os números anteriores da classe A. (N. do E.)
[18] Entenda-se: menor do que todos os números posteriores da classe B. (N. do E.)
[19] Ver Tibiriçá Dias, A., *Curso de cálculo infinitesimal*, t. I. Ouro Preto, 1962, p. 72.
[20] Ver Tibiriçá Dias, A., o. c., pp. 107-108.

Proposição Segunda: A CONTINUIDADE EXTENSIVA DO MUNDO NÃO DIZ, DE SI MESMA, DETERMINAÇÃO ALGUMA ATUAL DE PARTES.

No início do nosso tratado filosófico a respeito do mundo corpóreo, ocorre-nos tratar por primeiro de sua **externalidade**, ou seja, do fato primitivo da **extensão** ou **espacialidade** do mundo. Temos em vista esclarecer o sentido ou significado filosófico desse termo e resolver os problemas nele implicados, de modo a visualizar o mundo externo segundo categorias ontologicamente válidas.

Explicação de termos:

(1) — **Mundo**: entenda-se mundo externo, segundo imediatamente se pode apreender, a partir da primeira e fundamental oposição de contrariedade, entre a identidade dinâmica do pensamento consigo próprio e a externalidade do mundo, ou seja, entre o EU e o NÃO EU, no sentido acima explicado. A experiência do *EGO* e do *NON EGO* pode ser estudada:
— de forma crítica: problema da realidade objetiva do mundo.
— de forma psicológica: problema da percepção do mundo.
— de forma ontológica: problema do "SER" do mundo e sua visualização categorial.

O nosso estudo é ontológico.

(2) — **extrapõe-se**: entenda-se, dialeticamente, em oposição de contrariedade.

(3) — **consciência**: não no sentido moral ou psicológico (superego de Freud), mas na acepção de autoconsciência ou **interioridade**, podendo ser descrita fundamentalmente como "identificação dinâmica" do pensamento consigo próprio, ou como pensamento "à segunda potência"[21].

(4) — **continuidade extensiva**: quando dizemos que o mundo é extensivamente contínuo, queremos indicar não só o fato de sua **externalidade**, mas também a sua natureza, pelo menos quanto ao aspecto de **continuidade**.
• o fato da externalidade é apreendido mediante:
    # **esquema representativo**, que nos representa o mundo como um todo homogêneo (ou seja, cujas partes não se distinguem

---

[21] Nota 14 do TD: A expressão é de Teilhard de Chardin. Ver "L'Apparition de l'Homme", Ed. du Seuil, Paris, 1956, p. 312.

do próprio todo) que se estende **indefinidamente**, exprimindo-se tal fato, vulgarmente, com a palavra **espaço**.

\# **esquema operativo**, que nos apresenta o mundo externo como uma **sucessão de partes** (homogêneas), umas extrapostas às outras e indeterminadas quanto à grandeza. Segundo esta apreensão o espaço pode ser descrito vulgarmente como "id quod habet partes extra partes".

- é da natureza da extensão, segundo um de seus aspectos essenciais, ser contínua. "Continua dicuntur ab Aristotele 'quorum extrema sunt unum."[22] Trata-se, pois de um todo homogêneo, ou seja, com ausência de limites internos atuais. Afirmamos que essa continuidade é propriedade essencial da externalidade do mundo. Segundo a sua espacialidade, não pode haver, por conseguinte, "hiatos" ou interrupções no mundo. Mas, como a extensão contínua é homogênea, aparece como sempre ulteriormente determinável em partes. A oposição entre a continuidade e a divisibilidade em partes constitui o que se costuma chamar de **antinomia do contínuo**.

(5) — **partes atuais**: entenda-se que antecedam em ato ao todo. Afirmamos que no mundo a unidade precede logicamente à multiplicidade.

Argumento primeiro:
Se o mundo se extrapusesse à consciência como uma extensão não contínua, a espacialidade do mundo seria intrinsecamente contraditória.

Ora, a espacialidade do mundo não pode ser intrinsecamente contraditória.

Logo, o mundo extrapõe-se à consciência como uma extensão contínua.

m [premissa menor][23]: É imediata, não só pela consideração do mundo na explicação dos termos, como da Epistemologia, pois a espacialidade ou externalidade do mundo é um fato primitivo da experiência.

---

[22] Tradução livre: "São chamadas (extensões) contínuas por Aristóteles aquelas cujas extremidades são uma só [a mesma]".
[23] [premissa menor] = acréscimo ao TD. (N. do E.)

M [premissa maior]²⁴: com efeito, uma extensão não contínua teria partes interrompidas por intervalos não extensos, o que é um absurdo. Seja, por exemplo, a extensão a̲b̲: a_____b. Nela, apenas se poderão determinar partes que sejam também extensas, como, por exemplo, a̲c̲, c̲d̲, d̲b̲: a̲ c̲ d̲ b̲; pois, se estas partes fossem inextensas em ato, a própria extensão ab seria uma "**extensão inextensa, em ato**", o que seria contraditório. Suponhamos, por absurdo, uma extensão a b que contivesse uma parte não extensa, de fronteiras c, d: a̲ c̲ d̲ b̲. Não haveria nenhuma relação de continuidade entre as fronteiras c̲ e d̲. Portanto, não a haveria também entre os extremos a̲ e b̲, e a extensão a̲b̲ seria intrinsecamente contraditória: uma "**extensão sem extensão**".

Argumento segundo:
Se a continuidade extensiva do mundo dissesse **de si mesma** determinação atual de partes, seria intrinsecamente contraditória.

Ora, a continuidade extensiva do mundo não pode ser intrinsecamente contraditória.

Logo, a continuidade extensiva do mundo não diz de si mesma determinação alguma atual de partes.

m: É evidente, senão estaríamos contradizendo o primeiro argumento já provado.

M: Com efeito, uma extensão contínua, que dissesse de si mesma determinação atual de partes, seria o mesmo que uma extensão contínua cujas partes fossem limitadas por intervalos não extensos, o que é um absurdo, como acima ficou provado.

Corolários:
1. Logo, o mundo externo é uno segundo a extensão, ainda que ilimitado. Uno, porque contínuo. Ilimitado (o que não é o mesmo que infinito) por que não contém limites atuais na extensão, como acima ficou demonstrado.
2. Logo, a realidade do mundo externo não é apenas **ser extenso**, pois há uma heterogeneidade, na nossa experiência imediata das coisas, que não se poderia adequadamente explicar a partir da pura homogeneidade do extenso contínuo.

---

²⁴ [premissa maior] = acréscimo ao TD. (N. do E.)

3. Logo, não se pode falar de indivisíveis ou "**mínimos naturais**", se se atende apenas à extensividade do mundo.

b) A numerabilidade da extensão

1. Perspectiva Histórica

Os pitagóricos foram os primeiros a impulsionarem o estudo da matemática e, abismados com a "mística" dos números, estabeleceram-nos como princípio de todas as coisas, criando uma filosofia matemático-metafísica. Os números são **realidades naturais**, e os pitagóricos em vez de "fazerem as coisas números, fizeram os números coisas". Um é o ponto, dois é a linha, três é a superfície, quatro é o sólido[25]. A linha é gerada pela justaposição de muitos pontos, não apenas na mente do matemático, mas na realidade externa. Do mesmo modo, toda superfície é gerada pela justaposição de muitas linhas, e finalmente os corpos pela combinação de várias superfícies. Assim, concluíam, todo corpo é uma expressão material do número quatro (*tetraktýs*), enquanto resulta, como quarto termo, da combinação de três elementos constitutivos: pontos, linhas, superfícies[26]. A íntima conexão entre o número e a intuição espacial caracteriza a matemática pitagórica no que tem de mais original. A descoberta da oitava musical os leva posteriormente a fazerem corresponder o número à intuição auditiva.

Em Platão, o problema do número e a sua filosofia refletem a primeira grande crise da aritmética pitagórica, determinada pela descoberta dos números irracionais. O conhecimento das grandezas incomensuráveis e dos números irracionais já estava implícito na argumentação de Zenão de Eleia. O argumento da[27] dicotomia implica, com efeito, que a série dos cocientes por dois é um número infinito. A impossibilidade dos indivisíveis (argumentos da "flecha" e das "três séries no estádio") é demonstrada justamente pela possibilidade de divisão infinita. Principalmente no ensino oral do fim de sua vida, Platão edificou uma filosofia dos números ideais, cuja reconstituição é, entretanto, extremamente problemática.

---

[25] Ver *Enciclopédia Britânica*, artigo sobre Pitágoras.
[26] Ver maiores detalhes, BACCOU, R., *Histoire de la science grecque: de Thalès à Socrate*. Paris: Montaigne: 1951.
[27] O argumento da = acréscimo ao TD. (N. do E.)

Aristóteles, em oposição aos pitagóricos e a Platão, faz o número posterior à extensão contínua ou à quantidade, como resultante da divisão desta. O número é uma pluralidade de unidades e, portanto, a ela se opõe. Como a propriedade da unidade é a indivisibilidade, o número, em oposição, se funda em uma divisão de quantidades, da qual resultam "muitas" unidades. O número é, assim, "uma multidão medida pela unidade" (*multitudo mensurata per unum* — in Met I, 10, 1057a, 1-15). A unidade e o número são, pois, correlativos. As unidades, no número, devem ser homogêneas (sob o gênero da quantidade). A unidade não é número, mas medida do número (cf. Met N (14), 1087, l 43 [?] — 1088a.14). Aristóteles distingue o número "numerado" e o número "numerante" — no sentido de **coisas que são numeradas e inteligência que as numera** (cf. *Phys* D (4), 223a 21-27). Fazendo da unidade uma noção análoga (cf. Met D (5) cap. 6), Aristóteles distingue entre a unidade no sentido estrito e literal, que é a unidade como medida, e a unidade como propriedade do ser (substância) uno (cf. Met I, c. 2, 1054a 1-19). Esta distinção se traduz entre os escolásticos (Santo Tomás, sobretudo) pela distinção entre "uno transcendental" e "uno predicamental" ou uno "*principium numeri*": o uno transcendental significa "*ens indivisum*", e o uno predicamental significa a medida (*mensura*) do número. E assim, distingue-se uma "multidão predicamental" — que resulta da divisão da quantidade; e uma "multidão transcendental" — que é simplesmente uma pluralidade de seres.

Em Euclides, como em Aristóteles, o conceito de número é derivado do conceito de grandeza e os problemas que surgem com a descoberta do irracional são contornados por meio da "teoria das proporções de Eudoxo" (*Elementos*, livros V e VI). A definição euclidiana de número prende-se, ainda, às mesmas bases intuitivas e empíricas da definição aristotélica.

A filosofia moderna do número começa a ser elaborada por Kant, que coloca a origem dos conceitos matemáticos na imaginação transcendental (reprodutora), a qual realiza a junção das categorias da razão com as intuições sensíveis do espaço e do tempo. O número não é propriamente um conceito, mas um "esquema". Para Kant, o número está intrinsecamente ligado à intuição do tempo que introduz a sucessão na imaginação transcendental. A formulação rigorosa da noção de número (do ponto de vista matemático) recebe uma contribuição decisiva nos fins do século XIX, com os trabalhos de Frege, Dedekind, Cantor, Peano, Russell. O problema da gênese psicológica ou do caráter intuitivo da noção de número cede lugar ao problema de sua formulação lógica e da sua generalização. A noção de **conjunto** ou **classe** torna-se aqui fundamental em lugar da noção de "unidade" e "divisão" que dominava a teoria aristotélica. Na matemática moderna, distinguem-se dois modos de se tratar a noção de número: o **tratamento axiomático** (Peano) e o **tratamento lógico** (Frege, Cantor, Russell). A segunda forma, a lógica, que parte da noção de **conjunto**, é a que nos interessa no momento. Russell, utilizando a noção matemática de relação biunívoca (*one-one*), define o número cardinal como sendo "a classe de todas as classes que podem ser postas em relação ou correspondência biunívoca". Ou, então, "a classe de todas as classes equipotentes". Esta definição prescinde da natureza dos objetos incluídos na classe e da ordem em que são dispostos, retém apenas o "número de ordem", definido pela correspondência biunívoca. O número de ordem "resulta da disposição dos elementos da classe em sessões definidas pela correspondência biunívoca". A classe ficará ordenada quando se fazem valer as relações de "precedência" e de "maior", "menor" e "igual". A ordenação mais simples é a de números naturais (1, 2, 3, ...). A partir dela, definem-se os conjuntos seguintes:

— Conjunto de números naturais: ordenado e infinito.
— Conjunto dos números racionais: ordenado, infinito e denso.
— Conjunto dos números reais: ordenado, infinito, denso e contínuo.

2. Elaboração categorial

Proposição Primeira: O MUNDO EXTRAPÕE-SE À CONSCIÊNCIA COMO PLURALIDADE POTENCIAL.

Proposição Segunda: A PLURALIDADE POTENCIAL DA EXTENSÃO CONTÍNUA PODE SER EXPRESSA MEDIANTE NÚMEROS.

Depois de termos tratado da primeira nota característica da externalidade do mundo, ou seja, de sua continuidade extensiva, passamos a considerar agora outro aspecto que também lhe é essencial, ou seja, sua **pluralidade** ou **multiplicidade**. Tentaremos conectá-la dialeticamente com a primeira nota essencial, continuidade, de maneira que, na própria oposição, esteja implícita a afirmação da extensão **como contínua**.

Explicação de termos:
— **Pluralidade potencial**: entenda-se o sentido da multiplicidade revelada a partir do esquema operativo da extraposição, segundo o qual podemos dispor (física ou mentalmente) o mundo em *"partes extra partes"*. Não prescindimos do esquema representativo, mas o supomos, entendendo espaço aqui no sentido de **substractum in quo**. A pluralidade, aqui, se diz potencial não apenas porque é consequente à extensão contínua, mas ainda porque em qualquer multiplicidade atual de partes, a pluralidade ainda continua em potência para ulterior multiplicidade.

— **Número**: É considerado aqui na acepção ontológica, e não apenas matemática. Entenda-se "propriedade comum às classes ou conjuntos de seres que se podem ordenar segundo uma correspondência biunívoca". Na consideração numérica, os conjuntos se tomam como **homogêneos**, ou seja, prescindindo da natureza dos elementos. Estes são considerados apenas enquanto participam de uma pluralidade **ordenada** pelo número. Ora, a pluralidade de que tratamos nessas proposições é precisamente a pluralidade **apenas segundo a extensão**, ou seja, **homogênea** e, portanto, exprimível pelo número. Observe-se que o sistema de **números reais**, conforme se elabora e se define em matemática, tem uma dupla/tripla ilimitação, ou seja, na **extensão** (é um conjunto infinito) e na **densidade** (é um conjunto contínuo/ilimitado). Adquire, pois, significado ontológico, pelo fato de poder exprimir adequadamente a pluralidade no mundo externo, enquanto extenso. Esta pluralidade não destrói a continuidade da extensão, mas, pelo contrário, a supõe (espaço como substrato **em que**).

Argumento primeiro:
O que se apreende, no plano sensível, como tendo *"partes extra partes"*, extrapõe-se à consciência como pluralidade potencial.
Ora, o mundo é apreendido, no plano sensível, como tendo *"partes extra partes"*.
Logo, o mundo extrapõe-se à consciência como pluralidade potencial.
M: Com efeito, a multiplicidade atual destruiria a continuidade da extensão.
m: É evidente, se considerarmos a apreensão da realidade externa mediante o esquema operativo.

Argumento segundo:
A pluralidade potencial homogênea
— Ordenável segundo uma correspondência biunívoca de classes que lhe pertençam;
— E que possui uma dupla ilimitação;
— É exprimível por número.

Ora, a pluralidade potencial da extensão contínua é tal.
Logo, a pluralidade potencial da extensão contínua é exprimível por número.

M — É evidente, por serem estas duas precisamente as condições necessárias e suficientes exigidas pelo *"numerus numerans"* com respeito ao *"numerus numeratus"*.

m — Com efeito, a extensão contínua:
— Porque de si mesmo homogênea, torna possível a correspondência biunívoca;
— Porque potencialmente plural (segundo o primeiro argumento) tem uma dupla ilimitação, ou seja, na extensão e na densidade.

Corolários:
1. Logo, o número que se considera na multiplicidade do mundo extenso é o número "**numerado**", ou seja, a numerabilidade.
2. Logo, o número que se considera na multiplicidade do mundo extenso é o número "**predicamental**" e não o "**transcendental**", ou seja, é uma categoria da externalidade.
3. Logo, a ilimitação que advém ao mundo em razão de sua numerabilidade não implica em uma multiplicidade **atual** de partes do mundo, mas apenas **potencial**.

III. Unidade segunda: A dimensionalidade do Mundo Extenso

1. Perspectiva Histórica

O problema da dimensão do mundo como extenso é o problema da síntese entre sua continuidade e sua pluralidade numérica, isto é, da conexão dialética entre o número e a extensão, na edificação categorial do mundo. Trata-se de investigar como o número se "**distribui**" na extensão ou como a extensão pode ser qualificada pelo número, tornando-se propriamente "**grandeza**", ou seja, adquirindo "**dimensão**".

a) Filosofia Antiga[28]

A primeira tentativa de se conciliar a pluralidade com a unidade, no ser do mundo, deve-se aos filósofos gregos atomistas. Propuseram eles uma doutrina **dos átomos e do vazio**, que bem se pode considerar uma tentativa de harmonização entre o monismo racionalista de Parmênides e o corporalismo dos jônicos, o pluralismo dos pitagóricos e o mobilismo de Heráclito[29]. Diríamos que atribuíram às mônadas dos pitagóricos o caráter do UNO de Parmênides. Segundo Aristóteles, referindo-se provavelmente a Leucipo, os atomistas assim se expressam: "é o **pleno**, e o pleno **não é senão um**. Mas existe, entretanto, **um número infinito** de plenos, invisíveis, devido à sua pequenez. Movem-se no **vazio**, e pela sua reunião produzem o nascimento, pela sua separação, a destruição" (cf. *De Gen. Cor.* A, 8.324b 35). O conceito que por agora nos interessa mais de perto é precisamente o de **vazio** (*tó kenón*). Os pitagóricos já haviam falado do vazio que separa as unidades, mas não o distinguiam do ar atmosférico, que mais tarde Empédocles demonstrou ser uma substância corporal. Parmênides, tendo feito uma concepção mais clara do espaço, acaba, entretanto, por negar a sua realidade. Daí partiu Leucipo, como o mostra Burnet[30]. Admitiu, sem dúvida, que o espaço não era real, isto é, corporal, mas sustenta que nem por isso fica comprometida a sua existência. Não dispunha, é verdade, de palavras adequadas para exprimir a sua descoberta, pois o verbo SER não havia até então sido empregado senão para falar de corpos. Leucipo fez, entretanto, o que estava a seu alcance para tornar claro seu pensamento, assim se expressando: "o que não é" (no velho sentido corporalista) "é" (em outro sentido) tanto quanto "aquilo que é". Noutras palavras, o *kenón* é tão real como os corpos. Os átomos de Demócrito e o *kenón* têm as mesmas características que lhes atribuía Leucipo.

---

[28] a) Filosofia Antiga = acréscimo ao TD. (N. do E.)
[29] Ver BURNET, J., o. c., pp. 383-386.
[30] Ver BURNET, J., o. c., p. 388.

A cosmologia de Platão, tal como nô-la representa o *Timeu*, à maneira de uma narração verossímil, parte da rejeição do *kenón* atomístico (cf. *Tim* 58b) e, ao mesmo tempo, da unidade estática do Eleatismo. Platão vai tentar unir o ser e o vir-a-ser, ou, sob outro aspecto, o plano da finalidade e o da necessidade (mecanicista). Na cosmologia platônica, intervém três planos ou três gêneros da realidade: o **ser** (ón), o **espaço** (região: *khôra*) e o **devir** (*génesis*) — cf. *Tim* 52a-d. A *khôra* platônica representa a introdução do plano da necessidade mecânica na construção do mundo pela inteligência. Ela é **receptáculo** e, assim, a condição espacial da geração (cf. *Tim* 49a). Neste sentido, é inteiramente indeterminada e é simplesmente aquilo "**no qual**" (*Tim* 50b) tem lugar a geração. Se o sensível é uma cópia fabricada do inteligível (*eikôn*, *Tim* 29b), a *khôra* representa para o sensível a sua "distensão", a condição de seu movimento, de sua "passagem" (*génesis*). Assim, ela responde ao problema da extensão e da dimensão (localização) das coisas corpóreas. Platão não tem em vista a extensão pura, mas a extensão como lugar da "**dispersão**" (Rivaud) das ideias. A *khôra* opera a síntese entre a física qualitativa dos jônicos e o espaço dos geômetras[31].

Aristóteles, ao contrário de Platão, orienta decididamente sua física no sentido de uma ciência qualitativa, afastando-se do geometrismo pitagórico e, assim, o problema da distribuição dos elementos, no mundo extenso, é resolvido com uma teoria eminentemente qualitativa, a do "lugar natural". Para Aristóteles, como para Platão, a estrutura do mundo é dualista. Há o lugar superior dos astros incorruptíveis, que se movem em órbitas perfeitamente circulares, e há o lugar inferior das substâncias corruptíveis, compostas dos **quatro elementos** e sujeitas à *génesis kái phthorá*, à "**geração**" e à "**corrupção**". O sistema do mundo de Aristóteles obedece à estrutura das esferas homocêntricas de Eudoxo, com a terra imóvel no centro. O universo de Aristóteles possui uma grandeza finita (cf. *Phys* III, 5, 205a, *De Coelo* I, 7, 276; 1-17), e é limitado por uma superfície, a superfície exterior do último céu, que é o céu das estrelas fixas. Entretanto, para além deste limite, não há o vazio, como o afirma a concepção atomística (*Phys* IV, 5, 212b, 3-22).

---

31 Sobre a estrutura astronômica do universo em Platão, ver: RIVAUD, A., "Histoire de la philosophie", v. 1: *Des origines à la scolastique*. Paris: Presses universitaires de France, 1948, pp. 198-199; DUHEM, "Le système du monde", Paris: I, 59-64.

Dentro do universo, todos os corpos se movem com movimento local, e o movimento local próprio dos astros é um movimento circular uniforme, que exclui qualquer alteração, e é o movimento próprio da substância elementar dos corpos celestes, o éter, que se move eternamente (*thein aeí*; cf. *De Coelo* I, 4, 270b23). Sendo o mundo finito e esférico, é impossível que haja um corpo infinito em ato (*De Coelo* I, 7, 276a). Assim, as dimensões do mundo existem como um limite que nenhuma grandeza pode superar. Se o movimento circular (eterno) é o movimento próprio do éter (*aithér*) celeste, o movimento retilíneo é o movimento próprio dos quatro elementos de que são formadas as substâncias terrestres. Este movimento retilíneo dos elementos adquire, do ponto de vista aristotélico, um caráter ontológico, que dá às direções "alto" e "baixo" um sentido absoluto (cf. *Phys* IV, 1, 208b, 15-35). É segundo o movimento local circular ou retilíneo, interpretado qualitativamente, que se distribuem as substâncias, no universo aristotélico, e é nesta perspectiva que se deve colocar a noção aristotélica de lugar (*tópos*), que é a solução peripatética ao problema da "**dimensionalidade**" do mundo. Se não houvesse movimento segundo o lugar (*katá tópon*), diz Aristóteles (*Phys* IV, 4, 211a 11-13), não teria sentido uma inquisição filosófica sobre a essência do lugar. Aristóteles empreende essa inquisição filosófica (aliás, modelo excelente do método aristotélico na física) nos cinco primeiros capítulos do quarto livro da *Física*, ajuntando-lhe a seguir uma crítica minuciosa da noção atomística de *kenón*. Na discussão sobre o lugar, Aristóteles tem em vista excluir de sua noção todo caráter substancial. O "**lugar**" não é nem a matéria (*hýle*), nem a forma (*morphé*) ou figura de cada coisa. Com efeito, o "**lugar**", diz Aristóteles (*Phys* IV, 4, 209b 21-31), "é separável" da coisa localizada. Para Aristóteles, cada coisa tem o seu lugar, para o qual se move naturalmente, dando um sentido absoluto ao "alto" e ao "baixo" (*Phys* IV, 4, 210 a4-5). É esta estrutura do universo aristotélico, dominado pelo movimento circular e pela direção "alto-baixo" que vai determinar a definição do "lugar". Não sendo "materia" nem "forma", o lugar não é também um "intervalo" (*diástema*) intermediário entre os limites dos corpos envolvidos e envolvente (*Phys* IV, 4, 212a6), sendo que por corpo envolvido se entende "aquele que é móvel por translação" (*Phys* IV, 4, 212a7). A imobilidade que Aristóteles exige para o "lugar" tem em vista assegurar ao movimento local das substâncias uma especificação *"quoad terminum"*. Esta imobilidade é relativa nos lugares particulares, mas ela exige, no centro do universo, uma imobilidade absoluta. A Terra como corpo central goza, para Aristóteles, desta imobilidade. É em função dela que define também o movimento retilíneo próprio das substâncias simples sublunares, e as distribui em "**lugares naturais**" superpostos, tendo em baixo a "**terra elementar**", que é simplesmente **grave**, e no alto o "**fogo elementar**", que é simplesmente **leve** (cf. *De Coelo* IV, 4, 211a15-a21; *Phys* IV, 4, 212a20-27)[32].

A distinção entre o "**movimento violento**" e o "**movimento natural**", característica dos movimentos locais sublunares, acaba por completar a solução qualitativa de Aristóteles, com respeito à estrutura espacial do mundo, dominada pela noção de *tópos*, definido como limite extremo das substâncias envolventes, em um universo de onde o *kenón* foi excluído.

A representação aristotélica do mundo dominou a ciência até o século XVI, ou inícios do século do século XVII. Os primeiros golpes sérios que abalaram a solidez do universo aristotélico foram vibrados na teoria do movimento local (dinâmica) e no sistema astronômico.

As dificuldades da dinâmica aristotélica, que deram origem à teoria do "*impetus*", nas suas diversas formas, conduziram finalmente à formulação do princípio de inércia e à criação da dinâmica de Galileu e Newton. De outra parte, o sistema astronômico de Copérnico, as leis de Kepler, as observações telescópicas de Galileu levaram ao abandono do sistema de esferas homocêntricas, da primazia do movimento circular, da distinção entre matéria sublunar e matéria astral. A teoria aristotélica do **lugar natural** perdia, assim, o seu sentido, e renascia a interpretação geométrica do espaço, segundo o espírito dos atomistas e de Platão.

b) Filosofia e ciência modernas[33]

A formulação precisa do "**princípio de inércia**" representou o passo decisivo no abandono da Física aristotélica e na criação da nova Mecânica. A formulação clara do princípio se encontra pela primeira vez em Galileu e Descartes, embora a inspiração do respectivo contexto seja diferente. O princípio contém duas afirmações principais:

---

32 Consta em seguida no TD uma figura sobre a imagem aristotélica do mundo segundo os quatro elementos, que não pôde ser reproduzida. (N. do E.)
33 b) Filosofia e ciência modernas = acréscimo ao TD. (N. do E.)

(a) A continuidade indefinida do movimento uniforme retilíneo, como estado natural dos corpos, não menos que o repouso.
(b) A necessidade de uma força extrínseca para modificar o estado de repouso ou de movimento uniforme retilíneo. Esta dupla afirmação implica, de uma parte, o caráter puramente cinemático do movimento uniforme, de outra, uma concepção puramente geométrica do espaço.

É em Descartes que vamos encontrar uma primeira elaboração sistemática da nova visão do mundo, que é uma visão mecanicista. Descartes concebe o mundo como uma *"res extensa"*, uma extensão rígida, contínua e indefinida, que se identifica com a matéria mesma. O mundo de Descartes, como o de Platão, é, pois, um *"plenum"*, um mundo em que não há vácuo ou vazio. O único movimento de que o mundo é suscetível é o movimento local ou movimento de translação de um lugar a outro da extensão. As quantidades de repouso e de movimento do mundo permanecem constantes, e a quantidade do movimento é dada pelo produto da massa pela velocidade: m x v. É dessas premissas que Descartes deduz a lei da inércia, que tem, para ele, um caráter *"a priori"* (como toda física cartesiana, ao contrário da de Galileu, que procede experimentalmente).

Na linha experimental galileana, situa-se o sistema do mundo de Newton. Como triunfo da concepção geométrica do espaço, a obra de Newton é extremamente importante para o problema que ora nos ocupa. Para situarmos historicamente a teoria newtoniana do espaço, é preciso lembrarmos o renascimento do atomismo no século XVII, por obra sobretudo do restaurador do epicurismo, Pierre Gassendi.

Para Gassendi, em oposição a Descartes, o espaço não se identifica com a matéria, mas a matéria (os corpos) está no espaço, como um receptáculo vazio. Ora, é esta concepção que irá triunfar com Newton. Embora opondo-se à física de Descartes, Newton mantém-se fiel ao mecanicismo cartesiano, acentuando ao máximo o caráter experimental da nova ciência[34]. Voltaremos a estudar a obra de Newton quando tratarmos do problema das qualidades físicas. Agora, interessa-nos a sua concepção de espaço. Newton define assim o **"espaço absoluto"**: "O espaço absoluto, sem rela-

---

[34] Ver RIVAUD, A., o. c., t. I, pp. 554-555.

ção às coisas externas, permanece sempre semelhante a si mesmo e imóvel" (cf. *Philosophiae Naturalis Principia Mathematica*, lib.I sch. ad. def. VIII). A ordem das partes no espaço absoluto é absolutamente imutável. Estas partes formam lugares primordiais que são absolutamente imóveis; e o "**lugar absoluto**" de um corpo é a parte do espaço absoluto que esse corpo ocupa. O "**espaço relativo**" é definido por Newton como a medida ou dimensão variável do espaço absoluto: assim, um espaço que se mede sobre a superfície da Terra. A partir do espaço absoluto, o movimento absoluto é definido como a translação de um lugar absoluto a outro lugar absoluto. Ao contrário, o movimento relativo é a translação de um lugar relativo a outro lugar relativo. Como se vê a determinação do movimento absoluto de um corpo, no sentido de Newton, requer um sistema absoluto de referência, e Newton encontra-o no sistema astronômico de Copérnico. Tomando o Sol como centro de referência e projetando coordenadas na direção do céu e das estrelas fixas, o referencial absoluto de Newton adapta-se perfeitamente ao sistema heliocêntrico de Copérnico e de Kepler. Se o movimento relativo pode ser definido pela relação recíproca de lugares relativos ou pela translação relativa, o movimento absoluto só pode ser produzido por uma força que se imprime no corpo mesmo e o obriga a mudar de posição com relação ao espaço absoluto. Assim, a "**Força**" adquire também, para Newton, um caráter absoluto e independente do movimento. Ela é a "**causa**" do movimento. Newton enuncia, então, as três leis do movimento como axiomas sobre os quais se edificará a interpretação mecânica do mundo:

> Todo corpo persevera no estado de repouso ou movimento uniforme em que se encontra, a menos que uma força se exerça sobre ele e o obrigue a mudar de estado.
>
> "As mudanças que se dão no movimento são proporcionais à força motriz e se fazem na direção em que a força foi impressa". Analiticamente a expressão algébrica dessa lei é:
>
> $$\vec{F} = m \frac{d\vec{v}}{dt}$$
>
> A ação é sempre igual e oposta à reação, isto é, as ações dos dois corpos, um sobre o outro, são sempre iguais e de sentidos contrários.

O primeiro princípio é a forma newtoniana da lei de inércia, e o segundo exprime o caráter absoluto da força como causa mecânica da mudança de estado. Às leis de movimento, Newton ajunta seis corolários, dos quais o sexto exprime o "**princípio de relatividade**" da mecânica clássica: "os movimentos dos corpos, encerrados em um espaço qualquer, são os mesmos entre si, seja que o espaço esteja em repouso, seja que se mova uniformemente em linha reta, sem movimento circular". Este princípio de relatividade, restringindo a significação física do Espaço Absoluto (pois torna impossível sua medida) vai ser o ponto de partida da evolução que conduzirá à nova concepção do espaço de Einstein.

A característica dinâmica do espaço de Newton é a atração mútua das massas nele situadas, segundo a lei da gravitação, bem conhecida. Foi a propósito da natureza da atração gravitacional[35] que Newton formulou o "*hypotheses non fingo*". É que a lei físico-matemática expressa pela fórmula:

$$F = G\frac{mm'}{r^2}$$

explica satisfatoriamente os fenômenos de natureza mecânica, como a queda livre dos corpos e a estabilidade dos planetas nas suas órbitas. A noção de força como proporcional à mudança de estado (repouso ou movimento) do corpo, ou como proporcional à aceleração, tem para Newton, como vimos, um caráter físico absoluto; quer dizer, uma expressão matemática bem definida, independente das hipóteses sobre a natureza da força.

Com Newton, pela primeira vez, a estrutura métrica do espaço é colocada no centro do problema da estrutura espacial do mundo. Em outras palavras, o espaço newtoniano é a primeira forma de um espaço físico-matemático tomado como base de uma imagem física do mundo. É precisamente a matematização do espaço que determinará a passagem de uma concepção "**topológica**" do espaço, de tipo aristotélico, à concepção "**métrico-espacial**" da física moderna. A matematização do espaço implica que o movimento nele realizado seja descrito em termos quantitativos, isto é, seja mensurável. De fato, a matematização do espaço se dá quando este é definido por uma estrutura métrica fundamental que é um sistema

---

[35] gravitacional = adendo ao TD. (N. do E.)

de coordenadas (correspondentes às dimensões do espaço). Ora, o espaço newtoniano goza de um sistema de referência privilegiado, justamente por ser um espaço absoluto. É com relação a esse sistema de referência que a lei de inércia define o estado de repouso ou de movimento uniforme de um corpo, de tal sorte que dois sistemas de referências, em repouso ou em movimento uniforme, um em relação ao outro, são inteiramente equivalentes dentro do espaço absoluto de Newton.

Tais sistemas de referência (em repouso ou em movimento uniforme, no espaço absoluto) são chamados "**sistemas galileanos**" e é com relação a eles que se formula o "**princípio da relatividade da mecânica clássica**": as leis da mecânica se exprimem equivalentemente em todos os referenciais galileanos. Portanto, no espaço absoluto de Newton, há referenciais não-acelerados (em repouso ou movimento retilíneo e uniforme), os referenciais galileanos, em função dos quais se formula a lei da gravitação, e referenciais acelerados ("**não galileanos**"), nos quais se manifestam as **três forças** além da força de gravidade (como as forças de Coriolis, em um sistema rotativo; e as de inércia, que se manifestam, por exemplo, na freagem ou na partida de um trem). Assim, no espaço absoluto de Newton, a velocidade tem um caráter **inteiramente relativo**, ou seja, simetria de relações entre A e B, em repouso ou em movimento retilíneo e uniforme: é indiferente que seja A que se mova retilínea e uniformemente em relação a B, que está em repouso, ou vice-versa.

A aceleração e a força adquirem, entretanto, um caráter absoluto, como Newton o tenta provar, quando fala, por exemplo, da experiência da rotação de um copo de água pendente de um fio. Em outros termos, o espaço absoluto de Newton se apresenta ainda como aquele no qual a lei de inércia permite a relativização das velocidades e a definição da força como "**causa**" da mudança da velocidade (seja em módulo, sentido ou direção). Ora, essa relativização da velocidade torna, de fato, impossível a detecção física do espaço absoluto, pois que torna impossível detectar, por experiências mecânicas, uma imobilidade absoluta, já que qualquer sistema de referência imóvel no espaço absoluto pode ser convenientemente transformado em um sistema em movimento retilíneo e uniforme, com perfeita equivalência das leis mecânicas. A transformação galileana se pode exprimir da maneira seguinte:

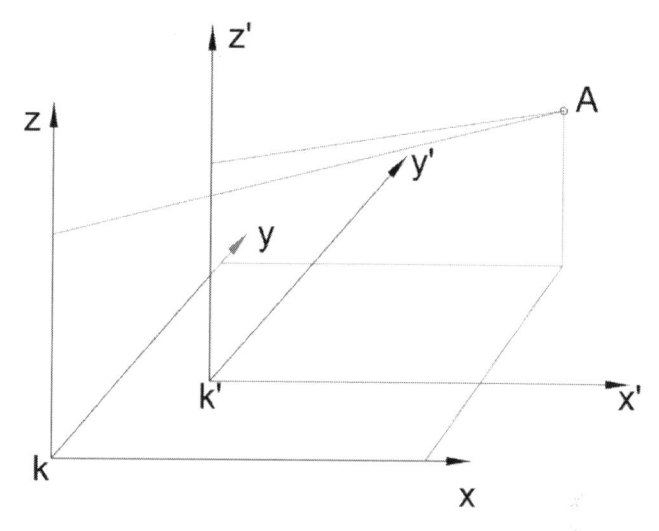

Se a velocidade de K', em relação a K, é **y**, teremos

: t = t'

: coordenadas de A, em relação ao sistema de origem K (imóvel): A (x, y, z)

: em relação ao sistema K' (móvel)

:

$$A(x' = x - vt, y', z'$$

: y = y'

: x = x'

A **invariância** das leis mecânicas a partir da equação fundamental:

$$\vec{F} = m\frac{d\vec{v}}{dt}$$

restringe, pois, o espaço absoluto de Newton a uma hipótese inverificável no domínio da mecânica. Mas, por outro lado, a existência das chamadas "**forças de inércia**" (por exemplo, na rotação da terra, na translação dos planetas) parece exigir um espaço absoluto em função do qual possa ser definido o coeficiente de "**aceleração absoluta**" destas forças[36]. Portanto, o grupo de transformação Galileu-Newton, tem como "invariantes"

: distância entre dois pontos

: o tempo (t = t´)

: a massa (m)

: a aceleração $\frac{d\vec{v}}{dt}$

Até aqui, consideramos o problema do espaço newtoniano sob o ponto de vista dos fenômenos mecânicos. Mas já Newton mesmo, um dos fundadores da ótica, iniciava a discussão do problema do espaço sob o ponto de vista dos fenômenos luminosos e propunha uma teoria do "éter", como meio vibratório das emissões luminosas. A teoria do éter luminífero, que finalmente virá a se identificar com o espaço absoluto, desempenhará papel decisivo na evolução moderna da noção de espaço na física. Antes, porém, de acompanhar esta evolução, devemos considerar a solução filosófica dada ao problema do espaço por Leibniz e Kant.

Para Leibniz, a extensão é uma repetição indefinida das coisas enquanto "**indiscerníveis**" entre si. Ela supõe, portanto, uma pluralidade de substâncias que se repetem. Leibniz distingue duas ordens de realidade: a "**ordem real**", que reina entre as mônadas substanciais, e a "**ordem dos fenômenos**", perceptível aos sentidos, e que reina entre os corpos extensos. O espaço é, pois, a ordem que reina entre as coisas (fenomênicas) coexistentes e é, portanto, inteiramente relativo à percepção, assim como o é a extensão mesma[37]. Em suma, o espaço leibniziano é uma manifestação fenomenal das relações reais entre as mônadas e é, como tal, inteiramente privado do caráter absoluto do espaço de Newton.

A doutrina do espaço de Kant, tal qual se apresenta na *Crítica da razão pura*, formula-se em reação ao racionalismo Leibniz-Wolffiano. Para Kant, o espaço (de fato, o espaço newtoniano) é uma intuição sensível pura, **a forma *a priori* da sensibilidade externa**. O caráter absoluto do espaço não se exprime em relações inteligíveis, mas em um conteúdo in-

---

[36] Ver BORN, M., *Atomic Physics*. New York: Hafner, 6ª ed., 1957.
[37] Ver DUGAS, R., "La Mécanique au XVIII Siècle", Newchâtel, 1954, pp. 467-469.

tuitivo (por exemplo, a localização), que dá a forma pela qual as coisas externas afetam a nossa sensibilidade. Esta forma não é, entretanto, um dado empírico, mas uma condição "*a priori*" que unifica a diversidade empírica externa. Ora, a prova dessa natureza "*a priori*" do espaço, que aos olhos de Kant é decisiva, funda-se na existência de duas ciências apodíticas do espaço e da quantidade, a geometria (euclidiana) e a aritmética[38]. A física, por sua vez, introduzindo na consideração dos corpos do espaço as noções de matéria e movimento, receberá também da aprioridade do espaço e das categorias do entendimento seu caráter apodítico. Enquanto a física de Newton oferecia um ponto de partida à reflexão filosófica de Kant, o século XVIII via o seu triunfo, no campo científico, sobre a física cartesiana, e este triunfo se consumava com as sínteses grandiosas de Lagrange (com a Mecânica Analítica) e de Laplace (com a Mecânica Celeste). Entretanto, o século XIX iria assistir ao desenvolvimento de novos rumos da física, a ótica física e a eletrônica, que iriam provocar a crise da mecânica newtoniana e a criação de uma nova mecânica, a relativística de Einstein.

c) Evolução da noção de espaço a partir do século XIX: a teoria da relatividade de Einstein

O triunfo da teoria ondulatória da luz, por obra, sobretudo, de Fresnel, tornou necessária a admissão de "éter", como meio vibratório a penetrar todos os corpos transparentes. A extensão, a seguir, da teoria ondulatória aos fenômenos eletromagnéticos, por obra principalmente de Maxwell, reforçou ainda mais a necessidade de se admitir a existência de um "éter", suporte destes fenômenos ondulatórios. Pouco a pouco, o éter adquiria as propriedades do "**espaço absoluto**" de Newton. Mas essa identificação levava a física clássica a um dilema. Com efeito, como meio da propagação ondulatória da luz, o éter deveria ser considerado como um corpo elástico rígido; por outro lado, como se apresentaria inteiramente permeável ao movimento dos corpos, deveria equiparar-se com um gás ultrararefeito, o que não parecia condizer com a rigidez de um corpo elástico. Ora, uma vez admitida a existência do éter, sem que se tentassem resolver as contradições de sua natureza, com o fez realmente a física clássica, deveria ser

---

[38] Ver MARÉCHAL, J., o. c., *cahier III*, liv. I, cap. 1 e 3, liv. III, cap. 1.

possível assinalar, em experiências óticas, executadas em um sistema em movimento com relação ao éter, a influência desse movimento sobre tais experiências. Em outras palavras, deveria ser possível provar experimentalmente a existência de um "**vento do éter**", acompanhando, por exemplo, o movimento da Terra através do espaço (o do éter, que permearia o espaço). Se supomos a Terra movendo-se uniformemente através do éter, e conhecida a velocidade de propagação da luz através do mesmo éter, deveria ser possível, com uma simples transformação galileana, passar (na expressão da velocidade da luz) do referencial imóvel (o éter) ao referencial em movimento uniforme (Terra)[39]. Todavia, tal resultado não pôde ser observado experimentalmente, mesmo em experiências extremamente precisas, como as de Michelson-Morley, capazes de magnitudes da ordem de v/c (c = velocidade da luz no vácuo = 300.000 km/s). Quando a teoria eletromagnética de Maxwell mostrou a identidade das vibrações luminosas e das vibrações eletromagnéticas, o postulado do éter como meio de propagação pareceu impor-se de tal modo que parecia sacrifício menor para a física o abandono do princípio de relatividade elástica, com relação ao éter, que infirmar a crença na existência do éter.

Não interessam aqui as soluções propostas (como a hipótese da contração de Lorentz) para explicar o resultado negativo das experiências que deviam revelar o movimento dos corpos através do éter, e passemos logo para a teoria da relatividade de Einstein (1905), com a nova concepção do espaço que ela implica. No seu artigo fundamental de 1905 (vol. 17 dos "*Annalen der Physik*"), sobre a eletrodinâmica dos corpos em movimento, Einstein começa com uma parte cinemática em que analisa a noção de simultaneidade, e estabelece a relatividade das medidas do tempo e do espaço (distância) para um observador galileano qualquer, levando em conta precisamente o fato ótico, isto é, a propagação isotrópica da luz, com a velocidade constante. Esta conclusão punha a salvo o "**princípio da relatividade**" da mecânica. Mas, por outro lado, implicava no abandono do "**tempo absoluto**" de Newton, enquanto expresso em medidas independentemente do sistema galileano de referência e, ademais, privava o "éter" imóvel de Lorentz de todo o sentido físico. Matematicamente, as fórmulas de transformação galileanas deveriam exprimir agora o valor diverso da medida do

---

[39] Ver EINSTEIN, A., *La Théorie de la Relativité*, Paris, 1921, c. VIII, pp. 14-17.

tempo e da distância, nos sistemas inerciais considerados. Vimos como no "grupo de transformação" de Galileu-Newton, a distância entre dois pontos e o tempo são "**invariantes**". Essa invariância vai cessar no "**grupo de transformação**" proposto por Einstein. Se K e K' são dois referenciais galileanos e K' move-se com velocidade y em relação a K, no sentido positivo do eixo dos x, as fórmulas de transformação Lorentz-Einstein escrevem-se:

$$y' = y$$

$$z' = z$$

$$x' = \frac{x - vt}{\sqrt{1 - \frac{v^2}{c^2}}}$$

$$t' = \frac{t - \frac{v}{c^2}x}{\sqrt{1 - \frac{v^2}{c^2}}}$$

Lorentz estabelecera este grupo de transformação em 1899 e 1903, explicando, por elas, a contração das distâncias e a mudança do tempo local em sistemas galileanos para os quais se conservam invariantes as equações de Maxwell. Daí o nome de "**grupos de transformação de Lorentz**". Notemos que, para y suficientemente pequeno[40], $\frac{v}{c^2}$ e $\frac{v^2}{c^2}$ podem ser negligenciados e reencontramos a transformação de Galileu. A consequência da transformação de Einstein-Lorentz, que nos interessa agora, refere-se à métrica do espaço, enquanto implica a relatividade na medida da distância.

Seja uma régua T imóvel em K que, medida por um observador no mesmo sistema, dá um comprimento L. Se a mesma régua é medida por um observador do sistema K', que se move com relação a K com a velocidade uniforme y, supondo que a medida se execute no tempo t' = 0, teremos, para a medida da régua referida a K', usando o "**grupo de transformação**" de Einstein-Lorentz:

---

[40] As vírgulas são acréscimo do Editor ao TD. (N. do E.)

Em K, x = L

EM K', $x' = \dfrac{x-vt}{\sqrt{1-\dfrac{v^2}{c^2}}}$; $x' = \dfrac{L-vt}{\sqrt{1-\dfrac{v^2}{c^2}}} = L'$

∴ $L'\sqrt{1-\dfrac{v^2}{c^2}} = L - vt$ (1)

Ora, $t' = \dfrac{t-\dfrac{v}{c^2}x}{\sqrt{1-\dfrac{v^2}{c^2}}}$; $t' = \dfrac{t-\dfrac{v}{c^2}L}{\sqrt{1-\dfrac{v^2}{c^2}}}$

∴ $t'\sqrt{1-\dfrac{v^2}{c^2}} = t - \dfrac{v}{c^2}L$

Ora, t' = 0 ∴ $t = \dfrac{v}{c^2}L$ (2)

Substituindo (2) em (1), vemos que:

$L'\sqrt{1-\dfrac{v^2}{c^2}} = L - v\left(\dfrac{v}{c^2}L\right) = L - \dfrac{v^2}{c^2}L$

Logo, pode-se escrever:

$L'^2 = L^2\left(1-\dfrac{v^2}{c^2}\right) \therefore L' = L\sqrt{1-\dfrac{v^2}{c^2}}$

Ora, $L\sqrt{1-\dfrac{v^2}{c^2}} < L$

Logo L' < L   (3)

Concluímos:

1. $\sqrt{1 - \frac{v^2}{c^2}}$ será nulo para uma velocidade v igual a c, e imaginário para v maior que c. Logo, c representa o papel de uma velocidade limite que, na prática[41], não pode ser ultrapassada, nem mesmo atingida, por nenhum corpo real.

2. Há reciprocidade nas observações físicas feitas nos dois sistemas de coordenadas. Se a régua T estivesse imóvel em K', as observações feitas de K, com respeito ao comprimento de T, levariam a resultados análogos aos acima descritos.

3. A última expressão, a que chegamos acima (3), leva-nos a concluir que houve uma "**contração**" ou encurtamento do comprimento da régua, medido em K', com relação a sua medida efetuada em K. (N. B.: para a medida do tempo, há, ao contrário, uma "**dilatação**" do tempo próprio de K', como veremos ao tratarmos do tempo)[42].

Com a contração das distâncias, consequência das fórmulas de transformação de Lorentz-Einstein, a distância deixa de ser uma invariante neste grupo de transformações como era no grupo de Galileu-Newton. E, com isto, a estrutura métrica do espaço relativista não confere mais um sentido absoluto à noção de distância medida em referenciais galileanos, como era o caso do espaço de Newton. A estrutura métrica do espaço da relatividade (restrita) se exprime, matematicamente, pelo "**contínuo**" espaço-tempo de H. Minkowski (1980). Lembremo-nos de que o "**invariante**", que Einstein postula, para sua transformação, é a velocidade da luz no vácuo (300.000 km/s), a mesma em todos os referenciais galileanos. A expressão matemática desta invariância conduz à seguinte equação diferencial, válida para todos os sistemas de Galileu:

$$ds^2 = dx^2 + dy^2 + dz^2 - c^2 dt^2$$

A transformação de Lorentz-Einstein respeita a invariância de ds^2 para todos os sistemas de Galileu. Minkowski toma-os como expressão de uma distância, num contínuo quadridimensional, a que chama "**espa-**

---

[41] O reposicionamento das vírgulas é acréscimo do Editor ao TD. (N. do E.)
[42] Com respeito à contração de distâncias, ver EINSTEIN, A., o. c., pp. 30-31.

ço-tempo". Que é uma distância medida num contínuo semi-euclidiano quadridimensional, distância que permanece invariante para todas as transformações operadas neste contínuo, e obedecendo ao grupo de Lorentz-Einstein. Um acontecimento que se verifica em um ponto de um sistema galileano qualquer, e em um determinado instante de tempo medido neste sistema, corresponde a um "**ponto**" do espaço-tempo, a que Minkowski chamou de "**ponto de universo**" ("*Weltpunkt*"[43]; em inglês: *point-event* [ponto-evento][44]). Um acontecimento que se prolonga nas mesmas condições descreve, no espaço tempo, uma "**linha de universo**" (*Weltlinie*; em inglês: *World-line*). Em um movimento uniforme, a "**linha de universo**" será uma reta. Em um movimento acelerado, será uma curva e, portanto, não se desenvolverá no plano do espaço-tempo. Um tal movimento origina "**forças de inércia**" e, para ele, não valerá a invariância do intervalo **ds**. O grupo de Lorentz-Einstein, segundo o qual se opera a transformação no espaço-tempo, é designado com a notação **Gc**. Vamos citar, agora, as palavras de Minkowski (cf. *The Principle of Relativity*, pp. 79-80):

> A permanência da invariância das leis naturais para o notável grupo **Gc** tomará a seguinte expressão: Para a totalidade dos fenômenos naturais é possível, por aproximações gradativamente crescentes, derivar um sistema de referência x, y, z, t, espaço-tempo, sempre mais exato, por meio do qual estes fenômenos podem ser representados segundo leis definidas. Entretanto, este sistema não é, de nenhum modo, determinado univocamente pelos fenômenos. **Pode-se mudar o sistema de referência em conformidade com as transformações no grupo Gc, sem que, com isto, altere-se a expressão das leis da natureza** (sublinhado no texto) [...] Nós teremos, então, no mundo, não mais o **espaço**, mas um infinito número de espaços, de modo análogo como, no espaço tridimensional, nós temos infinitos planos. A geometria tridimensional se torna, assim, um capítulo da física quadridimensional[45].

---

[43] No TD havia um pequeno erro: "Wiltpunkt". Uma tradução mais literal seria "ponto de/do Mundo", tomando Mundo em um sentido de totalidade. (N. do E.)
[44] Acréscimo do Editor ao TD. (N. do E.)
[45] A tradução se refere aos seguintes trechos do texto de Minkowski: "*The existence of the invariance of natural laws for the relevant group Gc would have to be taken, then, in this way: — From the totality of natural phenomena it is possible, by*

Para poder estender aos fenômenos eletromagnéticos o princípio da relatividade, a teoria da relatividade restrita de Einstein realiza, portanto, uma profunda transformação na estrutura métrica do "**espaço absoluto**" de Newton. De fato, a relatividade restrita não rejeita o "**espaço absoluto**", pois ela respeita o caráter absoluto da aceleração. Entretanto, tornando supérfluo o postulado do "éter", como meio elástico vibrante, e relativizando a medida da distância dentro de sistemas galileanos quaisquer, a relatividade restrita representa um passo decisivo na conceituação da estrutura métrica do espaço, libertando-a das implicações substancialistas do "éter" e do postulado enigmático da medida absoluta da distância. O "**invariante fundamental**" de Minkowski funde intimamente espaço e tempo, numa mesma expressão matemática. A razão profunda de tal fusão será estudada mais tarde. Entretanto, a existência da força como entidade absoluta, proporcional à aceleração dos corpos no espaço, mostrava que a edificação conceitual da estrutura métrica do espaço tinha, ainda, um passo a dar, que era a extensão do "**princípio de relatividade**" às forças e acelerações. Este passo foi dado por Einstein, na sua teoria da "relatividade generalizada" (1916). Einstein parte da identidade (puramente empírica, na mecânica clássica) entre massa inerte e massa pesada, como coeficiente da força ou da intensidade de um campo gravitacional[46]:

Força = (massa inerte) . (aceleração)
Força = (massa pesada) . (intensidade de campo)
Aceleração = massa pesada/massa inerte . (intensidade de campo)

---

successively enhanced approximations, to derive more and more exactly a system of reference x, y, z, t, space and time, by means of which these phenomena then present themselves in agreement with definite laws. But when this is done, this system of reference is by no means unequivocally determined by the phenomena. It is still possible to make any change in the system of reference that is in conformity with the transformations of the group Qc, and leave the expression of the laws of nature unaltered [...] We should then have in the world no longer space, but an infinite number of spaces. analogously as there are in three-dimensional space an infinite number of planes. Three-dimensional geometry becomes a chapter in four-dimensional physics." MINKOWSKI, H., "Space and Time", in LORENTZ, H. A.; EINSTEIN, A.; MINKOWSKI, H.; WEYL, H., *The Principle of Relativity*. Trans. W. Perret and G. B. Jeffrey. New York: Dover, 1952, pp. 79-80. Disponível em: <https://archive.org/details/in.ernet.dli.2015.176699/page/n3/mode/2up>. Acesso em: 02 Jun. 2021.

[46] Ver EINSTEIN, A., o. c., pp. 54-56.

Sendo a aceleração constante em um campo giratório, também o é a relação da massa pesada e da massa inerte. Escolhendo-se convenientemente as unidades, faz-se essa relação igual a "1", e temos assim a identidade da massa pesada e da massa inerte. Foi a partir dessa identidade que Einstein concebeu a célebre experiência mental[47] que mostra a equivalência, na expressão das leis físicas, entre dois sistemas de referência K e K', animado um com relação ao outro de um movimento qualquer. Se o sistema K', por exemplo, é animado de um movimento acelerado, forma-se nele um campo gravitacional G, que deve figurar na expressão das leis físicas, segundo esse sistema. A expressão matemática da relatividade geral apresenta-nos o espaço-tempo como um contínuo não-euclidiano (dotado de curvatura). De fato, foi a geometria elíptica de Riemann, em que as superfícies são fechadas, que se prestou à expressão matemática dessa curvatura do espaço-tempo da relatividade generalizada. A materialização dessa curvatura do espaço-tempo, em uma representação imaginativa, é causa de frequentes ininteligências da teoria de Einstein.

Deve-se ter presente a observação de E. T. Whittaker: "não é o espaço que é curvo, mas a geometria do espaço"[48]. Em outras palavras, para a percepção sensível o espaço se apresenta como formado por planos euclidianos. Mas o espaço euclidiano revela-se inadequado para exprimir a estrutura métrica do espaço real, precisamente quando esta se apresenta como uma síntese entre os aspectos da continuidade e da numerabilidade do mundo extenso, tanto sob o ponto de vista estático como sob o ponto de vista dinâmico. A teoria da relatividade generalizada, da qual devemos tratar quando considerarmos o problema da estrutura do universo, vem precisamente mostrar como o aspecto métrico do mundo revela, em última análise, a sua externalidade fundamental, ou seja, a sua estrutura espacial.

2. Redução Crítica

A determinação crítica do fato filosófico da dimensionalidade do mundo começa, para nós, a partir da percepção ou apreensão sensível da

---
[47] Ver EINSTEIN, A., o. c., pp. 57-61.
[48] Ver citação em Weisheipl, *Space and Gravitation*, *New Scholasticism* 29 (2), 1955, p. 218; sobre o problema, *ibidem*, pp. 216-220.

"distância" enquanto se revela como síntese concreta entre o esquema da "continuidade" e o esquema da "numerabilidade". Mediante sensações visuais, motrizes e tácteis, construímos um certo "mapa representativo", no qual dispomos os objetos externos, representativamente, principalmente os sólidos[49]. Se prescindimos do problema psicológico da origem da representação do espaço, podemos colocar o problema filosófico, como agora é nosso intuito, da **distribuição** dos objetos do mundo da extensão, ou seja, no espaço, segundo a relação peculiar de "distância". Podemos, pois, nessa relação de distância, ver uma certa síntese entre o aspecto da "continuidade" e o aspecto da "numerabilidade" da espacialidade do mundo. Se tomamos, por exemplo, dois objetos[50] A e B, e os dispomos nos lugares **a** e **b** podemos, mediante a repetição dessa simples experiência, detectar uma certa relação espacial, que permanece sempre a mesma, conquanto A e B não se movam no espaço, relação denominada **distância** entre A e B ou, simbolicamente, d = |ab|. A "distância" aparece, pois, como um "**invariante**" dos lugares imóveis na extensão. Podemos tornar a fazer essa mesma experiência com dois outros objetos, C e E e determinar sua distância, d' = |ce|, e mesmo concluir pela sua igualdade, d= d', ou seja, |ab| = |ce|. Podemos, ainda, concluir imediatamente que |ab| = |ba|. Mediante essa primeira detecção da "**distância**" como fato de experiência, vemos realizar-se uma certa síntese entre o aspecto de "**continuidade**" e da "**numerabilidade**", na extensão objetiva do mundo.

Com efeito, se A e B não fossem objetos um exterior ao outro, na extensão contínua, careceria de sentido a relação de "**distância**" entre eles. Por outra parte, a determinação experimental dessa relação traz consigo a possibilidade de se assinalarem **dois pontos**, naqueles lugares da extensão em que A e B se supõem imóveis, pontos esses designáveis por meio de números, segundo a escolha arbitrária que fizermos de uma **escala métrica**. Consideremos agora o lugar **c** e a distância **d**: o "conjunto" dos lugares **b** que distam de **a** uma distância **d** constitui no espaço uma esfera **S**, de centro **a** e raio **d**. Se os lugares **c** distam de **a** a uma distância **d'**, tal que $d' > d$, os lugares **c** não serão inferiores à esfera **S** e podemos escrever: $|ab| < |ac|$, ou seja, $|ac| > |ab|$.

---

[49] Ver POINCARÉ, H., "La science et l'hypothèse", Paris: Flammarion, 1935, pp. 58-89.
[50] Ver FAVARD, J., "Espace et Dimension", Paris: A. Michel, 1950, pp. 21 ss.

A relação de distância aparece como relação "**ordenada**" (no sentido matemático), ou seja, entre as "distâncias" existe uma "**relação de ordem**". Se considerarmos quatro lugares, por exemplo, a, b, c, e, podemos estabelecer as relações: |ab| < |ce|, |ab| = |ce|, |ab| > |ce|, de tal maneira que apenas uma dessas relações vigore em cada caso. Teremos ainda: se |ab| < |ac| e |ac| < |ae|, então |ab|< |ae| ou, genericamente:

Se |ab| < |ae| e |ce| < |fg|, então |ab| < |fg|.

Logo, podemos concluir que a relação de ordem entre as distâncias é "**transitativa**": se a, b, c, estão em linha reta, podemos escrever: |ac| = |ab| + |bc|.

As distâncias gozam, pois, da propriedade "**aditiva**", mediante a qual podemos, a partir de duas distâncias, obter uma terceira que seja a soma das duas anteriores. Essa propriedade é **comutativa**, ou seja:

Se |ac| = |ab| + |bc|

Então: |ac| = |bc| + |ab|.

Se três lugares a, b, c estão dispostos de maneira a por eles poder passar uma linha reta, dois dos lugares quaisquer por que passe essa reta sempre poderão ser separados por um terceiro lugar que lhes seja intermediário. Dizemos, pois, que o conjunto das distâncias é um **conjunto contínuo**. Além do mais, se se consideram duas "**distâncias**" |ab| e |cd|, de tal maneira que |ab| < |cd|, haverá sempre um número inteiro, mediante o qual se possa definir a distância |ab| = n |ab| > |cd|. A coleção ou o conjunto das distâncias é, pois, "**arquimédico**", ou seja, qualquer distância que defina lugares dispostos em linha reta é suscetível de se prolongar **indefinidamente** em um e outro sentido, ou seja, lugares alinhados definem sempre uma reta infinita, isto é, "**ilimitada na extensão**".

A partir dessa curta investigação a respeito da experiência que temos do mundo espaço-temporal em que nos inserimos, enquanto nos aparece como receptivo de "**objetos**" que nele se distribuem ou se podem distribuir, inferimos uma certa noção de "**distância**". Tendo em vista a mesma investigação, podemos concluir que o "**conjunto das distâncias**" é uma qualificação ou determinação da externalidade mundana que, à semelhança do conjunto dos números reais, se apresenta como "**ordenado**", "contínuo" e "ilimitado", ou seja, "arquimédico". Mediante a noção de distância, inferida a partir da experiência, tomamos consciência de uma primeira determinação crítica da "dimensionalidade" do mundo externo, dimensionalidade esta que precisamente se trata de elaborar categorialmente. Afirmamos, pois, que a "externalidade" mundana é "dimensiva", enquanto nela se podem estabelecer relações de "distância" reveladoras de que os objetos externos, que configuram o mundo em que vivemos, são uns aos outros extrapostos. A "ordenabilidade", "continuidade" e "ilimitação" do conjunto das distâncias fazem-nos entrever uma possível síntese entre a extensão e o número, que se poderá levar a efeito com a explicitação de novas determinações categoriais do mundo externo.

Ao intentarmos explicitar a "dimensionalidade" do mundo externo, mediante conceitos logicamente válidos, percebemos que toda e qualquer relação de "distância" põe-nos diante de um duplo aspecto dimensivo: o "topológico" e o "métrico". Esses dois aspectos, como veremos, revelarão uma terceira propriedade dimensiva da externalidade mundana, ou seja, sua "relatividade cinemática", mediante a qual as "posições" (estrutura topológica) e as "distâncias" (estrutura métrica) podem ser univocamente determinadas em relação a algum "sistema de referência", que constitui aquele espaço peculiar que se denomina físico-matemático.

Na elaboração categorial da dimensionalidade do mundo externo, trataremos, pois, sucessivamente de sua:
— estrutura topológica;
— estrutura métrica;
— relatividade cinemática.

* * *

III.1. Dimensionalidade Topológica do Mundo Externo

1. Perspectiva Histórica

Ver nas páginas anteriores, quando tratamos genericamente da dimensionalidade do mundo.

2. Redução Crítica

Mediante a noção de "**estrutura topológica**", o mundo se nos aparece dimensivamente como um conjunto de posições ou lugares, segundo os quais os objetos, uns em relação aos outros, se distribuem. Precisamente enquanto o mundo se nos revela como objetos distribuídos em **lugares**, deixa-nos patente uma síntese peculiar entre a sua **continuidade** e sua **numerabilidade**, que são duas de suas determinações categoriais primeiras e fundamentais. De fato, se o mundo não fosse extensivamente contínuo, então o **lugar** não se poderia definir pela vizinhança imediata de uma posição no espaço. A definição aristotélica, segundo a qual o "lugar" se diz "*terminus rei circundantis seu continentis, primus, immobilis*", supõe precisamente que o lugar se possa determinar pela vizinhança imediata da extensão a se distender em torno à coisa localizada. Mas esta relação de vizinhança não se poderia estabelecer, se a continuidade extensiva do mundo exterior não fosse considerada "amorfa" e, por isso mesmo, suscetível de receber as mais diversas formas de relações de vizinhança. Por outro lado, o **lugar** como determinação posicional ou de situação na extensão é essencialmente relativo (no estado atual da ciência, carecem de fundamentação tanto física como filosófica as teorias aristotélicas dos lugares naturais) — e, daí, segue-se que devamos introduzir uma pluralidade ou conjunto de **lugares**. Exatamente porque há uma pluralidade indefinida de lugares, a estrutura topológica do mundo externo supõe a categoria da numerabilidade.

Na determinação da estrutura topológica do mundo externo, estão pois implícitas duas afirmações: o mundo é extensivamente contínuo — há pluralidade de lugares no mundo; como pré-condições para sua elaboração categorial.

Chamamos, genericamente, de "dimensionalidade topológica" à distribuição da extensividade do mundo em uma pluralidade de lugares. "Lugar" assume, aqui, a significação de vizinhança imediata (*péras*) segundo a qual se determinam **posições** ou **situações** na extensão do mundo. O conjunto ou a pluralidade de lugares vem, pois, da pluralidade de posições, e na estrutura espacial do mundo enquanto tal, o **lugar** determina aquilo que podemos chamar de **elemento posicional**. A dimensão topológica nasce, pois, da síntese concreta entre a continuidade extensiva e a pluralidade numérica de lugares. Segundo esta conceituação, podemos dizer que a estrutura **topológica** nos revela o mundo como sendo **multidimensional**[51]. Definimos, portanto, a **dimensão** de um certo **conjunto** de lugares segundo o seu grau dimensional, por analogia com as entidades geométricas fundamentais: linha, plano e sólido. Não se deve, entretanto, forçar essa analogia, de caráter intuitivo, a ponto de confundir a definição de **dimensão** de um certo conjunto de lugares, com a noção vulgar que se tem de dimensão. Dizemos, genericamente, que o **espaço vazio** tem dimensão (-1) ou negativa. Fica patente, de acordo com a análise crítica que vimos fazendo, ser a extensividade contínua do mundo determinada pela relação fundamental da **distância** constituindo um **espaço** ou **conjunto métrico separado**. Um espaço ou conjunto E se diz métrico se, para quaisquer de seus pontos x, y (ou elementos) existe um número real d (x,y) chamado distância entre x e y (d é sempre positivo), de sorte que:

d |x,y| = 0, se x = y

d |x,y| = d |y,x|

d |x,y| < d |x,z| + d |y,z|

quaisquer que sejam x,y,z de E. E é **separado** pois que, se é dada a distância d (x,y), as esferas centradas em x e y de raio d/2 não têm ponto comum.

Todo espaço métrico possui uma base que forma a **estrutura topológica** do espaço e é definida pela **vizinhança esférica** de um ponto: dado um ponto 'p', todos os pontos que distam de 'p' por uma distância **d** menor que **r**, sendo **r** maior que zero, e tão pequeno quanto se queira, formam a **vizinhança esférica** de 'p' e constituem a base do espaço métrico separado E.

O mundo extenso depende, pois, na sua dimensionalidade, da relação fundamental de distância e é determinado **topologicamente** pela pluralidade dos lugares, de tal sorte que sua **continuidade extensiva** se revela *incontinenti* como **topologicamente** pluridimensional. Com efeito:

+ um conjunto de lugares finito ou **enumerável (correspondência biunívoca com a sucessão dos números naturais)** tem dimensão zero (0). Isto porque, cada ponto, para ser ponto, deve ter

---

[51] Ver Favard, J., o. c., pp. 15-16; Richard Courant & Herbert Hobbins, *What is Mathematics*, New York: Oxford University Press, 1941, pp. 248-251; Poincaré, H., *Dernières Pensées*, Paris: Flammarion, 1926, pp. 65 ss.

dimensão zero. Segue-se que a dimensão de qualquer conjunto de pontos discretos será, também, zero. Em outras palavras, a vizinhança esférica a pontos racionais é também racional. Um espaço no qual só haja pontos racionais ou discretos terá, pois, dimensão zero.

+ um conjunto de lugares cuja vizinhança tem limites com dimensão 0 (zero) tem dimensão 1 (um). Ou seja, para que haja uma vizinhança real a dois pontos racionais, necessariamente a dimensão topológica será igual a 1 (um). É o caso da reta, ou de qualquer outra linha: seus limites são a vizinhança a dois pontos racionais.

+ genericamente, um conjunto de lugares cuja **vizinhança** tem **limites** com dimensão n — 1, tem dimensão **n**. Particularizando:

= qualquer **superfície** tem por **vizinhança limites** com dimensão 1 (um), ou seja, linhas (quaisquer: retas ou curvas). Logo, toda superfície tem dimensão 2 (dois).

= qualquer **sólido geométrico** ou **volume** tem por **vizinhança limites** com dimensão 2 (dois), ou seja, superfícies (quaisquer: planas ou curvas). Logo, todo volume tem dimensão 3 (três).

O espaço, pois, segundo sua estrutura topológica, define-se por um conjunto de lugares com sua dimensão. A continuidade extensiva do mundo adquire caráter espacial, no sentido topológico, quando se explicita a **dimensão** de um conjunto de lugares.

3. Elaboração categorial

Proposição Primeira: O MUNDO EXTRAPÕE-SE À CONSCIÊNCIA COMO TOPOLOGICAMENTE DIMENSIVO.

Proposição Segunda: A ESTRUTURA TOPOLÓGICA DO MUNDO FICA DEFINIDA POR "CONJUNTOS" DE POSIÇÕES DOTADOS DE DIMENSÃO.

Elaboradas de maneira antitética, as duas primeiras categorias, que extrapõem o mundo à consciência, na objetividade extensiva daquele, ocorre-nos agora reduzir à síntese dialética essas mesmas duas categorias, ou seja, a da **continuidade** e a da **numerabilidade**. A categoria de síntese é a da **dimensionalidade** do mundo, ou seja, a do **espaço**, conforme vulgarmente se costuma denominá-la. É nosso intento, pois, elaborar rigorosamente a noção vulgar de **espaço**, transformando-a em **categoria** ontologicamente significativa e afirmável do mundo externo, de tal sorte que se reduza a síntese a oposição dialética remanescente entre as duas primeiras categorias já elaboradas: continuidade e numerabilidade.

Já lançamos luz sobre o **fato filosófico** da dimensionalidade do mundo:

* por meio de uma rápida "indução histórica", que nos pôs diante dos olhos as várias opiniões a respeito da natureza do espaço, seja sob a perspectiva filosófica, desde os atomistas gregos até Kant, seja sob a angulação científica, desde Galileu-Newton até Einstein.

* por meio de uma rápida análise crítica, que teve como ponto de partida a apreensão imediata e vulgar do **espaço** e nos levou ao plano das noções matemáticas, que com clareza e rigor lógico nos abriram o caminho para as inferências de nível ontológico.

Explicação dos termos:

\# **topologicamente dimensivo**: ou seja, à extensividade mundana, na medida em que é **contínua** e **numerável** compete uma **estrutura topológica**, síntese desses dois aspectos, logicamente anteriores. Trata-se de uma extensividade mundana já ontologicamente determinada pelas categorias de continuidade e da numerabilidade. Não se tenha em mente, pois, a extensão empírica, nem mesmo a matemática, mas a extensão **ontológica**, ou seja, a extensão enquanto é uma determinação ontológica do ser do mundo (tou esse mundi).

\# **estrutura topológica**: entenda-se aquela determinação da extensão do mundo, que lhe vem da pluralidade dos lugares ou posições, de tal modo que o **lugar** seja um **elemento posicional** nesse **conjunto** ou pluralidade. Concebe-se o **lugar** como uma **vizinhança** imediata ou **limite** (*péras*) segundo o qual se determina uma certa **posição** na extensão. A fim de detectar a estrutura topológica da extensão, tomamos como ponto de partida a percepção empírica da **distância**. Tomamos consciência então de que a extensão, na medida em que é afetada pela relação de **distância** (e esta relação ocorre sistematicamente), tem uma estrutura topológica, pois, com efeito, a distância se dá sempre entre termos que ocupam certa **posição**. Por outro lado, o lugar não se poderia definir a partir da vizinhança imediata de certa posição, da qual nasça a relação de distância, a não ser que a extensão seja contínua. Mas os lugares, já que são relativos por relação simétrica de distância, dizem, de si mesmos, pluralidade numérica. Logo, a estrutura topológica do mundo extenso faz uma síntese entre a **continuidade** e a **numerabilidade**.

espaço: entenda-se aqui como aquele conceito que exprime a dimensionalidade do mundo segundo a sua estrutura topológica. O **espaço** expressa, pois, a dimensionalidade do mundo enquanto assumida como **conjunto** (no sentido matemático) de lugares. Não se trata do espaço da percepção imediata dos sentidos, nem de algum **espaço imaginário**, nem do espaço **matemático**, nem mesmo **físico-matemático**, mas do espaço como conceito filosófico a exprimir o aspecto **topológico** da dimensionalidade do mundo.

dimensão: por dimensão, na estrutura topológica do mundo, entendemos o **grau** da pluralidade numérica do **conjunto** de lugares. A dimensão é, pois, certo número qualificado que indica as condições espaciais, segundo as quais se define o lugar como vizinhança imediata de certa posição em um espaço, relativamente às outras posições. Assim se define a **dimensão zero** e, por recorrência, as outras **dimensões**, segundo a sucessão dos números inteiros positivos, como já foi mostrado em páginas anteriores.

Argumento primeiro:
Se se pode explicitar uma pluralidade numérica de **posições**, na própria extensão contínua, o mundo contrapõe-se à consciência como topologicamente dimensivo. Ora, pode-se explicitar uma pluralidade numérica de **posições**, na própria extensão contínua.
Logo, ...
M: É evidente, pela noção mesma de espaço topologicamente considerado.
m: Com efeito, inferem-se da própria experiência relações de **distância**, e essas relações implicam:
* de uma parte, **posições** distantes, determinadas na extensão contínua por **lugares** ou **vizinhanças imediatas** distintas;
* de outra parte, pluralidade numérica de **posições**.

Argumento segundo:
Se o que especifica os **conjuntos** de posições é explicitar sua (deles) dimensão, a estrutura topológica do mundo se define por **conjuntos** de posições dotados de dimensão.

Ora, o que especifica os **conjuntos** de posições é precisamente explicitar a dimensão deles. Logo...

M: É evidente, pois especificar os **conjuntos** de posições, na extensão contínua, é o mesmo que definir ou explicitar o mundo, segundo sua estrutura topológica.

m: Prova-se a partir da própria definição de **dimensão**, **grau** ou **feitio** da pluralidade numérica de um **conjunto** de lugares. Logo, explicitar esse **grau** ou **feitio** será especificar um certo **conjunto** de lugares de um espaço.

III.2. Dimensionalidade métrica do mundo externo

1. Perspectiva Histórica

Ver nas páginas anteriores, quando tratamos genericamente da dimensionalidade do mundo.

2. Redução Crítica

Terminada a consideração da dimensionalidade do mundo, segundo sua estrutura **topológica**, definida como **conjunto** de lugares, cabe-nos agora focalizá-la segundo sua estrutura **métrica**, definida como **conjunto** de distâncias. A partir da experiência, como foi visto, apreendemos relações de **distância**. Na apreensão dessas relações, percebemos haver duas implicações:
* **posições** que distam uma da outra;
* uma extensão **contínua** entre estas posições.

Na consideração da estrutura **métrica** da espacialidade mundana, atendemos precisamente à **extensão contínua**, com sua função de ser mediadora entre posições. Como na elaboração categorial da espacialidade do mundo, sob o aspecto **topológico**, nos servimos da noção de "**lugar**" e de "**número qualificador**", enquanto capaz de exprimir a dimensão de con-

junto de lugares, assim, na determinação categorial da noção de **distância**, servimo-nos do conceito de **medida**. Afirmamos, pois, que a dimensionalidade do mundo tem uma **estrutura métrica** enquanto as **distâncias** na extensão do mundo se podem exprimir por números que sejam a sua medida. Entendemos aqui por medida um número qualificado segundo o qual se determina alguma relação de distância na extensão do mundo. Através da estrutura métrica da dimensionalidade do mundo, revela-se nova síntese dialética entre a **continuidade** e a **numerabilidade**: a relação de **distância** fundamenta-se na extensão, enquanto **contínua**; exprime-se por uma medida, ou seja, por um **número**.

O **número** que exprime uma medida resulta de certa operação mental e física. Levando-se a efeito tal operação, atribui-se uma qualidade **dimensiva** à medida de distância. Assim como, na estrutura **topológica** da extensão do mundo, a numeração dos **lugares** conferia ao **conjunto** desses lugares um certo número qualificado que constituía sua **dimensão**, assim, na estrutura **métrica** a medida confere à **distância** um número qualificado que é a sua **dimensão**. Para se realizar qualquer medida, como ficou dito, faz-se mister uma operação tanto **mental** como **física** ou **instrumental**.

A operação mental inclui a escolha de um sistema de referência, com determinada estrutura geométrica, no qual a relação de **distância** se exprima matematicamente. A operação física ou **instrumental** inclui o uso de **instrumentos** de medida que se devem construir segundo a estrutura geométrica do espaço matemático em que se define a relação de **distância**, de sorte que a expressão matemática da **distância** adquira, mediante a medida efetuada com o instrumento, uma **dimensão** física. A dimensionalidade do mundo, segundo sua estrutura métrica, exprime-se com rigor (ontologicamente) mediante um conjunto de sistemas de coordenadas ou, como modernamente se diz, por um **conjunto de geometrias**. Dessas **geometrias**, escolhe-se uma que seja conveniente e, através da medida física, adquirindo uma dimensão, possa exprimir a estrutura métrica de uma certa região do espaço físico, ou da **totalidade** do mundo externo[52]. Ora, as diferentes geometrias se definem pelas propriedades que permanecem **invariantes** com

---

[52] Ver ARCIDIACONO, V., "A estrutura do espaço cósmico". *Revista Portuguesa de Filosofia*, XIV (1958): 11-55. Disponível em: <https://www.jstor.org/stable/40333753>. Acesso em: 25 Mai 2020.

relação às transformações que constituem seu grupo **G** (grupo principal). Logo, tais propriedades devem continuar **invariantes** quando se faz uso físico de alguma das geometrias. Assim, por exemplo, a **isotropia** (constância de direção), assumida como invariante na geometria euclidiana, é também uma propriedade do espaço físico-matemático que resulta das medidas euclidianas, como, por exemplo, o espaço da física clássica newtoniana[53].

3. Elaboração categorial

Proposição Primeira: O MUNDO EXTRAPÕE-SE À CONSCIÊNCIA COMO METRICAMENTE DIMENSIVO.

Proposição Segunda: A ESTRUTURA MÉTRICA DO MUNDO FICA DEFINIDA POR "CONJUNTOS" DE DISTÂNCIAS, DOTADOS DE DIMENSÃO.

Explicação dos termos:

\# **metricamente dimensivo**: valem, *mutatis mutandis*, as mesmas observações feitas na explicação dos termos das duas proposições anteriores.

\# **estrutura métrica**: entenda-se aquele aspecto da relação de distância, segundo o qual a extensão contínua entre **posições distantes** pode ser medida, de sorte que essa medida se exprima por certo **número**, que constitui precisamente a **dimensão** da extensão metricamente considerada. A estrutura métrica revela-nos, pois, nova e peculiar síntese entre a continuidade e a numerabilidade do mundo externo e, por isso mesmo, intentamos agora elaborar categorialmente essa dimensividade métrica.

\# **espaço**: entendemos presentemente o espaço como uma categoria **ontológica** a exprimir o aspecto métrico da dimensionalidade do mundo, como, nas proposições precedentes, o **espaço** exprimia o aspecto **topológico**.

* **dimensão**: a "**medida**" determina as distâncias e é uma operação que tem um duplo aspecto, o mental e o instrumental, intimamente correlacionados. O aspecto mental consiste na escolha de uma geometria como sistema de referência, e o instrumental, na aplicação técnica desta "**geometria**" para se medir a extensão. O **número** que exprime uma certa medida constitui precisamente a "**dimensão**" da estrutura métrica do mundo extenso.

---

[53] Cf. GOMES, M., "A obra física de Einstein". *Kriterion*, n. 39-40, 1957.

Argumento primeiro:
Se toda relação de "**distância**" implica **posições distantes** e extensão contínua intermédia, o mundo extrapõe-se à consciência como metricamente dimensivo.

Ora, toda relação de distância implica posições distantes e extensão contínua intermédia.

Logo...

M: Decorre do próprio conceito de estrutura métrica.

m: É evidente, pois a partir da própria experiência imediata que temos da externalidade do mundo, concluímos que toda relação de distância implica:
* **posições** distantes, determinadas por vizinhanças imediatas que constituem os **lugares**;
* de outra parte, uma extensão contínua entre as próprias posições distantes, passível de ser submetida a operações de medida que nos revelam a dimensionalidade métrica do espaço.

Argumento segundo:
Se o que especifica os **conjuntos** de distâncias é explicitar sua medida, a estrutura métrica do mundo se define por **conjuntos de distâncias** dotados de dimensão.

Ora, o que especifica os **conjuntos** de distâncias é precisamente explicitar sua medida.

Logo, ...

M: É evidente, pois especificar os **conjuntos** de distâncias, na extensão contínua, é o mesmo que definir ou explicitar o mundo, segundo sua estrutura métrica.

m: Com efeito, o que especifica ou determina uma **distância** é atribuir-lhe um **número qualificado**, ou seja, uma **medida**, pois é precisamente esse número ou medida que nos permitirá comparar distâncias ou conjunto de distâncias, segundo as relações de igual, maior e menor.

III.3. Relatividade cinemática da dimensionalidade do mundo

1. Perspectiva Histórica

Ver nas páginas anteriores, quando tratamos genericamente da dimensionalidade do mundo.

2. Redução Crítica

A dimensionalidade do mundo externo, conforme já foi mencionado, inclui dois aspectos fundamentais: o topológico e o métrico. De acordo com o aspecto topológico, a dimensionalidade do mundo aparece como **conjunto** de posições, o qual adquire uma **dimensão** quando se estabelecem relações numéricas **qualificadas** do grau ou **feitio** da multiplicidade da pluralidade de posições. Segundo o aspecto métrico, o mundo externo é-nos revelado a partir da apreensão de relações de **distância** entre posições diferentes e visualizado ontologicamente sob o contexto de um **conjunto** de distâncias. A operação de se medir e de se expressar uma medida por um **número** explicita a dimensão de uma distância ou de um conjunto de distâncias. Se considerarmos, sinteticamente, tanto a dimensionalidade topológica quanto a métrica, a **dimensividade** aparece como uma propriedade do mundo extenso, passível de ser detectável e exprimível pela inteligência humana, quando exercendo as funções de **numerar** ou **medir**, atribui **dimensões** peculiares à externalidade mundana.

Se pensarmos sinteticamente o mundo externo como um espaço tanto **topológico** como **métrico**, a espacialidade mundana adquirirá uma **relatividade cinemática**, segundo a qual negamos a possibilidade de se estabelecer **referenciais** físico-matemáticos que sejam privilegiados ou absolutos. (Recordem-se aqui as considerações históricas feitas, quando tratamos genericamente da dimensionalidade do mundo). Intentaremos, pois, conectar dialeticamente os aspectos **topológico** e **métrico**, de tal forma que a síntese desses dois aspectos fundamentais nos conduza à elaboração de uma nova categoria, a de **relatividade cinemática** do espaço.

3. Elaboração categorial

Proposição Primeira: O MUNDO EXTRAPÕE-SE À CONSCIÊNCIA COMO ESPAÇO CINEMATICAMENTE RELATIVO.

Proposição Segunda: A RELATIVIDADE CINEMÁTICA DO ESPAÇO IMPLICA NA REJEIÇÃO DO ESPAÇO FÍSICO-MATEMÁTICO ABSOLUTO.

Explicação de termos:
cinematicamente relativo: vale o mesmo que dizer, dotado de uma estrutura relativística, segundo a qual a dimensividade do espaço munda-

no, como categoria de síntese entre as estruturas **topológica** e **métrica** não comporta nem **posições** nem **direções** (distâncias) **preferenciais**. Assim sendo, a **relatividade cinemática** do espaço nos diz que movimentos puramente espaciais ou translacionais não têm **termos** absolutos (início ou fim), mas são **inteiramente relativos** e **puramente geométricos** (assim, o movimento inercial na física clássica, e o movimento gravitatório na relatividade generalizada, etc.) A **estrutura relativística** do espaço, ou seja, sua **relatividade cinemática**, reforça o seu aspecto puramente geométrico, exprimindo, por exemplo, que em movimento algum, enquanto considerado apenas sob o aspecto translacional, se pode dizer se é o sistema A que se move em direção ao sistema B, ou se é o sistema B que se move em direção ao sistema A, estando este parado. Há uma **indiferença** nas relações espaciais, afetando **posições** e **distâncias**, segundo a qual os resultados físicos e as leis serão as mesmas, em um e no outro caso.

espaço: valem, aqui, *mutatis mutandis*, as mesmas observações feitas na explicação de termos das duas proposições relativas à estrutura topológica. Acrescente-se que consideramos, agora, o espaço como uma categoria já **ontologicamente** elaborada, segundo seus dois aspectos fundamentais, o topológico e o métrico. Ao conectá-los dialeticamente é que surge a possibilidade de se elaborar um conceito de espaço que faça a síntese desses dois aspectos, revelando-nos a relatividade cinemática a afetá-lo estruturalmente.

* **espaço físico-matemático**: entenda-se aquele cujas dimensões **topológica** e **métrica** já foram determinadas, mediante a escolha e aplicação de **geometrias** convenientes.

* **espaço físico-matemático absoluto**: aquele que se pretende determinado por uma **geometria privilegiada** ou **absoluta** (cf. conceito de espaço absoluto, segundo Newton).

Argumento primeiro:
Se não há:
* argumento racional algum que nos leve a **privilegiar** uma **posição** ou outra, uma **direção** (distância) ou outra;
* possibilidade física alguma de se detectarem **posições** ou **direções** (distâncias) absolutas.

O mundo extrapõe-se à consciência como cinematicamente relativo.

Ora, o antecedente é verdadeiro, quanto a seus dois membros.
Logo, o mundo extrapõe-se à consciência como espaço cinematicamente relativo.

M: É evidente, pois a **ausência** de argumentos racionais (motivos necessários: é necessário que não haja razões exigitivas *a priori*) e a impossibilidade física (motivo suficiente: é suficiente a impossibilidade física de **detecção** para destituir de significação física) irão nos assegurar que, no estado atual da ciência, não há sentido algum em se conceber um espaço que não seja cinematicamente relativo.

m: É evidente, se considerarmos o que ficou dito e esclarecido nas considerações históricas feitas, quando tratamos genericamente da dimensionalidade do mundo.

Argumento segundo:
Se a relatividade cinemática diz impossibilidade de se estabelecer um referencial **privilegiado** ou **absoluto**, a relatividade cinemática do espaço mundano implica na rejeição do espaço físico-matemático absoluto.
Ora, a relatividade cinemática diz essa impossibilidade. Logo, ...

M: É evidente, tendo-se em vista a explicação de termos e o próprio conceito de espaço **físico-matemático** absoluto.

m: É evidente, se tivermos em conta a proposição primeira já provada.

APÊNDICES

APÊNDICE 1
Filosofia da natureza PUC-Minas:
Plano de estudos para o ano de 1965

UNIVERSIDADE CATÓLICA DE MINAS GERAIS
FACULDADE DE FILOSOFIA

CURSO DE FILOSOFIA
CADEIRA: FILOSOFIA DA NATUREZA
PROFESSOR: PE. HENRIQUE CLÁUDIO DE LIMA VAZ, SJ

Plano de estudos para o ano de 1965

Horário:
3 aulas por semana em 2 semestres.

Número previsto de aulas:
84. Aulas previstas por mês: 12.

Método:
Preleções e discussões em aula. Utilização da Bibliografia por meio de leituras dirigidas.

PROGRAMA

Mês de Março:

I) Introdução

1) Situação epistemológica da Filosofia da Natureza: relações com o mundo da experiência natural e com a ciência experimental (3 aulas).
2) Estrutura epistemológica da ciência experimental (2 aulas).
3) Estrutura epistemológica da Filosofia da Natureza (2 aulas).
4) Perspectiva histórica sobre a Filosofia da Natureza (5 aulas).

Mês de Abril:

II) Extraposição do Mundo (categoria da externalidade)

1) O problema da extensão. O contínuo e o limite (2 aulas).
2) O problema do número. O descontínuo e a limitação (2 aulas).
3) O problema do espaço: estrutura topológica do espaço (2 aulas).
4) Estrutura métrica do espaço (2 aulas).
5) Espaço e relatividade (4 aulas).

Mês de Maio:

III) Intraposição do Mundo (categoria da internalidade)

1) O problema da qualidade. Qualidade e quantidade (2 aulas).
2) A heterogeneidade quantitativa (2 aulas).
3) Qualidade e intensidade (2 aulas).
4) A variabilidade qualitativa (2 aulas).

IV) Dinamoposição do Mundo (categoria da mobilidade)

1) O problema do movimento. Movimento e continuidade (2 aulas).

Mês de Junho:

2) A unidade do movimento (2 aulas).

V) Cronoposição do Mundo (categoria da temporalidade)
1) O problema do tempo. Tempo e movimento (2 aulas).
2) Estrutura topológica do tempo (2 aulas).
3) Estrutura métrica do tempo (2 aulas).

Mês de Agosto:
4) Tempo e relatividade (4 aulas).
5) Análise ontológica da estrutura espaço-temporal do mundo (3 aulas).

VI) Ontoposição do Mundo (categoria da substancialidade)
1) O problema da substância material: perspectiva histórica (3 aulas).
2) O problema da substância na filosofia e na ciência contemporâneas (2 aulas).

Mês de Setembro:
3) Substância e movimento (3 aulas).
4) Substância e unidade (4 aulas).
5) Monismo e pluralismo no problema da substância (5 aulas).

Mês de Outubro:
VII) Uniposição do Mundo (categoria da totalidade)
1) Unidade e unicidade do mundo material (2 aulas).
2) O mundo como unidade de ordem (2 aulas).
3) A finalidade do mundo (2 aulas).
4) O mundo e o homem: relação de compreensão (2 aulas).
5) O mundo e o homem: relação de transformação (2 aulas).
6) Natureza e cultura: passagem à Antropologia (2 aulas).

Mês de Novembro:

1) O mundo e a contingência: o problema da existência de Deus a partir do mundo (4 aulas).
2) Conclusão do curso: a Filosofia da Natureza no sistema da Filosofia (6 aulas).

BIBLIOGRAFIA

I) Texto de aula:

Henrique C. de L. Vaz, SJ e Armando Lopes de Oliveira — *Curso de filosofia da natureza*, texto mimeografado. Serviço de Mimeografia da Faculdade de Filosofia da U.F.M.G., Belo Horizonte, 1965.

II) Bibliografia complementar:

A) Textos

ECHARRI, J. *Philosophia entis sensibilis.* Herder: Barcelona, 1959.
GABORIAU, F. *Nouvelle Initiation Philosophique*, t. II e t. III, Casterman: Paris, 1963.
MASI, R. *Cosmologia.* Pontificio Ateneo Lateranense, Roma, 1961.
HOENEN, P. *Filosofia della natura inorganica.* Morcelliana: Brescia, 1945.
HOENEN, P. *Cosmologia*, 4ª ed. Univ. Gregoriana: Roma, 1946.
RENOIRTE, F. *Eléments de critique des sciences et de Cosmologie*, Institut Sup. de Philosophie: Louvain, 1945.
SEILER, J. *Philosophie der unbelebten Welt.* Verlag Otto Walter: Olten, 1948.
SELVAGGI, F. *Cosmologia.* Univ. Gregoriana: Roma, 1959.
SMITH, V. E. *Philosophical Physics.* Harper: New York, 1950.
TONQUÉDEC, J. de. *Philosophie de la Nature*, 2 vols. Lethielleux: Paris, 1956-1957.
VAN MELSEN, A. G. *The Philosophy of Nature.* Duquesne Univ. Press, 1953.

B) Estudos

ABELÉ, J. e MALVAUX, P. — *Vitesse et Univers relativiste.* Sedes: Paris, 1954.
AMBACHER, M. *Méthode de la Philosophie de la Nature.* PUF: Paris, 1961.
BACHELARD, G. *La formation de l'esprit scientifique*, Vrin: Paris, 1947.

BACHELARD, G. *Le nouvel esprit scientifique*, 5ª ed., PUF: Paris, 1949.

BAVINK, B. — *Ergebnisse und Probleme der Naturwissenschaften*, 10 Aufl., Hirzel: Zürich, 1954.

BURTT, E. A. *The metaphysical foundations of modern physical sciences*. Routledge and Kegan Paul: London, 1950.

CASSIRER, E. *Substance and Function*. Dover: New York, 1953.

COLLINGWOOD, R. G. *The Idea of Nature*. Oxford University Press: Oxford, 1945.

COSTA DE BEUREGARD, O. *La Notion de Temps*, Hermann: Paris, 1963.

DESSAUER, F. *Naturwissenschaftliches Erkennen*. Knecht: Frankfurt, 1958.

HEISENBERG. W. *Physics and Philosophy*. George Allen and Unwin: London, 1959.

HEISENBERG. W. *La Nature dans la physique contemporaine*. Gallimard: Paris, 1962.

HOLTON, G. *Introduction to Concepts and Theories in Physical Science*. Addison Wesley: Cambridge, Mass., 1955.

KOYRÉ, A. *Du monde clos à l'univers infini*, PUF: Paris, 1962.

LALOUP, J. *La Science et l'humain*. Casterman: Paris, 1959.

LE ROY, E. *La Penseé mathématique pure*. PUF: Paris, 1960.

LONERGAN, B. J. F. *Insight, a study of human understanding*. 2ª ed. Philosophical Library: New York, 1958.

MARGENAU, H. *La philosophie de la nature*. Téqui: Paris, s/d.

ULLMO, J. *La penseé scientifique moderne*. Flammarion: Paris, 1950.

ROBERT, J. D. *Approche contemporaine d'une affirmation de Dieu*. Desclèe de Brouwer: Paris, 1962.

VAN MELSEN, A. G. *From Atomos to Atom*. Duquesne University Press, 1952.

VAN LAER, H. *Philosophical-scientific Problems*. Duquesne University Press, 1953.

VON WEISZÄCKER, V. *The World View of Physics*. Chicago University Press, 1950.

DE CHARDIN, T. *Oeuvres*. 7 vols. Seuil: Paris, 1956-1963.

(Ver BIBLIOGRAFIA ao fim de cada capítulo do texto de aula).
Belo Horizonte, 19 de fevereiro, 1965.
Pe. Henrique Cláudio de Lima Vaz, SJ[1].

---

1 No original, consta uma assinatura de Lima Vaz. (N. do E.)

APÊNDICE 2

Cosmologia. Programa de curso para 1969

COSMOLOGIA

Programa de curso para 1969

4 horas/s — 2° semestre

1. APROXIMAÇÃO FENOMENOLÓGICA DA IDEIA DE MUNDO
    1.1. Ser-no-mundo como estrutura fundamental: mundo circundante e mundo distante.
    1.2. O mundo como dado imediato e o mundo como mediação.
    1.3. Presença "natural" e presença "cultural" do homem no mundo. Ubiquidade da presença humana no mundo. Noção de "mundo da vida" (*Lebenswelt*) e noção de "imagem do mundo" (*Weltbild*).
    1.4. O regime da consciência empírica: paisagens, coisas, utensílios, enigmas.

2. O DISCURSO HUMANO SOBRE O MUNDO
    2.1. Esquemas cronomorfos e esquemas espaçomorfos: as "origens" e o "longínquo".
    2.2. A transposição imaginativa: a fábula e o mito.
    2.3. A transposição operativa: a magia e o rito.
    2.4. A transposição estética: a arte.
    2.5. A transposição racional: a ciência e a filosofia.

3. O MUNDO COMO NATUREZA I
   3.1. A natureza e vir-a-ser: o problema pré-socrático.
   3.2. O dualismo ideia-natureza. A natureza como "imitação": Platão.
   3.3. A ideia na natureza: a natureza como "princípio": Aristóteles.
   3.4. A natureza como criação. A visão cristã: Santo Tomás de Aquino.

4. O MUNDO COMO NATUREZA II
   4.1. A natureza matematizada: Galileu, Descartes, Newton.
   4.2. A natureza sob a legislação da razão: Kant e o idealismo.
   4.3. Natureza e história: as teorias da evolução.
   4.4. A natureza científico-técnica: o neopositivismo.

5. A POSSIBILIDADE ATUAL DE UM DISCURSO RACIONAL SOBRE A NATUREZA
   5.1. A natureza: um quadro, um espelho, um movimento?
   5.2. Mundo e natureza ou o englobante e o objeto.
   5.3. A objetivação sensorial: a experiência "natural" do homem contemporâneo.
   5.4. A objetivação racional: estrutura epistemológica das ciências da natureza. Definição operacional e medida. O "ser científico" e a "lei". As teorias unitárias.
   5.5. A objetivação técnica. A transformação da natureza, forma específica de mediação inter-humana. Essência do objeto técnico.
   5.6. A natureza científico-técnica como natureza "humanizada".
   5.7. Possibilidade atual de uma filosofia da natureza.
      — a objeção neopositivista
      — o materialismo dialético
      — a concepção reflexiva
      — a concepção fenomenológica
      — a filosofia da natureza de N. Hartmann

6. O MÚLTIPLO MATERIAL NO ESTOFO DO UNIVERSO E AS ESTRUTURAS FORMAIS DE UNIFICAÇÃO
   6.1. O múltiplo homogêneo. O ser-classe. Espaço. Número e relações. A inteligibilidade matemática da natureza.

6.2. O múltiplo heterogêneo. O ser-complexo e as estruturas físicas de unificação. Tempo. Energia. Interações. A inteligibilidade físico-matemática da natureza.
6.3. O múltiplo individual. O ser-organizado e as estruturas vitais de unificação. Evolução. Crescimento, diferenciação. A inteligibilidade biológica da natureza.
6.4. O múltiplo pessoal. O ser-consciente e as estruturas intencionais de unificação. Reflexão, cultura, história. A inteligibilidade antropológica da natureza.

7. ONTOLOGIA DA NATUREZA

7.1. Estrutura dialética da afirmação ontológica da natureza.
— dialética da "parte" e do "todo"
— dialética do "simples" e do "complexo"
— dialética do "interno" e do "externo"
— dialética da "consciência" e do "mundo"

8. CONCLUSÃO

Bibliografia: consultar apostila do Professor.

Índice Onomástico

Altricuria, N. de 156
Anaxágoras 52, 84, 165
Anaximandro 84, 165
Anaxímenes 84, 165
Arago, F. 125
Aristóteles 15, 20, 25, 28, 29, 52-58, 60-62, 68, 69, 85, 89, 98, 99, 103, 106-108, 110, 112, 114, 115, 117, 133, 156, 166, 168, 172, 174, 182, 184-186, 189-191, 194, 197, 201-204, 244
Aubert, J.-M. 25, 39, 177
Averróis 57

Bacon, F. 89
Bergson, H. 29, 107, 110, 143, 150
Berkeley, G. 40, 120
Biran, M. de 144
Boaventura, São 58
Bohr, N. 33, 153, 167, 169
Boltzmann, L. 161
Born, M. 151, 153, 162, 210
Boutroux, E. 150
Burnet, J. 50, 188, 189, 201

Cantor, G. 192, 197, 198
Cauchy, A. L. 192
Clarke, S. 29, 30, 187
Comte, A. 87, 90, 91, 143, 147, 148

Dalton, J. 66
De Broglie, L. 151, 153
Dedekind, R. 192, 197
De La Rosa, R. 126

Demócrito 54, 84, 89, 98, 104, 116, 117, 136, 146, 165, 186, 187, 201
Descartes, R. 21, 63, 65, 74, 88-90, 97, 104, 136, 137, 142, 155, 158, 175, 186, 204, 205, 244
Diógenes de Apolônia 51
Diógenes de Sínope 107
Dirac, P. 153, 161

Einstein, A. 33, 70, 101, 122, 123, 126, 127, 129, 140, 151, 153, 161, 207, 211-213, 215-218, 225, 229
Eliade, M. 47
Empédocles 84, 166, 201
Euclides 17, 51, 85, 102, 121, 191, 197
Eudoxo 191, 197, 202

Faraday, M. 66
Fichte, J. G. 13, 65
Fizeau, H. 125
Frege, G. 197, 198
Fresnel, A.-J. 66, 125, 211

Galilei, Galileu 19, 25, 59-63, 66, 88, 89, 123, 126, 136, 137, 148, 166, 185, 186, 204, 205, 210, 213, 215, 225, 244
Gilson, E. 57
Gusdorf, G. 47

Hartmann, N. 16, 31, 34, 244
Hegel, G. W. F. 12, 16, 19, 21, 27, 43, 65
Heisenberg, W. 33, 70, 151-153, 161, 241

Heráclito 107, 165, 201
Hipócrates 51
Hösle, V. 14, 20, 21, 27, 34, 35, 154
Hume, D. 119, 142-144, 146, 147, 156

Jaeger, W. 50
Jaspers, K. 68
Joel, K. 49

Kant, I. 13, 17, 18, 21, 25, 50, 65, 97, 99, 104, 118-122, 129, 133, 137, 143, 146, 147, 155, 184, 187, 192, 197, 210, 211, 225, 244

Lacoin, M. 59
Laplace, P.-S. 66, 87, 89, 211
Lavoisier, A. 66, 166
Leibniz, G. W. 21, 25, 29, 30, 99, 104, 142, 182, 187, 192, 210
Lenoble, R. 12, 59, 63
Lima Vaz, H. C. de 11-25, 27-34, 39, 45, 46, 49, 64, 73, 119-121, 147, 179, 180, 182, 183, 237, 240, 241
Locke, J. 97, 137, 156
Lorentz, H. A. 212, 213, 215-217

Mach, E. 67, 147
Magno, A. 175
Malebranche, N. 142
Marc, A. 185
Maréchal, J. 13, 14, 34, 35, 184, 211
Maritain, J. 143
Marx, K. 72
Maxwell, J. C. 32, 66, 124, 211-213
Mendeleiev, D. I. 166
Meyerson, E. 142, 145
Michelson, A. A. 125, 212
Minkowski, H. 215-217
Moseley, H. 167

Newton, I. 17, 25, 51, 63, 64, 66, 69, 70, 116-119, 122-124, 130, 137, 140, 182, 185-187, 204-213, 215, 217, 225, 232, 244

Parmênides 51, 84, 85, 88, 103, 104, 107, 110, 116, 136, 137, 156, 159, 172, 188, 189, 201
Pauli, W. 153
Peano, G. 197, 198
Planck, M. 151-154
Platão 15, 25, 43, 45, 51-54, 57, 61, 84, 85, 106, 186, 191, 196, 197, 202, 204, 205, 244
Poincaré, H. 151, 219, 223
Protágoras 44, 129
Prout, W. 166, 167

Riemann, B. 218
Russell, B. 197, 198
Rutherford, E. 33, 167-170

Schelling, F. W. J. 19, 21, 24, 27, 34, 65, 159
Schrödinger, E. 151, 153, 162
Scotus, D. 175
Selvaggi, F. 28, 35, 43, 73, 81, 155, 159, 171, 177, 240
Suárez, F. 101, 111, 114, 117, 150, 174

Tales 49, 84, 165
Teilhard de Chardin, P. 13, 21, 67, 68, 71, 72, 181, 193, 241
Thomson, W. 137
Tomás de Aquino, Santo 25, 28, 56-58, 97, 98, 114, 117, 131, 143, 149, 158, 159, 178, 191, 197, 244
Tresmontant, C. 59

Van der Wal, K. 20, 35
Van Melsen, A. G. 39, 240, 241
Von Neumann, J. 153

Whittaker, E. T. 218
Wittgenstein, L. 147
Wolff, C. 182

Zenão de Eleia 29, 84, 85, 103, 107, 186, 188, 189, 191, 196